Green Architecture
Design Methods and Practices

绿色建筑设计
策略与实践

II

刘存发　主编

凤凰空间　译

U0363561

江苏凤凰科学技术出版社

PREFACE

序 言

随着经济的发展，人们对居住条件的提高以及环保意识的增加，从而对居住的环境和条件的要求逐渐的提高。可持续发展的概念表达出一种共识，即人类的发展既要满足当代人的需要，又不对后代人满足其需要的能力构成危害。新世纪人类共同的主题是可持续发展，建筑业正由传统高消耗、高污染型发展模式转向高效生态型发展模式，绿色建筑正是实施这一转变的必由之路，是当今世界建筑发展的必然趋势。

绿色建筑设计理念

绿色建筑设计的理念主要体现在三方面。

节约环保理念具体是指在对建筑物进行使用和构建的过程中，应尽量降低污染，对生态和环境予以保护，并使资源最大程度的节约下来。这样进一步减轻环境的负荷，保护地球资源，提高生态的再造能力，这是绿色建筑设计的基本理念。

健康舒适的理念是指我们使用和构建建筑物，所要秉承的重要的理念，是积极打造舒适和健康的工作环境和生活环境，为人们提供高效、实用和健康的场地和空间，使这些有限的空间发挥最大的作用，为人们创造更大的价值。

自然和谐的理念要求人们在对建筑物进行构建和使用的过程中，能够对自然生态环境倍加呵护，关爱自然、亲近自然，让自然与建筑和谐共生，将环境效益、社会效益和经济效益协调和兼顾，实现生态环境、人类社会和国民经济的可持续发展。

绿色建筑设计策略

绿色建筑设计的策略是指科学的运用各个方面的知识，使绿色建筑的设计更加完善。绿色建筑强调节约利用土地，应充分地利用周围的配套设施，避免重复建设，同时结合当地情况、周边商业、地铁等因素，充分利用地下空间的开发，不仅能够更充分的利用有限的土地，更可以在一定程度上改善地面的环境。本着减少能耗、提高能效的原则，

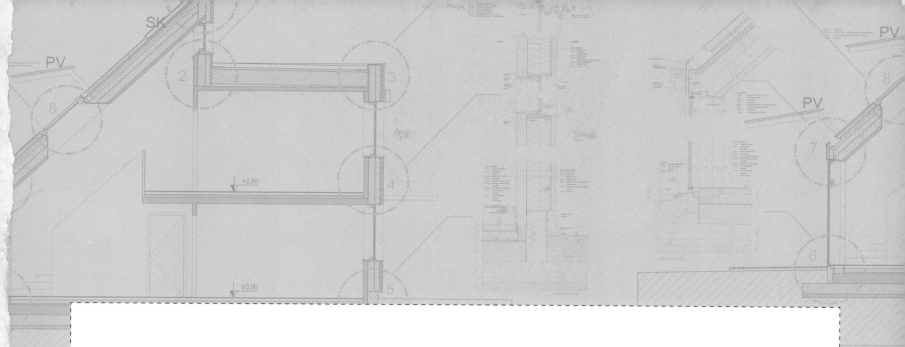

对建筑围护结构和设备系统等进行合理设计优化。在总平面布置和建筑设计中充分考虑通风、日照和采光，提高围护结构热工性能；根据当地的气候条件和资源条件，合理选用太阳能、地热能、风能等可再生能源；根据自然通风的原理设置风冷系统，使建筑能够有效地利用夏季的主导风向。

在建筑设计、建造和建筑材料的选择中，均考虑资源的合理使用和处置。要减少资源的使用，力求使资源可再生利用。建筑是能源使用的载体，我们现在可以通过现代技术，将太阳能、风能、地热能、电梯下降的势能以及人活动产生的热能等都收集起来，让建筑也可以是一个能源的发生器，从而达到节能减排的目的。根据当地气候和自然资源条件，充分利用太阳能、地热能等可再生能源。

室内环境是绿色建筑评价指标体系六类评价指标中的组成部分之一，主要考查室内声、光、热、空气品质等环境控制质量，以健康和适用为主要目标。本着健康舒适的原则，对项目进行合理设计及评价。建筑设计需满足室内声、光、热、空气品质等环境控制质量要求；建筑内部不使用对人体有害的建筑材料和装修材料。提高居住舒适性与健康性。室内空气清新，温、湿度适当，使居住者感觉良好，身心健康。

绿色建筑作为建筑发展的未来趋势，对我国应对气候变化、促进经济结构调整、转变城镇发展方式有着重要的意义。目前我国正处于城市化快速发展的重要机遇时期，我们应及时抓住这一历史机遇，努力推广绿色建筑，实现建筑的经济效益与社会效益的统一，促进我国建筑节能减排和环境保护工作的进一步发展。

本书以绿色设计为主题，以被动式太阳能设计，保温隔热材料的应用，天然采光与通风等策略的应用为主线，通过丰富的图纸，精美的图片和详实的文字介绍绿色建筑技术的应用，读者从中领略到建筑师是如何创造性地诠释绿色建筑设计理念的。

刘存发

CONTENTS
目录

INTRODUCTION: LOW-
ENERGY STRATEGIES
综述.绿色建筑设计策略分析

PASSIVE SOLAR DESIGN
被动式太阳能设计

022　Metalsa SA
　　　迈特萨工业大楼

030　Virgo House
　　　绿色山居

038　Areopagus, Costa Rica
　　　融入山脉景观的隐居住宅

048　Rosa Gardens
　　　玫瑰花园

054　Single Family and Seminar House
　　　壮丽景色中的独栋别墅

062　Pond View House
　　　湖景房

068　Prescott Passive House

INSULATION MATERIAL
保温隔热材料

076　Second Phase of the Darwin Center
　　　博物馆的"进化论" 达尔文中心

086　Kendall Square Research Laboratory
　　　肯德尔研究实验楼

098　Vitus Bering Innovation Park
　　　维图斯白令大学创新园

110　School Gym 704
　　　704\学体育馆

116　Mockingbird Residence
　　　知更鸟住宅

DAYLIGHTING & VENTILATION
天然采光与通风

132　Business College Sønderborg
　　　松德伯恪商学院

144　Shiraniwadai Kindergarten
　　　白庭台幼儿园

150　Broadway Terrace House
　　　百老汇联排别墅

156　Beijing North Star
　　　北京北苑北辰

166　1532 House
　　　可持续设计的典范 1532住宅

174　Laurance S. Rockefeller Preserve
　　　劳伦斯•洛克菲勒保护区游客中心

RENEWABLE ENERGY
可再生能源

186　Environmental Unit Headquarters
　　　萨拉戈萨环境部办公楼

198　SPACE—Architectural Design Studio
　　　开创新式能源系统的办公空间

206　Day Care Nursery School in Deutsch Wagram
　　　日间托儿所

216 **Sustainable Prototype—the 5.4.7 Arts Center**
可持续性原型 ５４７艺术中心

220 **Tango Bo01 Housing Exhibition**
探戈8001住宅

226 **Schaumagazin Brauweiler**
普尔每姆艺术收藏馆

RESOURCE RECYCLING
资源回收利用

244 **Norman Hackerman Building at UT Austin**
得克萨斯大学奥斯汀分校　诺曼海克曼大楼

252 **Heifer International Headquarters**
国际小母牛办公总部

260 **GE Energy Financial Services**
通用电气公司能源金融服务中心

266 **Gibbs Hollow Residence**
吉布斯中空式住宅

274 **Minihouse**
迷你屋

VERTICAL GREENING
垂直绿化

284 **"1" Hotel**
温哥华西会议中心

292 **Green Walls for Shade and Climate Control**
遮蔽阳光与调节气候的'绿墙

298 **Juxtaposed Lieu**
零排放环保建筑

304 **18 Kowloon East**
九龙湾东汇18号全新商厦

310 **NLF Building**
尼鲁弗尔大厦

316 **Tianjin Eco-city Plots 8 & 17**
天津生态城开发区8号与17号地块规划方案

322 **Green Loop—Marina City Global Algae Retrofitting**
海藻绿环 玛丽娜双子塔改造方案

INTEGRATED STRATEGY
综合性节能策略

332 **Vancouver Convention Center West**
温哥华西会议中心

340 **Parkview Green FangCaoDi, Beijing**
北京侨福芳草地

344 **Blaak 31 Rotterdam**
鹿特丹布莱克31号办公大楼

350 **Next Generation Housing**
'下代绿色联排别墅

358 **Classroom of the Future**
未来教室

364 **Kimball Art Center**
新金博尔艺术中心

372 **Samsung Green Tomorrow Zero Energy House**
三星'绿色未来 零能耗房屋

376 **B&Q Store Support Office**
百安居办公楼

INTRODUCTION:
LOW-ENERGY STRATEGIES

综述:绿色建筑设计策略分析

本章将对常见的绿色建筑设计策略进行分析，主要包括被动式太阳能设计、保E隔热、采光与通风、垂直绿化、可再生能源的利用以及 资源的回收再利用，通过详细的理论介绍来展现如何利用巧妙的设 计实现建筑节能。

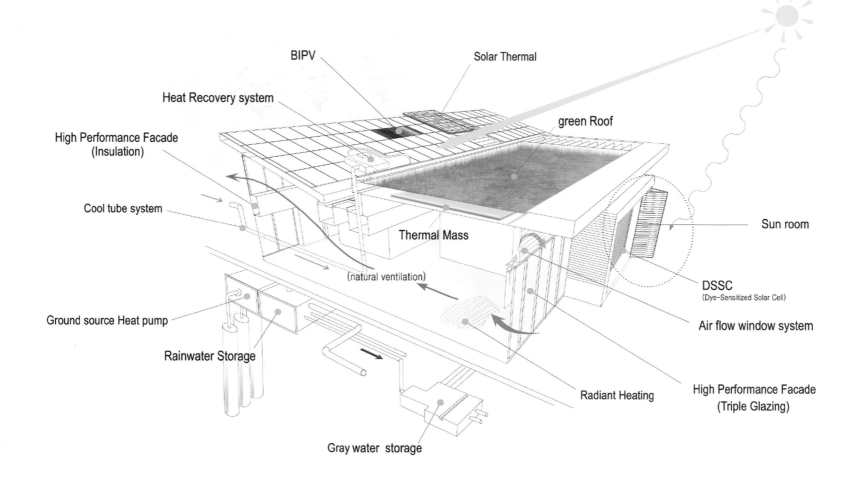

BIPV

Solar Thermal

Heat Recovery system

green Roof

High Performance Facade
(Insulation)

Cool tube system

Sun room

Thermal Mass

DSSC
(Dye-Sensitized Solar Cell)

(natural ventilation)

Ground source Heat pump

Air flow window system

Rainwater Storage

Radiant Heating

High Performance Facade
(Triple Glazing)

Gray water storage

1.1 被动式太阳能设计

被动式太阳能设计是指通过建筑本身的设计来充分利用太阳能为生活空间提供供暖与制冷所需的能量。该策略通过建筑的朝向、窗户、墙体以及地板等结构的设计，在冬天的时候收集、储存和散布以热量形式存在的太阳能，而夏天的时候则阻挡热量的进入。被动式设计利用热量的自然流动和空气流通来保持室内环境的舒适，基本上不需要任何机械或电器的协助便可实现太阳能的利用。

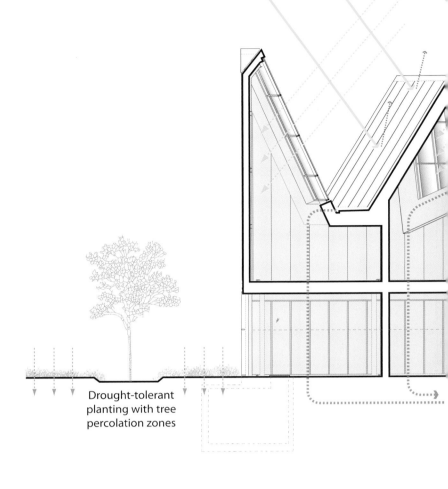

Drought-tolerant
planting with tree
percolation zones

1.1.1 被动式太阳能设计的原则

(1) 朝向

让住宅充分向南面开放是设计太阳房的一项关键策略。在北半球，太阳由东向西运行的路线是偏南的，而在南半球则是偏北的。这也就决定了在南北半球，建筑朝向的选择是截然不同的。

建筑的长轴，也就是分水线，应该尽可能地呈东西走向，即建筑较长的墙体要尽量朝向阳光充足的南面。这样一来，在冬天的时候，墙体可以从太阳光中吸收更多的热量为室内增温。

正南方是最佳朝向，因为这样建筑可以最大限度地接收到太阳光的照射，但是朝向稍微向东西两侧偏移(约20度以内)是不会对热量吸收产生很大影响的。

常用的房间尽量沿着长轴置于南侧，这样阳光可以通过窗户射入，既提升了室内的温度，又保证了充足的光线。

停车库、储藏室以及洗衣房可以置于住宅的东西两侧，作为热量缓冲区，避免客厅、卧室等中心区域受外部环境的影响而出现较大的温度变化。

(2) 窗户

窗户在被动式房屋中的作用往往不是玻璃装饰品这么简单。它们可以被用做太阳能收集器，将太阳光和热量带进室内，同时通过窗户与窗户或者窗户与门之间的空气对流促进建筑的自然通风。

High glazed skylights to maximize natural daylighting oriented towards Northern natural vista

Expansive overhangs regulate direct light, cutting down on solar gain fluctuations

Office workspace view oriented to natural vista

Thermally broken solar radiant slab regulates temperature for both natural heating and cooling

Retention swales recapture roof water and minimize storm run-off

overflow recaptured into campus-wide graywater system

通常情况下，要尽量减少建筑东西北三面的窗户数量，这样可以在冬天起到保温的效果，而在夏天可以阻挡过度的热量吸收。大部分的门窗需要安置在南面，这样在室内温度较低时，可以充分吸收太阳的热量，而在温度较高时，通过自然通风来实现降温。但这并不意味着要在南面安装大量的窗户，过多的窗户往往会使蓄热量过大，导致室内温度过高。

(3) 建筑遮阳

房檐是最好也是最经济的遮阳装置。在设计房檐时，应尽量让其在烈日高照的夏天遮挡住更多的日光，而在冬天太阳较低的时候能够使更多的阳光射入室内，为空气和地板的加热提供能量。

除了房檐，天窗上的遮板、隔热窗帘、百叶窗、外部遮阳板、凉棚以及绿化都有助于遮挡太阳光，调节室内温度。

(4) 保温与隔热

被动式太阳能设计中，建筑的保温与隔热是实现高效供暖与制冷的关键因素。保温隔热材料的导热性相对较低，它们非但不能促进热量的传递，反而会在室内外空间中形成热传导障碍。在室外温度低的时候，防止室内的热量流失，而在室外温度较高时，阻挡过多热量进入室内。

因为保温隔热在冷热环境中均会发挥效用，无论对建筑的制冷还是供暖都会起到积极的作用。保温隔热性能较好的房屋在全年都可以保持稳定的室内温度。

(5) 蓄热体

为了在阳光并不充足时也能有效地利用太阳能，开发一种可以收集与储存太阳能的系统是有必要的，蓄热体便是这样一种介质。蓄热体通常是固体或者液体材料，可以吸收并储存热量，在需要的时候释放热量，调节室内温度。相对于周围的空气，以混凝土、砖石或者水的形式存在的蓄热体的蓄热能力更好。

在冬天，蓄热体从直射的太阳光中吸收热量，夜晚的时候释放出热量，通过辐射、对流或者传导来为房间供暖；而在夏天的时候，则要利用遮阳装置防止蓄热体受阳光直射，这样可以避免它吸收室外的高热量，通过吸收室内的热量来达到制冷的效果。

1.1.2 被动式太阳能设计的五项要素

(1) 采光口

采光口通常就是朝南的玻璃窗，阳光从玻璃窗射入室内，同时避免热空气外流，室内的长波红外辐射无法透过玻璃，从而提高了室内的温度。

(2) 吸热体

在被动式太阳能设计中，吸热体通常是深色固体表面材料，可以是石墙、地板、隔板、或者水箱，能够直接受阳光的照射。深色材质具有不错的吸热能力，一般来说，被动式太阳能设计中，吸热体与蓄热体是合为一体的，吸热体吸收热能，然后传递给蓄热体，把热量储存起来。吸热体颜色

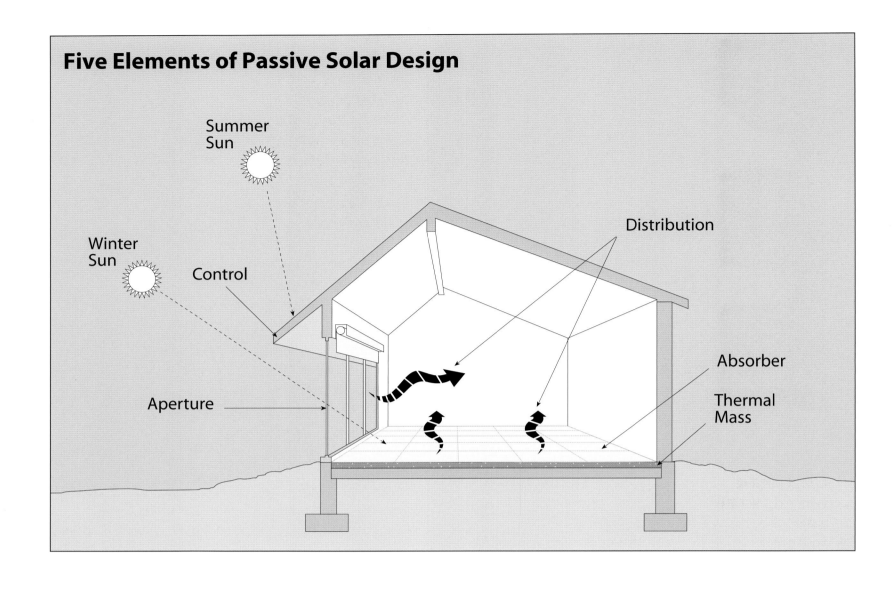

Five Elements of Passive Solar Design

越深，吸热能力越强，但是室内过多的深色材料会影响采光及照明效果，使用时需要加以权衡。

(3) 蓄热体

蓄热体是储存太阳热量的结构。虽然吸热体和蓄热体可能是同一面墙或者地板上的材料与结构，但两者是有区别的。吸热体通常是暴露在阳光下的表面材料，而蓄热体是在这层表面材料下的结构。当吸热体将太阳的热量吸收进来，会传给蓄热体，蓄热体可以将热量储存较长时间。砖、瓦或者混凝土地板都是蓄热体。蓄热体也可以是砖坯砌的内墙，砖、石、瓦制的壁炉，石头或混凝土材质的墙体，或者是蓄水箱，所有这些结构都可以用来储存热量。

(4) 热分配

热分配是将太阳能的热量从收集与存储点散布到房子的不同区域所使用的方法。严格的被动式设计将使用三种天然的散热方式分配热量——传导、对流或者辐射。

(5) 调控

在夏季，建筑的挑檐可以用来为采光口区域遮阳。其他调控元素包括电子感应装置，如温差控制器(可为风扇提供开关信号)、可控通风口和阻尼器(可促进或限制热流)、低辐射百叶窗和遮阳篷等。

自然传热方式	
传导	传导是通过材料传递热量的方式，是热量从分子到分子的"旅行"。热量导致靠近热源的分子大力振动，这些振动扩散到邻近的分子，从而转移热能。
对流	对流是通过液体和气体的流动实现热传递的方式。轻而热的液体或气体上升，重而冷的液体及气体下沉。热空气会上升是因为它轻于下沉的冷空气。这也是为什么在一所房子里，热空气通常会积聚在一所房子的二楼，而地下室则保持凉爽。一些被动式太阳能住宅使用空气对流将以热量形成存在的太阳能从南墙传递到建筑物的内部。
辐射	辐射是通过空气将热量从温暖的物体转移到较冷的物体中。有两种类型的辐射对被动式太阳能设计十分重要：太阳辐射和红外辐射。不透明的物体吸收40%~95%太阳辐射；明亮的白色材料或物体反射80%~98%的太阳辐射，而透明玻璃传送80%~90%的太阳辐射，只吸收或反射10%~20%。

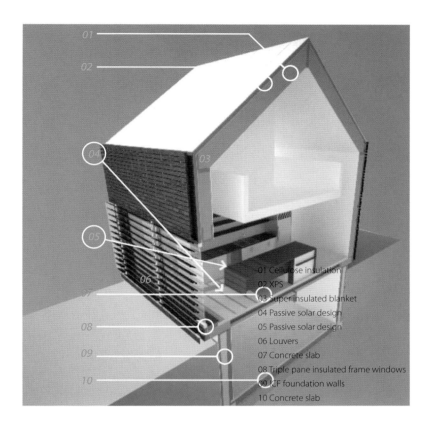

01 Cellulose insulation
02 XPS
03 Super insulated blanket
04 Passive solar design
05 Passive solar design
06 Louvers
07 Concrete slab
08 Triple pane insulated frame windows
09 ICF foundation walls
10 Concrete slab

1.1.3 被动式太阳能采暖

被动式系统中有三种采暖模式——直接获取、间接获取和单独获取。

(1) 直接获取

直接获取是最简洁的被动式太阳能建筑设计技术。在该系统中，实际的生活空间就是一个太阳能采集系统，实现太阳能的收集、热量的吸收和分配。太阳光通过玻璃进入房间，直接或间接地接触到房间内的蓄热材料，比如砖石地板和墙壁。这些材料会将热能吸收并储存起来。

在直接获取系统中，作为蓄热体的地板和墙壁是房间中发挥功能的部分。这些地板和墙壁通常都是深色的，因为深色相比浅色能吸收更多的热量。白天，蓄热材料通过吸收热量来保持室内温度不至于过高；晚上，蓄热体将热量释放到房间里，用于取暖。

也可以采用室内的蓄水箱来储存热量。水的储热能力比相同体积的砖石地板和墙体高两倍。然而，将蓄水箱与室内设计结合起来是非常有难度的。

直接获取系统对通过玻璃窗的太阳热量的应用率达到了60%～75%。

(2) 间接获取

在间接获取系统中，蓄热材料被安置在太阳和生活空间之间。蓄热材料捕获接触到它的太阳能量，然后通过传导将热量散布到室内。间接获取系统有两种类型：蓄热墙(特隆布墙)和屋顶水池系统。

①蓄热墙(特隆布墙)

采用被动式设计间接获取太阳能的住宅中，在朝南的窗户和生活空间之间设置蓄热体。

特隆布墙是最常见的间接获取采暖模式。墙壁由20.32～40.64厘米厚的砖石构成，在房屋的南面。墙壁表面上贴有单层或双层玻璃，厚度不超过2.54厘米。太阳能热量由墙壁的深色外表面吸收，储存在墙内，再扩散到室内。

特隆布墙将热量分配或释放到室内需要几小时的时间。白天太阳能热量穿过墙壁，在下午晚些时候或夜晚的早些时候到达内表面。当室内温度低于墙壁表面温度时，热量开始向室内释放和传输。热量穿过砖墙的平均速度是2.54厘米/小时。因此，20.32厘米厚的混凝土外墙在中午吸收的热量，在晚上8点左右可以释放到室内。

②屋顶水池系统

屋顶水池系统是指在水平的屋顶上储存15.24～30.48厘米深的水。

这个系统在低湿度的气候条件下用于降温是最佳选择，但是通过调节也可以适应高湿度的气候条件。

水通常储存在大型的塑料或玻璃纤维容器里，外层覆盖着玻璃。屋内空间的供暖来自上面的水所释放的热量。

屋顶水池系统采暖要求有精心设计的排水系统，可移动的保温盖，并在适当的时候打开或关闭盖子，还要有能够承载静负荷的结构系统。

间接获取系统可以从连接蓄热材料的玻璃获得太阳热量，对这些能量的应用率达到了30%～45%。

(3) 单独获取

单独获取系统有其独立的组成部分，与主要的生活区域分离开来。

热量可以通过阳光空间、日光浴场和太阳能壁橱来获得。这些地方也可以用作温室或干燥间。阳光空间，比如日光室，可利用砖石墙壁、砖石地板、储水器等蓄热体吸收热量。这些具有良好保温隔热效果的独立空间在白天可以保持较高的室内温度。晚上，热量通过天花板、地板气孔、窗、门，或通过共享的蓄热墙壁传递到室内各个角落。

单独获取系统对通过玻璃获得的太阳能热量的应用率达到了15%～30%。

1.1.4 被动式太阳能制冷

(1) 通风

潮湿炎热的气候中，在无机械制冷（被动制冷）的情况下，建筑制冷的主要策略是实现自然通风。一般采用两种技术，即翼墙和排热烟囱通风。

翼墙是设置在窗户旁边的竖直实心板，其板面垂直于墙面，并且安装在房屋迎风的一面。由翼墙产生的压力差可加快自然风的速度。

排热烟囱通过对流将建筑物中的暖气或热气从排气口排出，同时将空气吸入室内，促进空间结构的通风。

(2) 遮阳

让建筑远离太阳辐射的遮蔽方式有多种。

通过建筑朝向的巧妙设置，可以充分利用冬日的柔和阳光，而遮阳的墙体和窗户可以阻挡夏日强光的直射。通常情况下，可以在建筑的赤道面(在北半球是指南侧，而在南半球则应是北侧)的竖直窗户上设计宽大的屋檐或者挑檐。

针对东、西方向的阳光，可以利用垂直百叶窗或者在建筑外种植落叶树木实现遮阳。

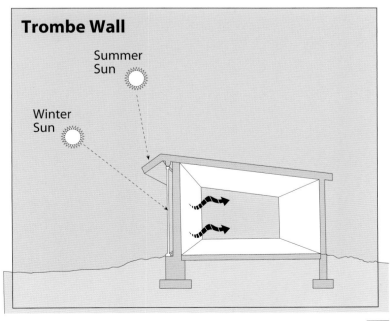

1.2 保温隔热材料

保温隔热是保证室内环境冷热适中的一项重要因素。在建筑的建造与改造中采用各种保温隔热材料可以减少室内外之间的热量传递，减少不必要的能量流失或者获取，保持建筑冬暖夏凉，从而降低建筑的供暖与制冷系统的能量消耗。

1.2.1 R值

R值是建筑设计与建造行业中用来衡量材料耐热性的指标。在同一条件下，它是保温隔热体的内外温度差和热通量的比率（每单位面积的热传递量）。R值越高，保温隔热效果越好。

$$R = \Delta T / \dot{Q}_A$$

在计算多层保温材料的R时，R值为每一层材料的R值的累加。

1.2.2 U值

更确切地说U值应该叫总导热系数，体现的是建筑元素的导热性能。它测量的是在标准条件下，通过建筑元素单位面积的热量。常用的标准条件是温度24℃，湿度50%，无风。

$$U = \frac{1}{R} = \frac{\dot{Q}_A}{\Delta T} = \frac{k}{L}$$

U是R的倒数，国际单位制的单位是W/(m²K)，美制单位为BTU/(h°F ft²)；K是材料的导热系数，L是其厚度。

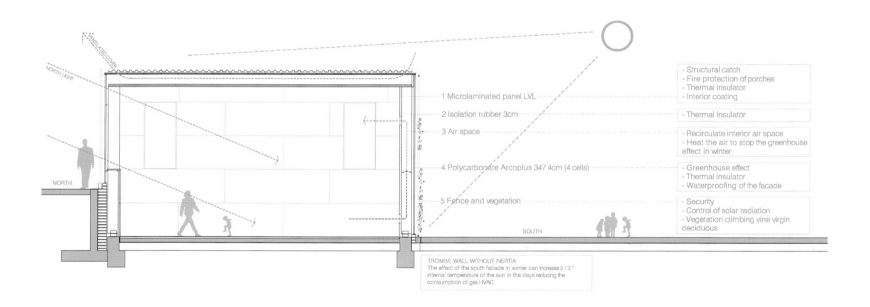

1 Microlaminated panel LVL
- Structural catch
- Fire protection of porches
- Thermal insulator
- Interior coating

2 Isolation rubber 3cm
- Thermal insulator

3 Air space
- Recirculate interior air space
- Heat the air to stop the greenhouse effect in winter

4 Polycarbonate Arcoplus 347 4cm (4 cells)
- Greenhouse effect
- Thermal insulator
- Waterproofing of the facade

5 Fence and vegetation
- Security
- Control of solar radiation
- Vegetation climbing vine virgin deciduous

NORTH
SOUTH

TROMBE WALL WITHOUT INERTIA
The effect of the south facade in winter can increase 2/3° internal temperature of the sun in the days reducing the consumption of gas HVAC.

1.2.3 保温隔热材料简介

墙壁、屋顶、地板和窗户都可以用特殊的保温隔热材料来建造。保温隔热材料有很多种，其保温隔热性能也不尽相同。下表摘选了建筑中常用的一些保温隔热材料与结构，并对其特性和应用进行了简单的介绍。

常见的保温隔热材料				
形式	材料类型	组成	优势	应用
毯：板式和卷式	玻璃纤维 矿物（石或渣）棉 塑料纤维	玻璃纤维：熔融玻璃与20%~30%的回收工业废料和消费后物质； 石棉或渣棉：岩石或铁矿鼓风炉渣； 塑料纤维：回收塑料	节省成本（相比喷涂泡沫或刚性保温材料），使用方便，与纤维素的R值相当	应用于基础墙、地板和天花板中；置于墙体立柱和阁楼之间或者地板搁栅中
绝热混凝土模板	泡沫板或泡沫块	聚苯乙烯泡沫； 聚氨酯泡沫； 水泥砂型木纤维； 水泥砂型聚苯乙烯微球	舒适、安静，与传统施工材料相比更节能，耐热性（R值）通常高于 3 K·m²/W	应用在新建项目的未完工的墙体中，包括基础墙；内置于建筑的墙壁中
松散填充料	纤维素 玻璃纤维 矿物（石或渣）棉	纤维素：废纸； 玻璃纤维：熔融玻璃； 矿物（石或渣）棉：鼓风炉渣	纤维素隔热材料十分环保（含80%的回收报纸）与安全，比起棉胎，能更好地填充空心墙	应用在现有墙体或新墙体的空腔、未完工的阁楼地板和难以到达的地方；被填充到阁楼地板、完工墙体的空腔和难以到达的空间内
反射式隔热系统	铝箔	铝箔上覆上工艺纸、纸板和塑料薄膜，或在两层铝箔中填充泡沫或塑料泡沫	在温暖的气候条件下十分有效；不会因为压实、分裂或水分的吸收而导致热性能发生改变	应用在未完工的墙体、天花板和地板中；安装在木框架的螺柱、搁栅和梁木中
刚性隔热板	玻璃纤维 矿物（石或渣）棉	玻璃纤维：熔融玻璃； 矿物（石或渣）棉：鼓风炉渣	R值高；用做覆层时可以减少通过墙体框架传导的热量	无空调的空间和其他要求保温材料能承受高温的地方
喷涂泡沫	胶凝材料 酚醛 聚异氰脲酸酯 聚氨酯	树脂和某些化学物质，如聚氨酯或其他异氰酸盐	添加到已完工的现有结构或不规则结构中，可以有效地提升其隔热保温性能；节省能耗成本；防潮	喷涂到混凝土板、未完工的墙体的空腔内、覆面板的室内一侧，或通过孔喷入成墙的空腔内
结构性隔热板	泡沫板	板材：金属板、胶合板、水泥或定向刨花板（欧松板）； 泡沫材料：发泡聚苯乙烯泡沫（EPS）、挤塑聚苯乙烯泡沫（XPS）或聚氨酯泡沫	相比更为传统的施工方法，结构性隔热板可以有助于房屋取得更加优越和均匀的隔热效果；节省建造时间	应用于新建项目中未完工的墙壁、天花板、地板和屋顶中

信息来源: www.energysavers.gov

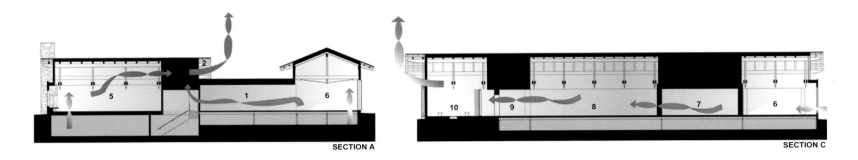

SECTION A

SECTION C

■ DAYLIGHTING (ALL ROOMS HAVE ACCESS TO DAYLIGHT)
■ EXHAUST
■ FRESH AIR SUPPLY

SECTION B

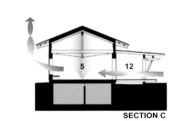

SECTION C

1.3 天然采光与通风

高效节能的门窗和天窗——也称为开窗——可为建筑物提供采光和通风，有效降低制冷与照明的电力消耗成本。

Natural ventilation for high-rise buildings

chimneys direct hot air out of the building, hot air could be used for energy production if, for example, vertical axis wind turbines or sterling engines are mounted on the chimneys

■ - warm air
■ - cool air

heat core

connection to heat core

heat accumulation box

fans   fans

1.3.1 采光

采光是通过窗户或其他开口以及反射表面的设计及位置的选择，让建筑在白天可以充分接收自然光线的照射，为建筑提供有效的天然照明。

(1) 窗户

高效节能的窗户以及先进的照明设计，可以减少白天建筑对人工照明的需求，使窗户得到有效利用，同时不会对室内的供暖或制冷产生负面影响。

窗户的大小和位置选择应基于基本朝向原则，而不是只考虑它们对房子的外观的影响。各个方向上的窗户通常应依据气候和纬度，相互配合，为建筑提供适宜的光线。

由于阳光直射，南面窗户的采光量通常比北、东和西向窗户要好。高纬度相比低纬度的窗户的平均采光量也要大。

有以下三种方法可以改进窗户的采光量。

① 将窗户设置在浅色墙的旁边；

② 让窗户开孔的两侧倾斜，使内部开口大于外部开口；

③ 用大型的浅色窗台将光线投射到室内。

促进建筑采光，高侧窗也是一项重要的策略。当面向太阳时，过度强烈的眩光可能会通过天窗和其他的窗户进入室内。在被动式太阳能房屋中，高侧窗可以提供直线光路到极地一侧的房间中，这种侧室在一般房屋中是无法接收到阳光的。另外，高侧窗也可以用于接收弥散性日光，均匀地照亮诸如教室或办公室等空间。

通常，透过高侧窗的阳光可以照射到漆成白色或其他浅色的内墙表面上。这些墙壁可以反射间接光线到内部需要日光照射的区域。

(2) 天窗

天窗是指任何形式的水平窗户，如塔式天窗或牛眼窗，一般设置在屋顶，通常用来为下层空间采光。比起一般的窗户，天窗单位面积的采光量更大，而且光在空间里的分布更均匀。

1.3.2 通风

通风是"改变"或更换空气以提高室内空气质量的过程。自然通风是指不使用风扇和其他机械系统而使建筑与外界实现自由通风。

自然通风		
类型	风驱动式通风	浮力驱动式通风
原理	风驱动式通风依靠风力与建筑围护结构之间的相互作用，通过开口或其他空气交换设备，如入口或烟囱，实现空气流通	浮力驱动式通风是由于内部和外部空气密度的差异而产生的，而这在很大程度上是由温度的差异导致的。当两股气流有了温差，较暖的空气密度变小，上浮到冷空气之上带来上升气流
优势	随时可用，自然出现的驱动力（风）； 相对便宜； 更少的能源消耗，产生较少的排放量	不依赖风力：在炎热的夏日最需要通风的时候可随时启用； 气流稳定（与风驱动式通风相比）； 通过进气口的大小可以进行有效的控制； 可持续的方法
劣势	因为风速、风向导致的不可预测性和获取难度； 带进建筑物的空气可能被污染；会产生强烈的气流和不适感	在多风时节，相比风驱动应用不是很广泛； 依赖于温度差异（室内/室外）； 带进建筑物的空气可能被污染

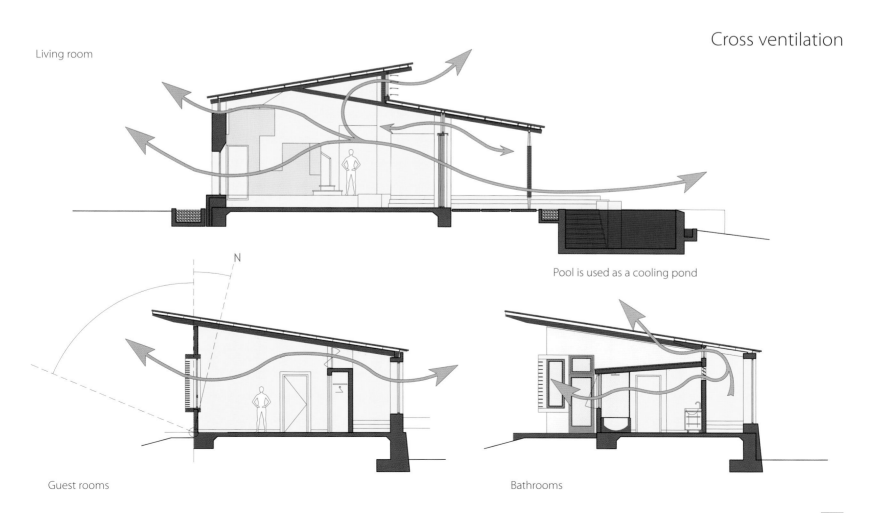

Cross ventilation

Living room

Pool is used as a cooling pond

Guest rooms

Bathrooms

1.4 可再生能源

可再生能源是指在自然界中可以不断再生、持续利用的能源，主要包括太阳能、风能、水能、生物质能、地热能、海洋能等。可再生能源对环境无害或危害极小，而且资源分布广泛，适宜就地开发利用。相对于可能穷尽的化石能源来说，可再生能源在自然界中可以循环再生。

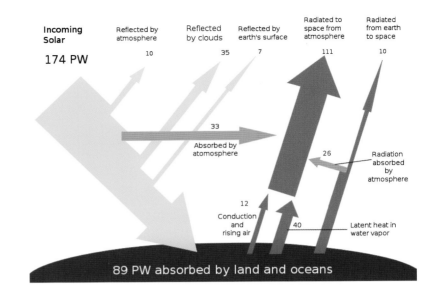

1.4.1 分类

能源类型	特点与应用
太阳能	太阳能是太阳以电磁辐射形式向宇宙空间发射的能量。人类所需能量的绝大部分都直接或间接地来自太阳。水能、风能等也都是由太阳能转换来的。太阳能的利用有被动式利用（光热转换）和光电转换两种方式
风能	风能存在于地球的任何地方，是由于空气受到太阳能等能源的加热而产生流动形成的能源，通常是利用专门的装置（风力机）将风力转化为机械能、电能、热能等各种形式的能量，用于提水、助航、发电、制冷和采暖等。风力发电是目前主要的风能利用方式
水能	水能是通过运用水的势能和动能转换成机械能或电能等形式从而被人们利用的能源资源。目前，水能的利用方式主要是水力发电。水力发电的优点是成本低、可连续再生、无污染，缺点是受分布、气候、地貌等自然条件的限制较多
生物质能	生物质能主要是指植物通过叶绿素的光合作用将太阳能转化为化学能贮存在生物质内部的能量。生物质能一直是人类赖以生存的重要能源，目前它是仅次于煤炭、石油和天然气而居于世界能源消费总量第四位的能源，在整个能源系统中占有重要地位
地热能	地热能是指来自地球内部的热能资源。地热能是在其演化进程中储存下来的，是独立于太阳能的又一自然能源，它不受天气状况等条件因素的影响
海洋能	海洋能通常指蕴藏于海洋中的可再生能源，主要包括潮汐能、波浪能、海流能、海水温差能、海水盐差能等。海洋能蕴藏丰富，分布广，清洁无污染，但能量密度低，地域性强，因而开发困难并有一定的局限。开发利用的方式主要是发电，其中潮汐发电和小型波浪发电技术已经实用化

1.4.2 可再生能源在建筑中的应用

在上述可再生能源中，应用于建筑中的包括太阳能、风能、地热能、生物质能，而应用最广泛的便是太阳能。
太阳能与建筑的一体化，现阶段主要有两种体现形式：一是光热建筑一体化，二是光伏建筑一体化。

(1) 光热建筑一体化
光热建筑一体化主要是利用太阳能收集装置将太阳辐射能收集起来，通过与物质的相互作用转换成热能加以利用。太阳能热水器、采暖器等，便是将太阳能转化为热能再加以利用。

通常根据所能达到的温度和用途的不同，而把太阳能光热利用分为低温利用（<200℃）、中温利用（200～800℃）和高温利用（＞800℃）。目前低温利用主要有太阳能热水器、太阳能干燥器、太阳能蒸馏器、太阳房、太阳能温室、太阳能空调制冷系统等；中温利用主要有太阳灶、太阳能热发电聚光集热装置等；高温利用主要有高温太阳炉等。

(2) 光伏建筑一体化
光伏建筑一体化，即将太阳能光伏产品集成到建筑上，充分利用建筑外表面，安装多种光伏发电产品，所产生的电能或供自身使用或并网输送。
光伏发电与建筑结合的优势很明显：一是节省空间；二是可自发自用，减少电力输送过程的能耗和费用；三是节约成本，适用新型建筑维护材料，替代了昂贵的外装饰材料(玻璃幕墙等)，减少建筑物的整体造价；四是在用电高峰期可以向电网供电，解决电网峰谷供需矛盾；五是杜绝了由一般化石燃料发电带来的空气污染。

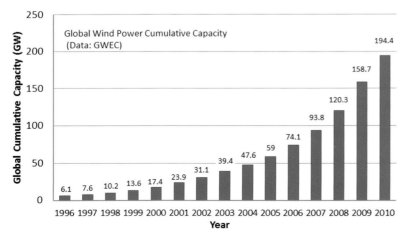

1.5 资源回收利用

资源回收作为物资不断循环利用的可持续性发展模式，目前正在成为全球潮流。而这在建筑施工行业内，不仅体现在施工中建筑材料的循环利用，还包括建筑设计中灰水、雨水收集系统的集成。这对于建筑行业的节能减排有着重大而深远的意义。

1.5.1 建筑垃圾循环再利用

建筑垃圾是指建设单位、施工单位新建、改建、扩建和拆除各类建筑物、构筑物、管网等以及居民装饰装修房屋过程中所产生的弃土、弃料及其他废弃物。

根据产生源不同，建筑垃圾可分为施工建筑垃圾和拆毁建筑垃圾。其中，无污染的无机物（包括泥土、石块、混凝土块、碎砖）占90%以上。无机材料，具有耐酸、耐碱、耐水性，化学性质比较稳定，同时具有稳定的物理性质。建筑垃圾的这些性质使其经过处理变成一种很好的再生建筑材料。

建筑垃圾可以直接作为产品或者经修复、翻新、再制造后继续作为产品使用，或者将废物的全部或者部分作为其他产品的部件予以使用。

施工中的很多材料可以回收再利用，如：

(1) 外墙的砖石。

(2) 木材和胶合板。

(3) 金属。

(4) 塑料制品（如塑料盒、塑料袋）。

(5) 硬纸板。

(6) 管道器具。

(7) 照明器具。

(8) 储藏柜、五金器具。

(9) 屋顶。

(10) 门窗。

建筑垃圾中的石块、混凝土块以及碎砖可以经过处理之后作为混凝土或砂浆的集料使用，也可直接用于加固地基。废钢筋、铁丝和各种钢配件等金属经过分拣和重新回炉后可以加工成各种钢材。废竹木、木屑等可以用于制造各种人造板材。碎玻璃可以加工成再生玻璃或某些装饰材料。

1.5.2 雨水循环再利用

在住宅和商业建筑中经常会通过雨水的收集和再利用实现水的节约，进而降低成本以及减少建筑对环境的影响。雨水收集就是在雨水进入含水层之前，利用设备将其收集起来，通过弃流、过滤等一系列措施进行处理之后储存起来以实现再利用。经收集处理的雨水可以为绿化、景观水体、洗涤及地下水源提供水源补给，达到综合利用雨水资源和节约用水的目的。

雨水集蓄的一种方式是利用屋顶收集雨水，通过重力管道过滤或重力式土地过滤，然后雨水通过稳定的进口流入储水池，经处理后由泵送至备用水点，用于冲洗厕所、灌溉绿地或构造水景观等。

屋顶绿化是城市雨水利用的一个重要组成部分，推广屋顶绿化可以有效地蓄积与利用雨水，对缓解城市用水问题起到不可忽视的作用。在欧洲和北美的许多城市，随着减少城市雨水排放的潮流兴起，减少雨水排放被认为是屋顶绿化的主要益处，因此屋顶绿化在各类建筑上得到广泛运用，特别是在德国，从20世纪50年代就开始了推广屋顶绿化。绿化屋面可以通过植物的茎叶对雨水的截流作用和种植基质的吸水把大量的降水储存起来。绿化屋顶上蓄积的雨水不仅可以为屋顶绿化的植物提供水分补给，还可通过水分蒸发改善建筑的小环境。

雨水渗透技术是一种具有综合效益的节水型排水方式。雨水渗透设施包括渗水管沟、渗水地面、渗水洼塘和渗水浅井等。

屋顶花园结合浅草沟是典型的雨水渗透处理利用系统。屋面雨水先流经屋顶花园进行渗透净化，而后流入浅草沟。浅草沟由上至下可分为两层，上层为种植草类植物的浅水洼，下层为渗透渠。这种系统通过土壤与植物的处理作用净化雨水。

Water System

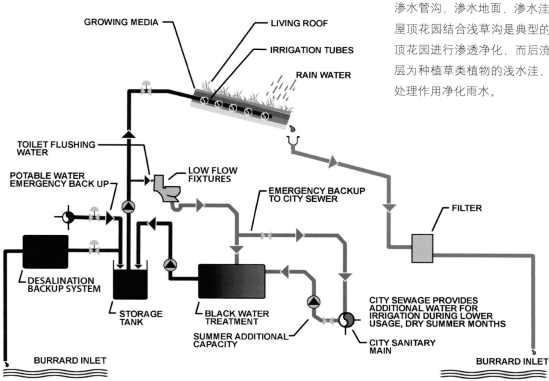

1.6 垂直绿化

垂直绿化是指在各类建筑物和构筑物的立面、墙体、阳台和其他空间进行多层次、多功能的绿化和美化，以改善局地气候和生态服务功能、拓展城市绿化空间、美化城市景观的生态建设活动。它与地面绿化相对应，在立体空间进行绿化，不仅可以增加建筑物的艺术效果，使环境更加整洁美观、生动活泼，而且具有占地少、见效快、绿化效率高等优点。

1.6.1 绿色墙体

绿色墙体可以是独立于建筑的墙体，也可以是建筑的一部分，绿色墙体往往被植物或者植物赖以生长的土壤及其他生长介质覆盖着。

绿色墙体主要分为两类：绿色立面以及生态墙。

立面的绿化通常涉及的是建筑墙体外侧。绿色立面中用到的植物一般是直接攀爬在墙体或者支撑结构上。不论是往上攀爬的还是如瀑布一样垂下来的植物，都会朝着面向太阳的墙体生长，但是植物的根仍长在地下。如今，许多的绿色立面上都会设计特殊的结构，如模块化格架系统或者是各种缆线系统，用以支撑植物。

生态墙不仅在外墙设计中比较常见，也逐渐成为室内设计的一种新风尚。生态墙中用到的植物种类远比绿色立面要广泛。与绿色立面不同的是，生态墙的外层通常都会覆盖一种生长介质，而植物就扎根于这些介质之中。

生态墙中常用的生长介质主要分为三类：松散介质、毯式介质和结构性介质。

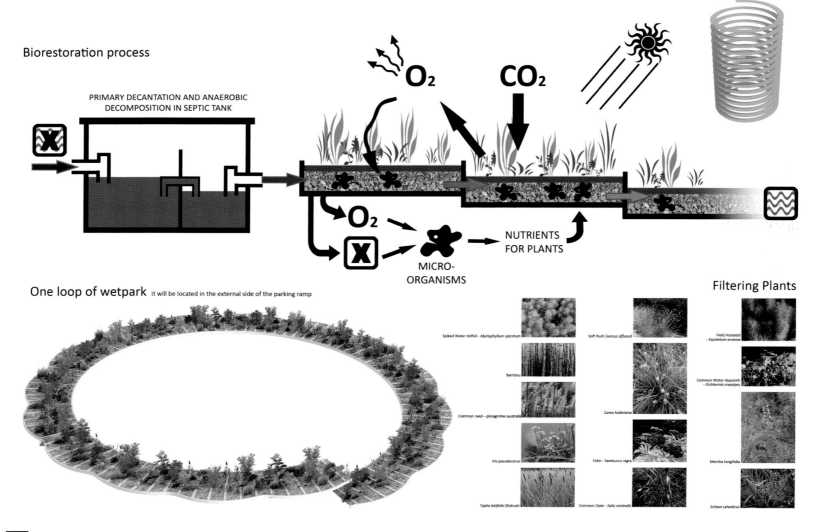

(1) 松散介质

在使用松散介质的墙体上，土壤会被打包后放到格架上，或者装入袋子中，然后将格架或者袋子放置到墙上。若是在室外的墙上，这类系统则需要至少一年更换一次，但若是室内的墙，则要至少两年更换一次。但这类系统若遇到强风天气，墙上的土壤会很容易流失，所以不适用于楼层过高的建筑中。

(2) 毯式介质

毯式介质主要是指椰壳纤维和毡毯。这类介质系统特别轻薄，即便是由很多层材料堆叠起来，也不会很厚。所以，当植物生长三到五年后，根系十分具有活力的时候，往往就会穿透介质，使得介质无法再支撑植物的生长。并且，水也不能充分地渗透进介质中。

(3) 结构性介质

结构性介质是块状的生长介质，结构上完全不同于松散介质和毯式介质，但却兼具松散介质和毯式介质的最佳特色。该块状结构可以制造成各种尺寸、形状和厚度的系统。这些介质的优势是可以沿用10年至15年而不会损坏，蓄水能力可以根据墙体上生长的植物来有选择性地进行调整，易于维修和更换处理。不论是室内还是室外的生态墙，最佳的介质就是结构性介质。

1.6.2 从垂直绿化到节能

建筑设计中，外墙的遮阳和绿色生物的过滤作用具有可观的经济价值。植被作为有效阻隔太阳辐射的屏障，也可使建筑免受外部冷空气的影响，起到保温作用。此外，安装的绿色墙体作为生物滤池，可以大大减少从室外汲取清新空气的需要，通过植物达到净化空气的目的。

绿色墙体的应用，可以让建筑从多方面受益：

(1) 良好的隔热保温效果，在夏季保持室内温度低于室外温度，而在冬季保持室内有较高温度，减少制冷与采暖能耗。

(2) 植物作为遮阳设备，可以帮助调节建筑的内部温度。

(3) 减少建筑结构的热负荷。

(4) 减少城市铺设地区的"城市热岛"效应。

(5) 可以净化空气（吸收颗粒物，二氧化碳，氮氧化物），通过污染物的吸附和氧气生成改善空气质量。

(6) 消减暴雨的势能，实现雨水收集及循环再利用。

(7) 灰水过滤及循环再利用。

(8) 保护建筑材料和建筑构件，防止其遭受紫外线、雨水和霜冻的破坏。

(9) 提供适宜植物和小动物的生长环境，为改善建成环境的生物多样性做出贡献。

(10) 致力于可持续发展的美学设计。

(11) 重建建筑环境与自然、人类与自然之间的关系。

PASSIVE SOLAR DESIGN

被动式太阳能设计

被动式太阳能设计是低能耗建筑设计中常用的策略，包含一系列的措施。它主要是利用建筑元素及其特征来满足采暖、制冷和照明需求。在建筑项目中采用被动式太阳能设计可以让建筑保持舒适的室内环境。

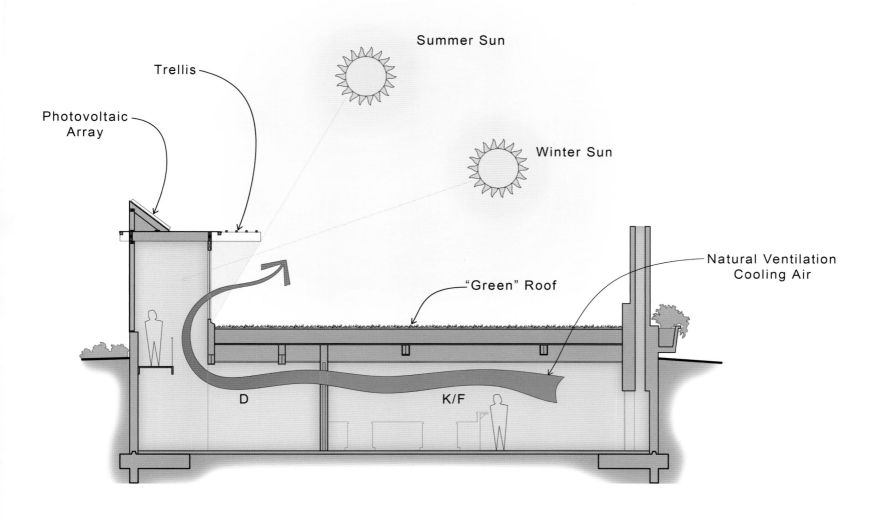

Summer Sun

Winter Sun

Trellis

Photovoltaic
Array

Natural Ventilation
Cooling Air

"Green" Roof

D

K/F

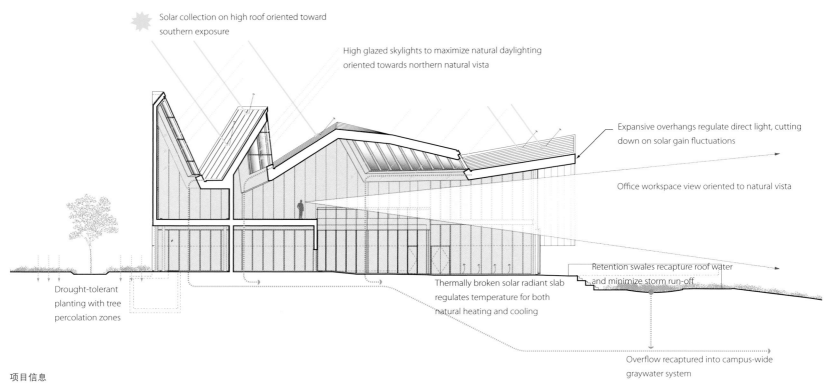

Solar collection on high roof oriented toward southern exposure

High glazed skylights to maximize natural daylighting oriented towards northern natural vista

Expansive overhangs regulate direct light, cutting down on solar gain fluctuations

Office workspace view oriented to natural vista

Retention swales recapture roof water and minimize storm run-off

Drought-tolerant planting with tree percolation zones

Thermally broken solar radiant slab regulates temperature for both natural heating and cooling

Overflow recaptured into campus-wide graywater system

项目信息
地点：墨西哥 努耶沃里昂 阿伯达卡
面积：一期 500平方米办公室，1 000平方米仓库
　　　二期 500平方米办公室，3 000平方米仓库
设计总监：Lawrence Scarpa
设计团队：Daniel Poei, Abby Katcher, Oliver Liao, Darien Williams, Jordan Gearhart, Ching Luk
景观设计：PEG
结构工程：Carl W. Howe Partners, Inc.
机械/电力/配管：Cobalt
客户/业主：The Proeza Group

Metalsa SA

迈特萨工业大楼

| Brooks + Scarpa |

工业大楼是很少有人喜欢光顾或工作的地方，它们通常都是按照功能需求来规划与建造的，很少考虑在其中工作的人们的感受。然而，本方案则不同，在顾及工业设施整体完整性的同时，它还为使用者和访客创造了舒适宜人的环境。

本方案以LEED和绿色建筑为目标，建筑师将其作为设计核心。项目将通过朝向和建筑的设计来充分利用自然光线和视角。

大楼的一大特色是锯齿形的屋顶，不仅赋予了大楼独特性，更为其可持续性做出了贡献。屋顶由实心表面和玻璃表面共同构成。实心表面朝向南方，上面安装有太阳能板，可以收集阳光用来发电。而玻璃屋顶朝向北方，可以让少量太阳光照进室内。

大楼的另一特色是带孔的金属表皮。大楼的西侧与南侧立面都使用了这种外层结构，可以抵挡多余的太阳热量，同时保留了欣赏室外风景的视角。一期和二期办公空间将围绕一座下沉花园分布，面向北侧的自然景观开放。项目将能量和水的利用效率作为重点，使其超过园区的要求。室内和景观系统不仅会有效利用雨水和灰水，还会通过各种高效系统和装置的使用来节能。

同时，设计尽量完善室内环境质量，为员工和访客创造了一个健康而高效的环境，通过绿色材料和策略的使用，力求实现LEED认证目标。

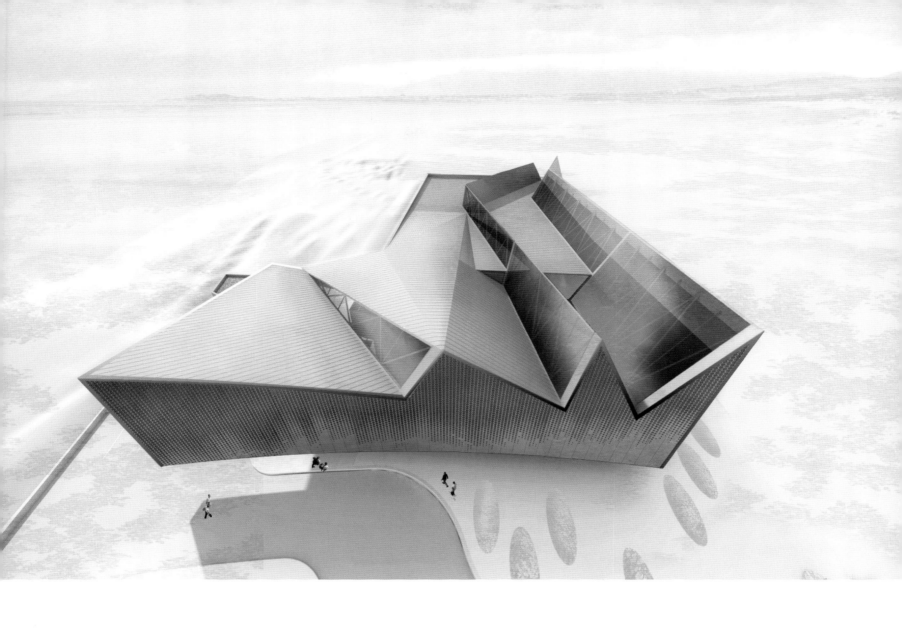

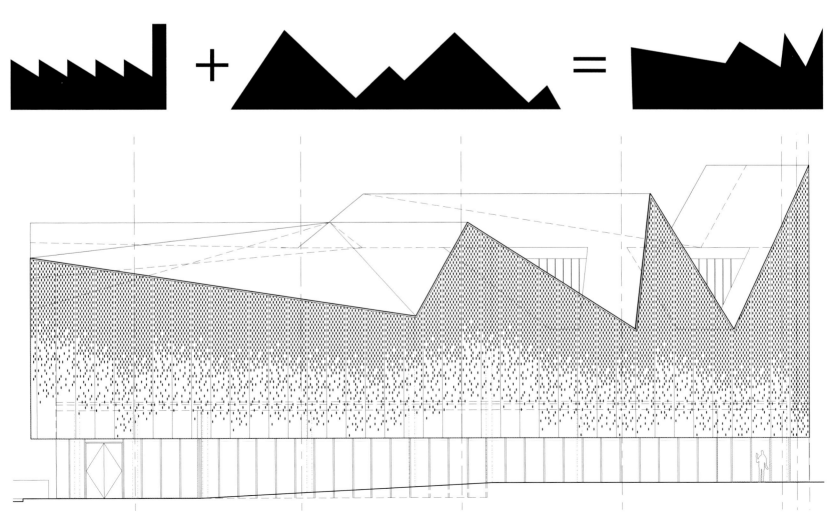

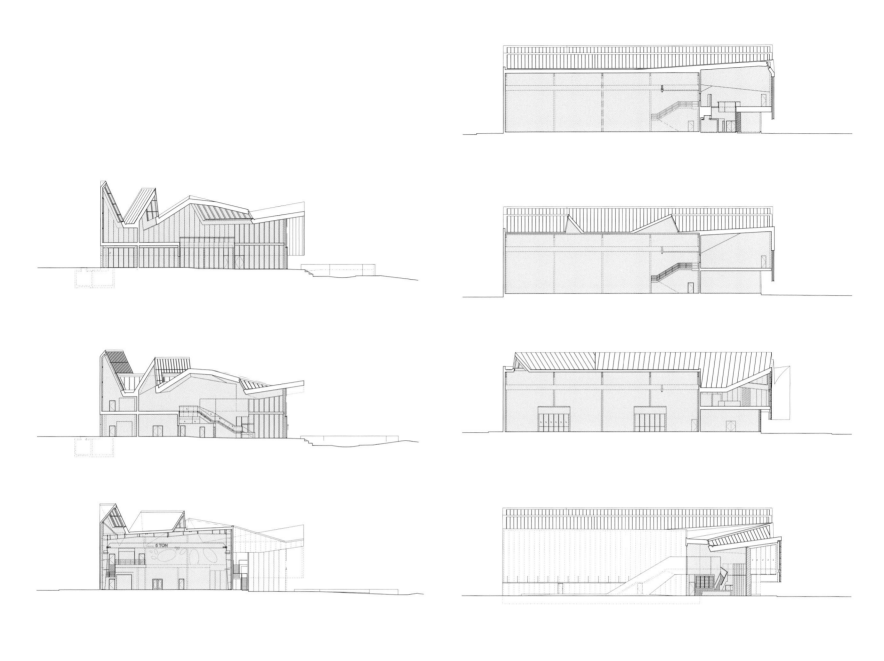

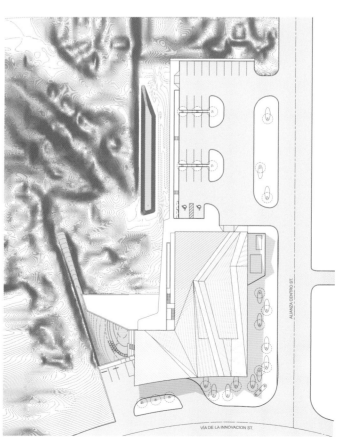

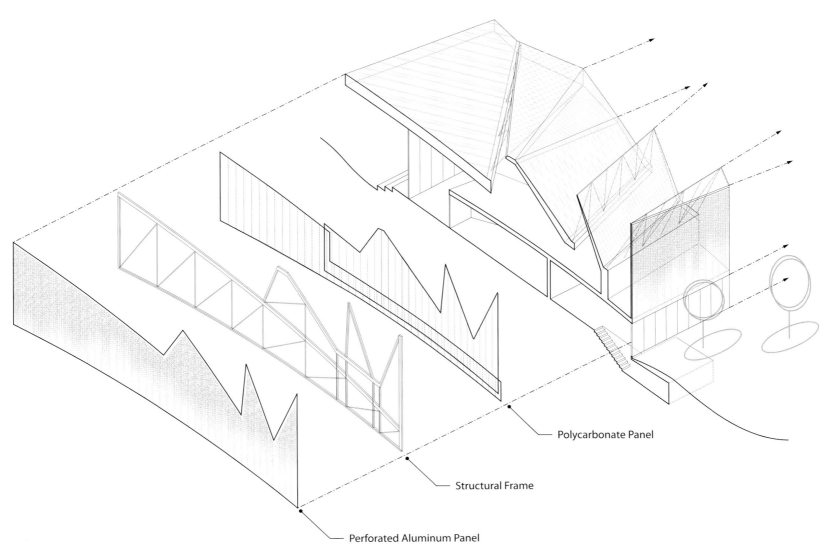

Polycarbonate Panel

Structural Frame

Perforated Aluminum Panel

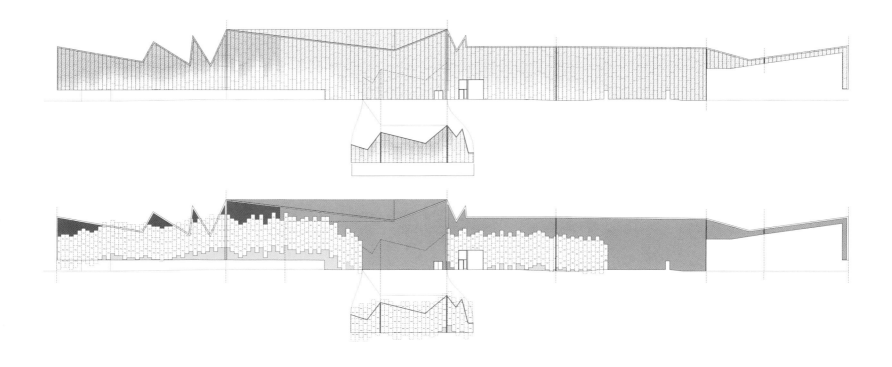

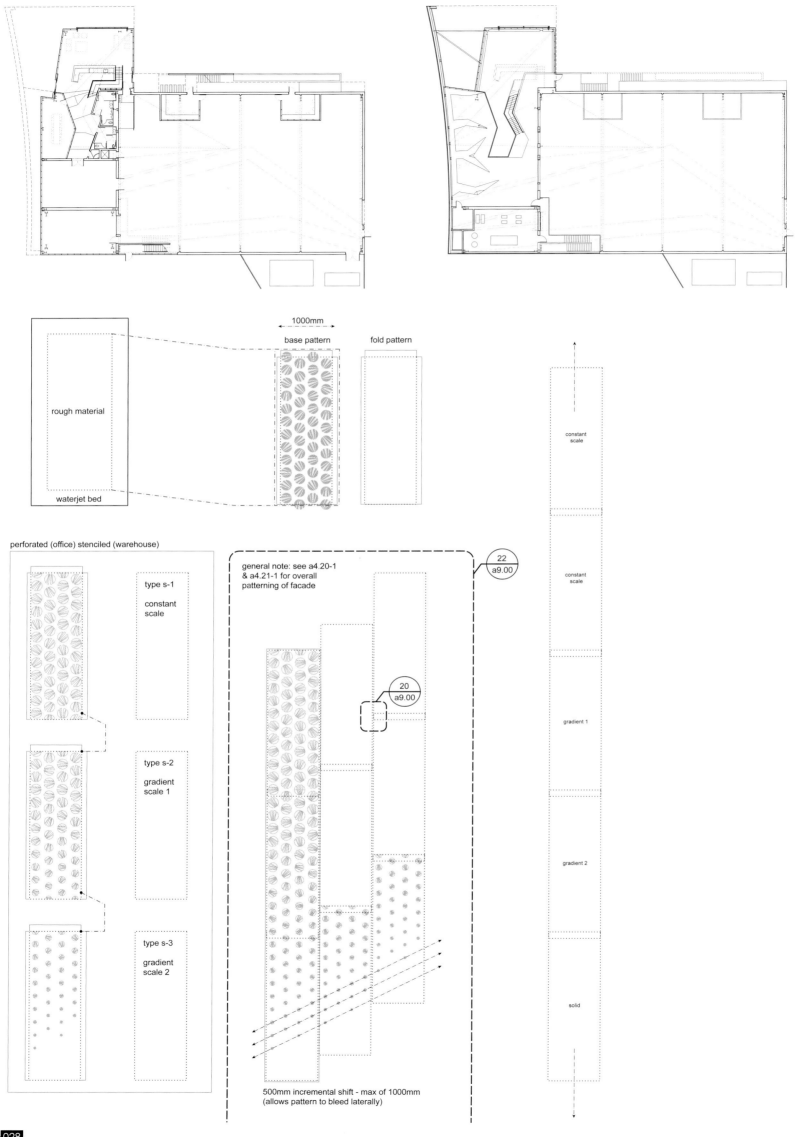

1000mm

base pattern

fold pattern

rough material

waterjet bed

constant scale

constant scale

gradient 1

gradient 2

solid

perforated (office) stenciled (warehouse)

type s-1

constant scale

type s-2

gradient scale 1

type s-3

gradient scale 2

general note: see a4.20-1 & a4.21-1 for overall patterning of facade

22
a9.00

20
a9.00

500mm incremental shift - max of 1000mm
(allows pattern to bleed laterally)

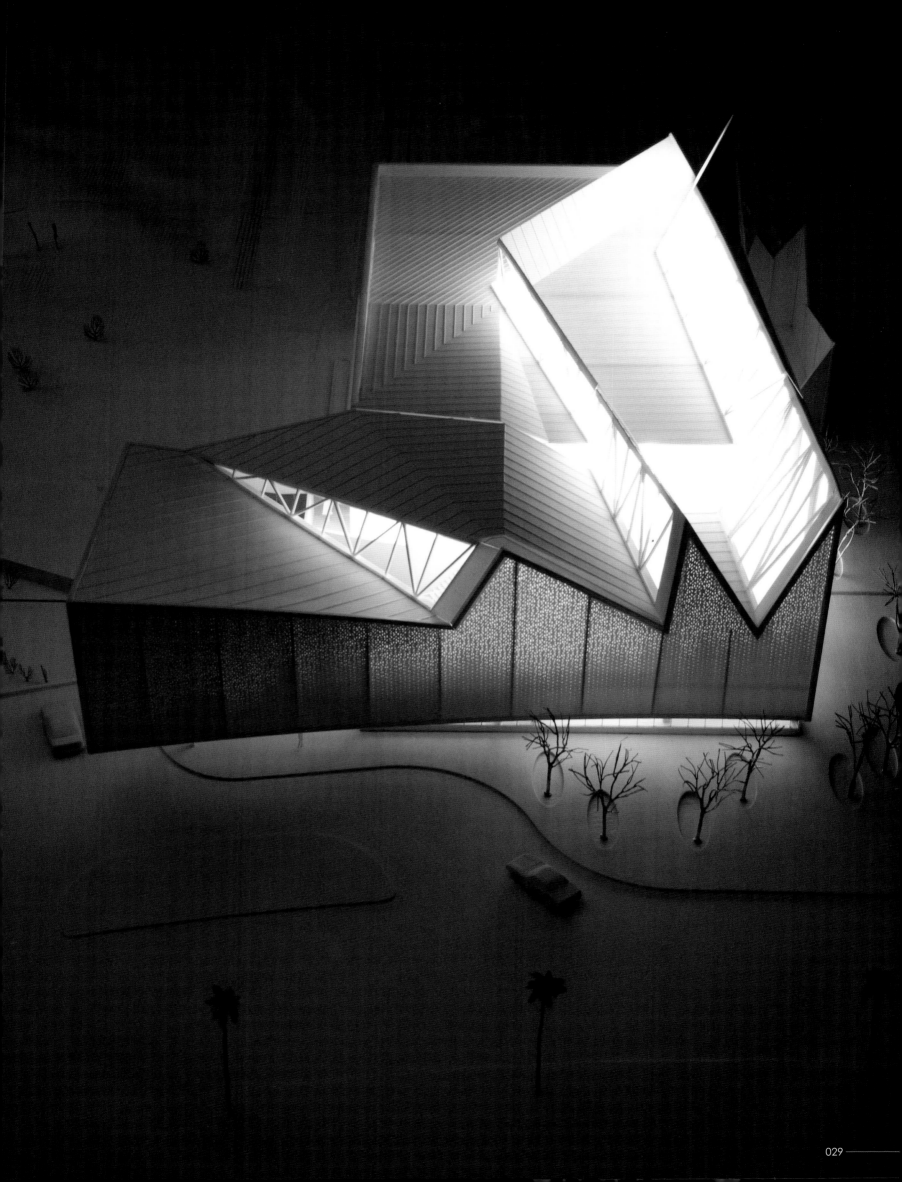

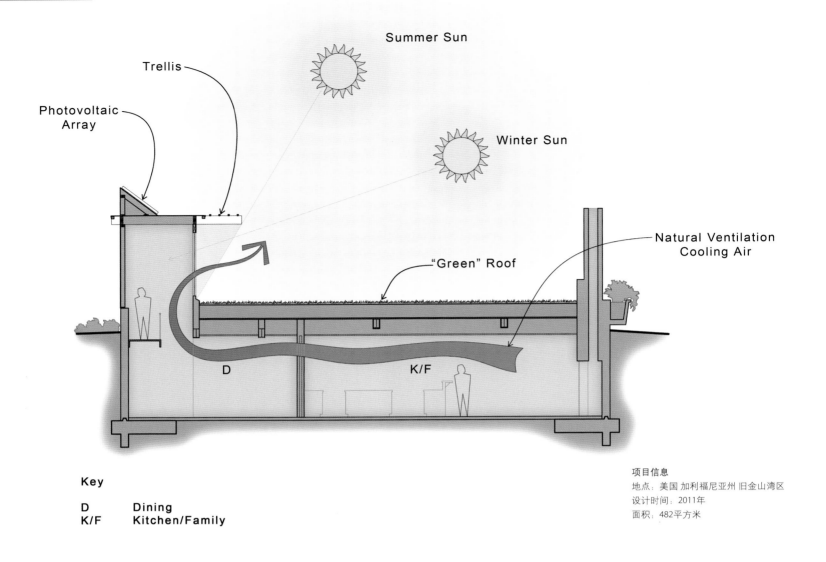

Summer Sun

Winter Sun

Trellis

Photovoltaic
Array

Natural Ventilation
Cooling Air

"Green" Roof

D

K/F

Key

D   Dining
K/F   Kitchen/Family

项目信息
地点：美国 加利福尼亚州 旧金山湾区
设计时间：2011年
面积：482平方米

Virgo House

绿色山居

| Robert Nebolon Architects

该项目位于一斜坡之上，正西面可以眺望整个旧金山湾地区，而南面则阳光充足，入口设在最低处。斜坡与楼梯的倾斜度基本相同，当建筑师发现这个特性后，随即产生了将住宅根据斜坡走势建造并融于山色之中的想法。最终的设计方案是建造四个观景平台，这样一来，所有的房间和平台都可以观赏到旧金山的壮丽景色。

该项目由一个主通道、三个侧楼和四个屋顶平台组成，且均沿着坡度设计建造。主通道自西向东延伸，从位于底端的车库开始沿坡而上，沿着整个建筑的北部边缘，连通三个侧楼和四个屋顶平台。第一个侧楼是主要的居住区，有客厅、餐厅、厨房和家庭娱乐室，也可以从这里走到第一个平台。第二个侧楼包含三个卧室，并且可以通往位于第一侧楼楼顶的露台，也就是第二个平台。第三侧楼为主卧室，可以通往位于第二侧楼楼顶的第三平台。第四平台遍布花草和矮灌木，它作为山坡的延伸，从主卧室所在侧楼一路延展开去。

主通道功能性极强。首先，通过楼梯将所有楼层连接起来。再者，可作为被动式节能系统，吸收和散布太阳能，为房屋供暖。冬季，由于太阳高度较低，阳光可以通过主通道朝南的窗户射入进来，使得房屋变暖。花架大

而高，有利于藤本植物的攀爬生长。这些植物夏季会长出茂盛的叶子，可以起到遮阴的作用，而冬季叶子凋落，不会妨碍阳光的射入。一旦主通道内部温度升高，热空气便会汇集在上层，系统会将这些热空气吸收并分布到房子的其他角落。如果房子需要降温，只需打开每层楼的门窗，此时的主通道将作为所有侧楼的自然通风管道。主通道还有一个功能，那就是可以将光伏电板安置在其顶棚上，朝向南方。

可持续设计特色如下：

(1) 露台上的深层土使得花花草草以及矮灌木在不需大量浇水的情况下也能生长，并且作为侧楼楼顶，它起到了很好的隔热效果。

(2) 由于房屋主体嵌在土里，土层良好的隔热性使得嵌入土层部分的建筑结构不会将热量散失掉。

(3) 车库下方的水槽将来自屋顶以及其他不透水表层的雨水收集起来，作为灌溉用水或者是消防栓失灵时作为局部灭火的紧急用水。

(4) 混凝土外墙以及地板可以最大限度地减小昼夜温差。

(5) 木球炉在需要时可以供暖。

(6) 浴盆可通过太阳能热水器加热。

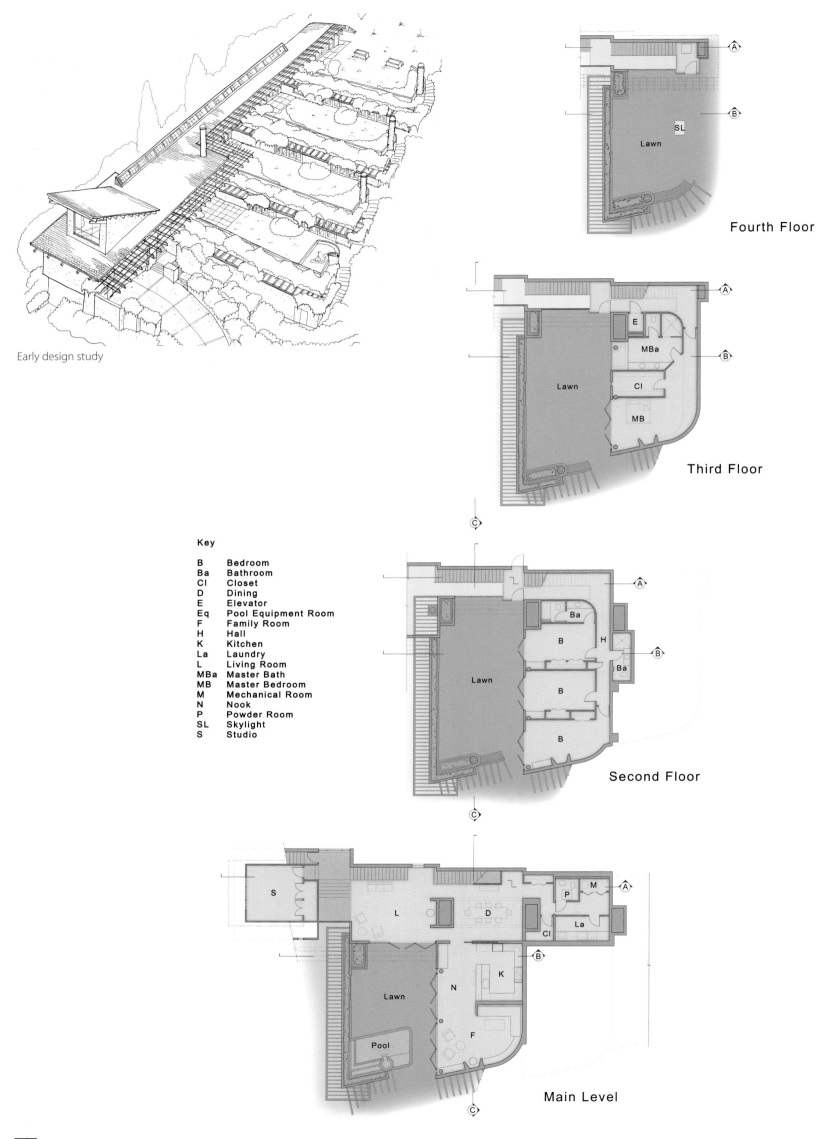

Early design study

Fourth Floor

Third Floor

Second Floor

Main Level

Key

B	Bedroom
Ba	Bathroom
Cl	Closet
D	Dining
E	Elevator
Eq	Pool Equipment Room
F	Family Room
H	Hall
K	Kitchen
La	Laundry
L	Living Room
MBa	Master Bath
MB	Master Bedroom
M	Mechanical Room
N	Nook
P	Powder Room
SL	Skylight
S	Studio

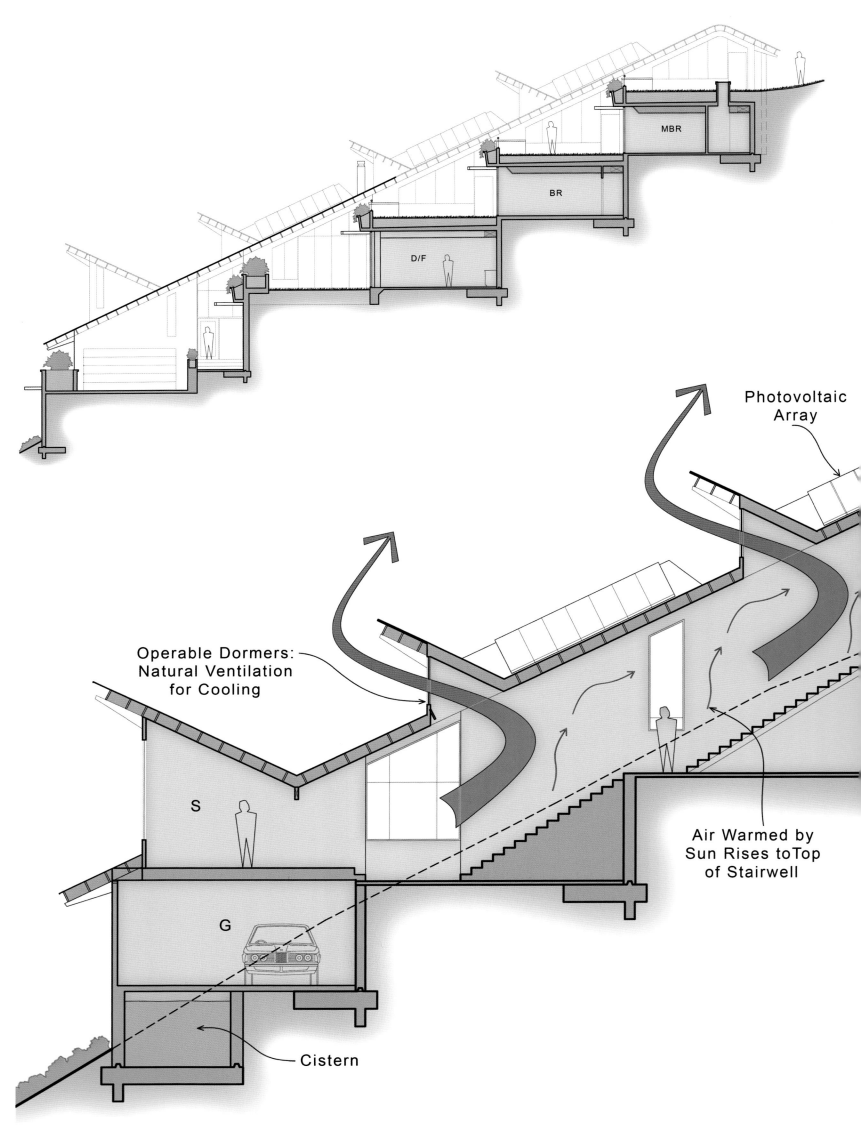

MBR

BR

D/F

Photovoltaic
Array

Operable Dormers:
Natural Ventilation
for Cooling

S

G

Air Warmed by
Sun Rises to Top
of Stairwell

Cistern

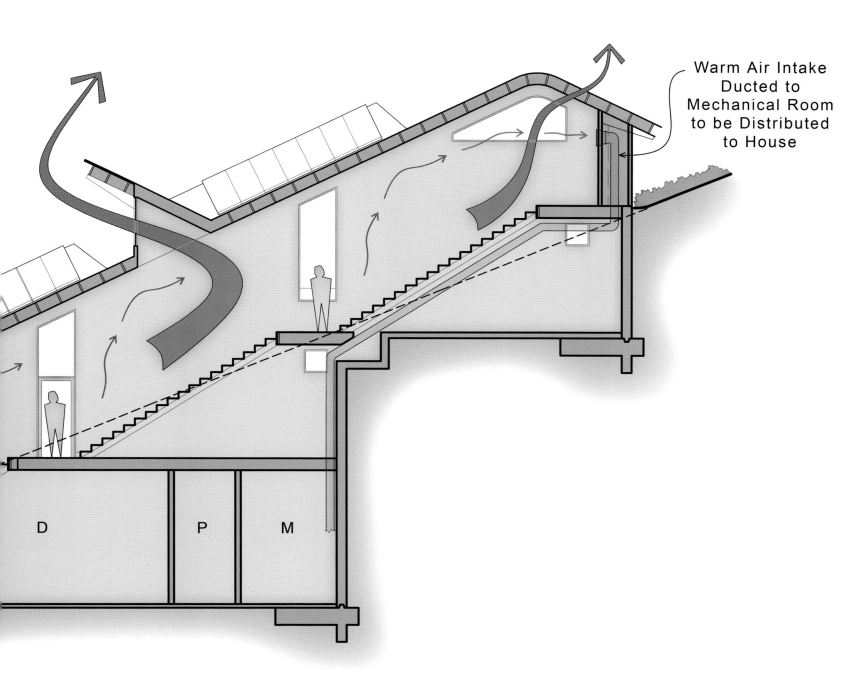

Warm Air Intake
Ducted to
Mechanical Room
to be Distributed
to House

Key

D   Dining
G   Garage
M   Mechanical
P   Powder
S   Studio

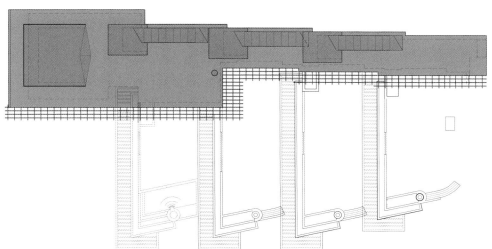

Cross ventilation

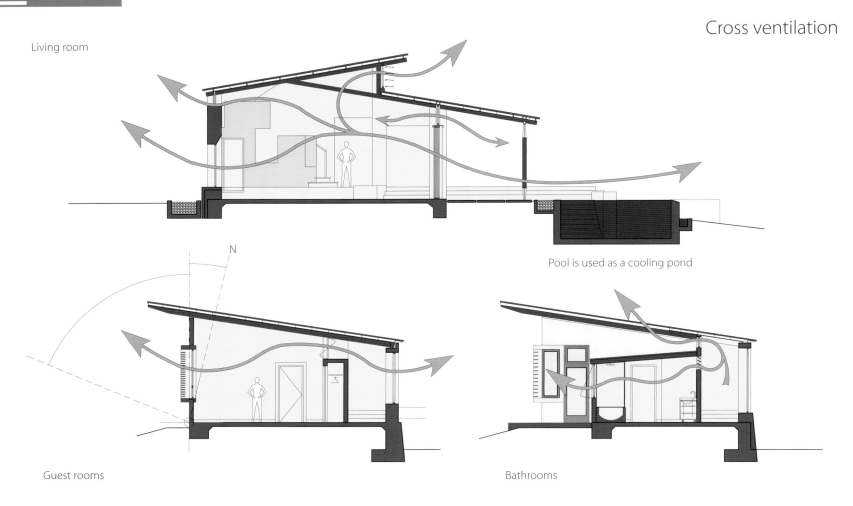

Living room

Pool is used as a cooling pond

N

Guest rooms

Bathrooms

项目信息
地点：哥斯达黎加 阿特纳斯
完工时间：2010年12月
面积：750平方米
项目类型：住宅
建筑设计：Paravant Architects, SAAR Arquitectura San Jose Costa Rica, Jose-Bernardo Garcia
团队：Christian Kienapfel, Halil Ramazan Dolan

Areopagus, Costa Rica

融入山脉景观的隐居住宅

| Paravant Architects |

阿勒奥珀格斯是一个和谐地融入到哥斯达黎加山脉景观中的隐居住宅，业主来自加利福尼亚的好莱坞。建筑拥有两种与众不同的立面：朝向街区一侧的立面是大型混凝土墙体，可以极好地保护业主的隐私，墙体上的边框式窗户有利于自然地控制室温和通风，由此还可以欣赏到周边山脉的景色。南侧的立面是从屋顶直垂下来的大型的透明玻璃板，通过玻璃板可将山谷一边的圣何塞美景一览无余。客厅的角落里安装了16米长的伸缩式玻璃拉门，为室内外的生活提供了方便。旁边的无边缘游泳池不仅为原本就引人注目的空间增添了一抹亮色，还有利于降低室内的温度。通过对墙体和窗户朝向的考量和设计，对建筑场地境况的了解以及被动设计方法的采用，该建筑已经不再需要机械空调系统。比起其他的在面积和环境方面都差不多的住宅，该住宅极大地降低了能耗，为业主提供了舒适的生活环境。整个项目由来自德国的建筑师与来自哥斯达黎加和美国的工程师协作完成。考虑到可持续性的设计，建筑师们首先采用了所有的被动策略，然后才考虑安装主动式系统，包括屋顶的太阳能光伏电板，用以提供热水和电力。除此之外，还包括一个微型的废水就地处理器和雨水收集器，为庭院灌溉提供了方便。

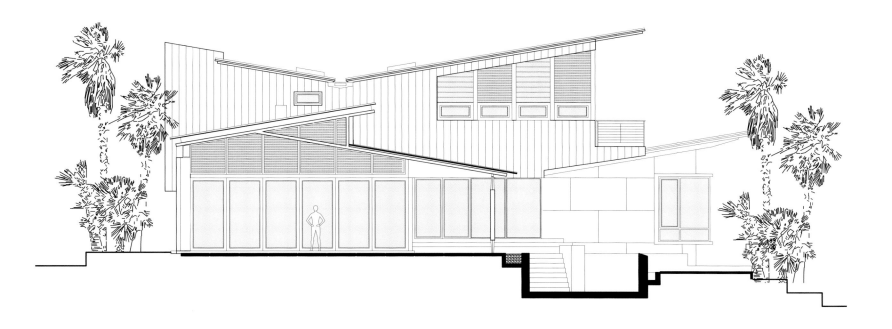

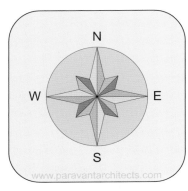

BUILDING ORIENTATION ON SITE

SELECTION OF ACCORDING TO SPE-CIFIC SITE CONDITIONS

NO USE OF ACTIVE ENERGY CONSUMING COOLING SYSTEMS

CEILING FANS FOR AIR CIRCULATION SUPPORT

ENVELOPE ANALYSIS

PASSIVE SYSTEM: CROSS VENILATION

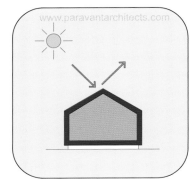

COOL ROOF SYSTEM

ENVELOPE GLAZING

RAIN WATER COLLECTION

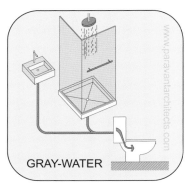

GRAY WATER USE

ON-SITE MICRO-WASTE WATER TREATMENT PLANT - YARD IRRIGATION

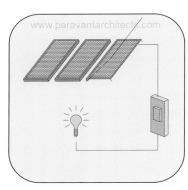

ENERGY: PHOTOVOLTAIC

SOLAR HOT WATER SYSTEM

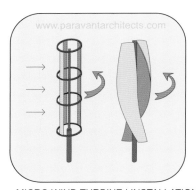

MICRO WIND TURBINE | INSTALLATION SCHEDULED FOR FALL 2011

TRADITIONAL CLOTH DRYING INSTEAD OF ACTIVE DRYER

USE OF RECYLCLED MATERIALS

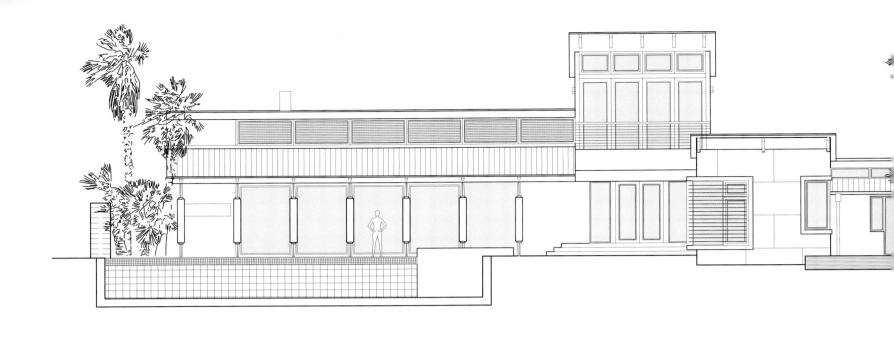

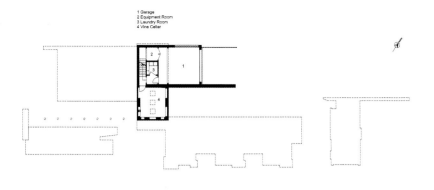

1 Garage
2 Equipment Room
3 Laundry Room
4 Vine Cellar

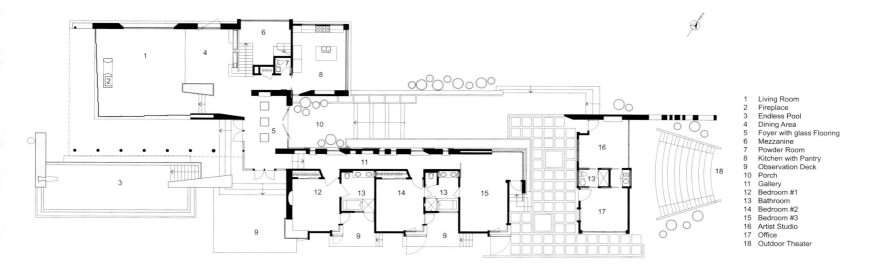

1 Living Room
2 Fireplace
3 Endless Pool
4 Dining Area
5 Foyer with glass Flooring
6 Mezzanine
7 Powder Room
8 Kitchen with Pantry
9 Observation Deck
10 Porch
11 Gallery
12 Bedroom #1
13 Bathroom
14 Bedroom #2
15 Bedroom #3
16 Artist Studio
17 Office
18 Outdoor Theater

1 Master Bedroom
2 Master Bath
3 Master Closet
4 Mezzanine
5 Balcony

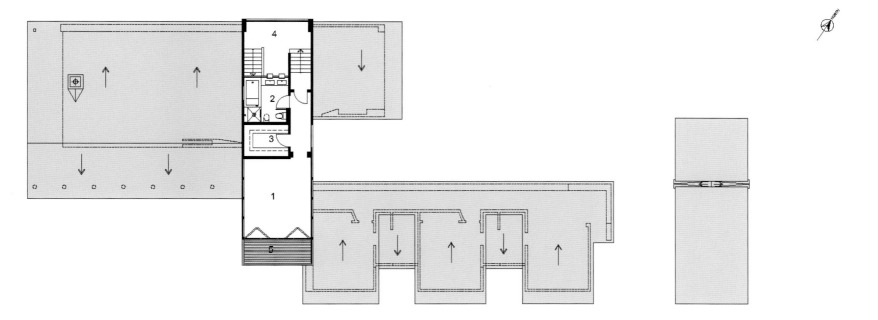

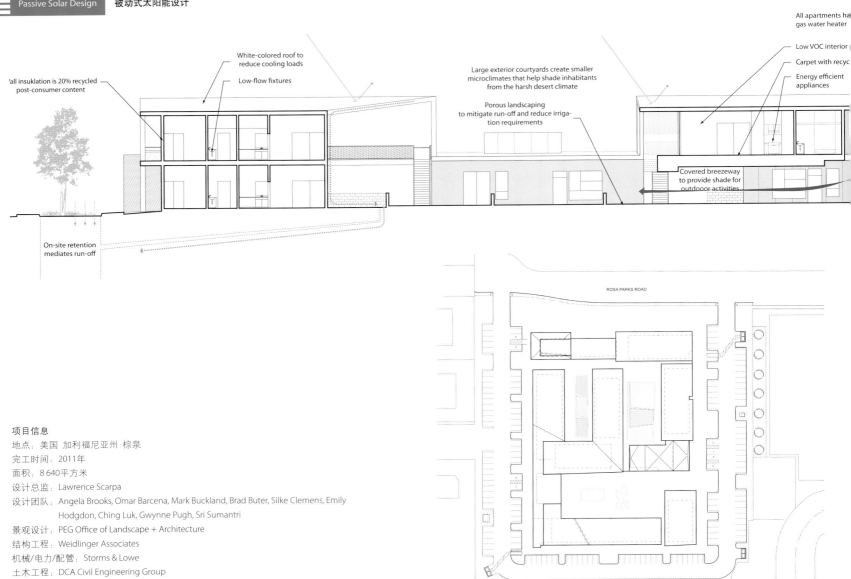

All apartments ha
gas water heater

Low VOC interior

Carpet with recyc

Energy efficient
appliances

White-colored roof to
reduce cooling loads

Low-flow fixtures

Large exterior courtyards create smaller
microclimates that help shade inhabitants
from the harsh desert climate

all insuklation is 20% recycled
post-consumer content

Porous landscaping
to mitigate run-off and reduce irriga-
tion requirements

Covered breezeway
to provide shade for
outdoor activities

On-site retention
mediates run-off

ROSA PARKS ROAD

项目信息

地点：美国 加利福尼亚州 棕泉
完工时间：2011年
面积：8 640平方米
设计总监：Lawrence Scarpa
设计团队：Angela Brooks, Omar Barcena, Mark Buckland, Brad Buter, Silke Clemens, Emily
　　　　　Hodgdon, Ching Luk, Gwynne Pugh, Sri Sumantri
景观设计：PEG Office of Landscape + Architecture
结构工程：Weidlinger Associates
机械/电力/配管：Storms & Lowe
土木工程：DCA Civil Engineering Group
总承包商：Brown Construction
客户/业主：Coachella Valley Housing Coalition
摄影：John Edward Linden

Rosa Gardens

玫瑰花园

| Brooks + Scarpa |

玫瑰花园项目获得了LEED金级认证，坐落在18 200平方米的地块上，是一座拥有57个单元的经济型公寓楼，包括一室、二室、三室、四室户型，公用洗衣房，社区中心和其他家庭设施。

与常规开发项目不同的是，玫瑰花园的设计采用了多种能效措施，使其能量利用效率比标准规定还要高出许多，提升了建筑性能，保证施工和运营的所有阶段中，能耗都被降低。本项目中采用了许多被动式太阳能设计策略，包括：通过建筑的选址与朝向来控制太阳能制冷负荷；调整建筑的形态与朝向以充分利用盛行风；通过建筑形态实现自然通风；在朝南的窗户上安装遮阳板；减少朝西的窗户；通过窗户的设计，可实现最大化自然采光和自然通风；通过室内的设计与规划，增强自然光线和空气流通。美国的加利福尼亚州拥有最为严格的能效要求，而玫瑰花园通过众多的可持续策略，使其能效比加利福尼亚的"Title 24"标准还要高30%。

建筑处处体现能量节约以及环境保护理念。施工过程中尽量节约材料，使用回收材料。整个项目实现了75%的回收率。回收材料制作的地毯、回收报纸制成的隔热材料以及纯天然油地毡材料，充分体现项目的资源节约理念。公寓楼中还使用了紧凑型荧光灯、回收材料制成的隔热保温构件以及双层玻璃窗。每套公寓中都配备了节水马桶和其他节能设施。

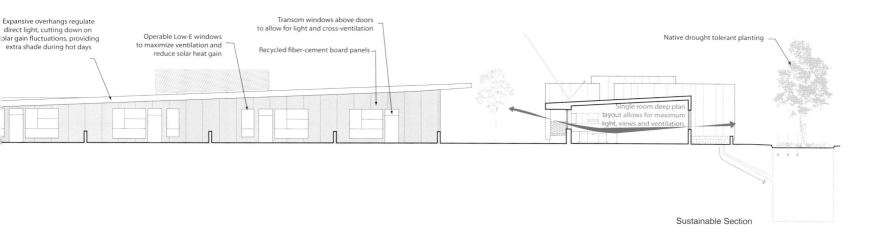

Expansive overhangs regulate direct light, cutting down on solar gain fluctuations, providing extra shade during hot days

Operable Low-E windows to maximize ventilation and reduce solar heat gain

Transom windows above doors to allow for light and cross-ventilation

Recycled fiber-cement board panels

Native drought tolerant planting

Single room deep plan layout allows for maximum light, views and ventilation.

Sustainable Section

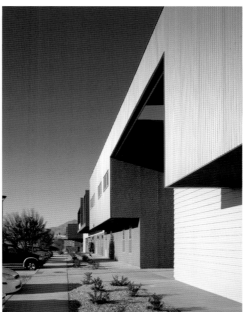

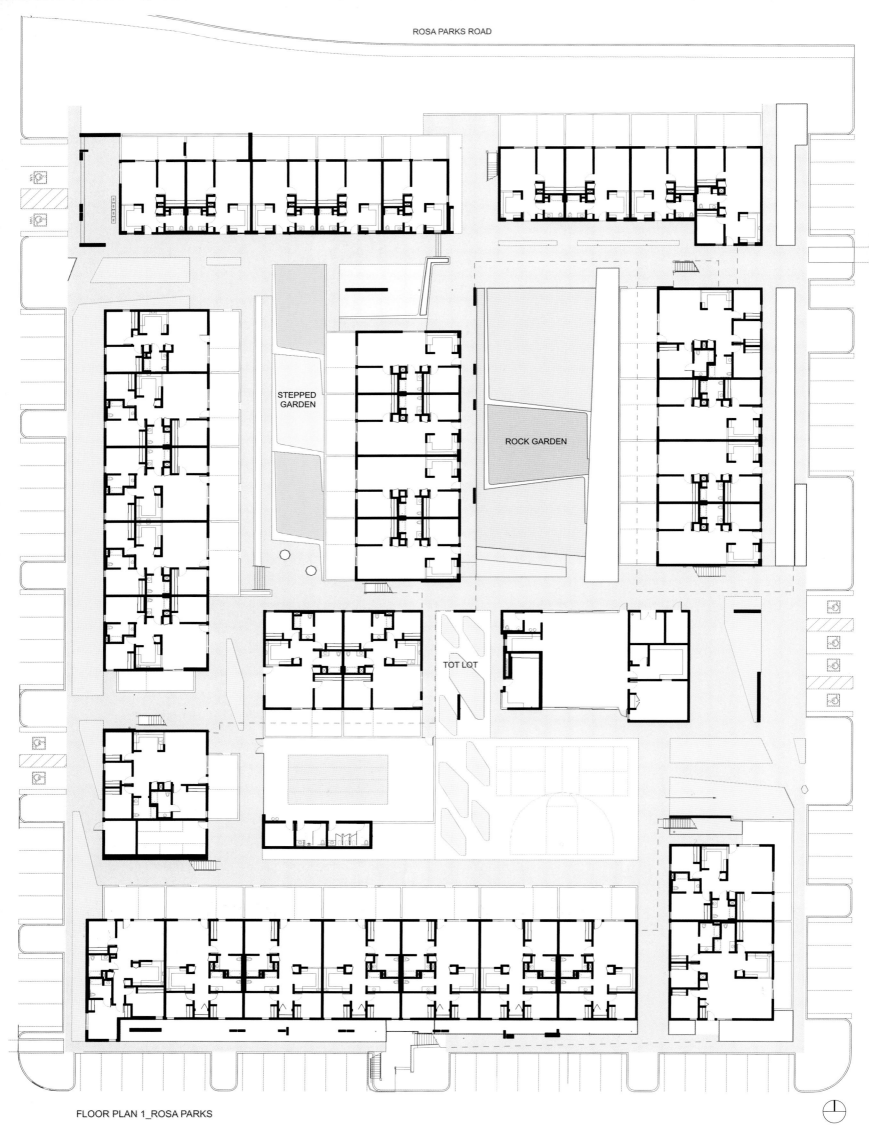

ROSA PARKS ROAD

STEPPED GARDEN

ROCK GARDEN

TOT LOT

FLOOR PLAN 1_ROSA PARKS

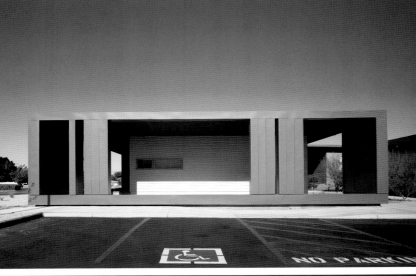

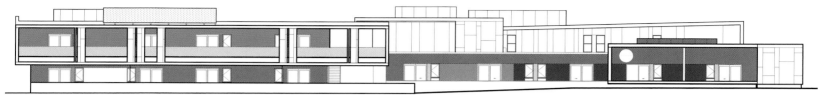

North site elevation

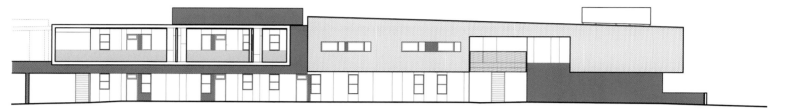

East site elevation

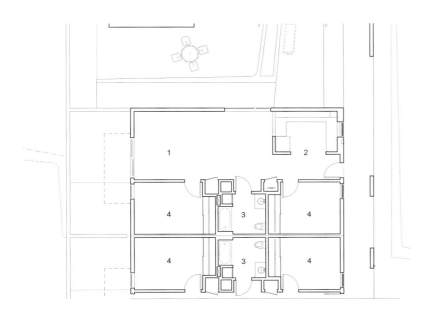

FLOOR PLAN 1 ROSA PARKS

Floor plan
1. Living
2. Kitchen
3. Bath
4. Bedroom

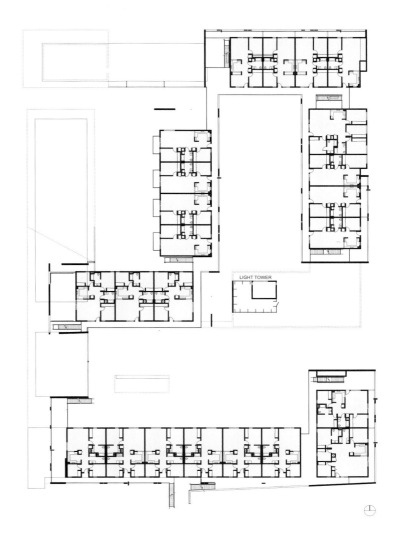

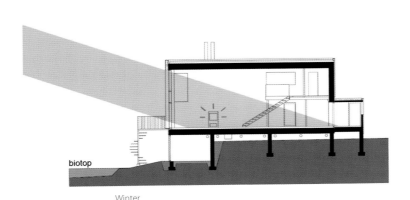

Summer

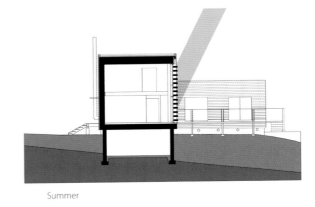

Summer

Winter

Winter

项目信息

地点：奥地利 下奥地利州 霍和万德

设计时间：2007—2008

建造时间：2008—2009

场地面积：2 718.30平方米

建筑面积：167.90平方米

使用面积：138.70平方米

建筑容积：936.10立方米

建筑设计：Architekt Georg W. Reinberg, Martha Enríquez Reinberg, Mag. Arq.

客户：Dr. Sch. und Mag. R.

Single Family and Seminar House

壮丽景色中的独栋别墅

| Architekturbüro Reinberg ZT GmbH |

项目位于建筑稀疏的开阔地带，其位置很特殊：西面是长长的岩石山脉（在奥地利被叫做"Hohe Wand"），南面是壮丽的自然景致，东面邻近森林，北面是山丘景观。建筑整体为一个双层的建筑物，东侧连通一个单层的建筑物（卧室区域），北侧连通体积较小的一个建筑物（作为建筑的防风墙）。在两层式建筑物中，有一个房间连通上下两层，并在东南方向外墙上开了一扇大大的玻璃窗。北面入口处紧邻厨房。楼上有一个画廊与一个带有独立卫生间的卧室（这个大房间同时也可作为研讨室）。在一层附属建筑物中，有一个卧室与一些配套使用的房间。门设在防风建筑物北侧。两个建筑物结合在一起构成一个"L"形，形成一块防风区；这个地方从外侧是看不到的，但是可以直接通往朝南的阳台（阳台位于一层）。这栋别墅整体都建在一个高高的平台上，这样保证大建筑物北面区域与单层建筑物都与北面地平线平齐，并处于高地上。双层建筑物南面的下方位置，有一块凸出建筑物外的区域，这里建造了一个天然的游泳池；其上方是卧室，卧室前面有一个高高的可以散步的平台。大部分窗户都设在朝向美景的一侧，可以眺望户外风景，映衬着自然景色的玻璃窗如画一般！

节能理念

建筑采用了具有良好隔热性能的玻璃，使热能的损耗最小化。南立面的玻璃幕墙则可实现被动式太阳能采集。其他的热能需求则由一个与通风系统融为一体的热泵产生。在热能需求高峰期，尤其在冬季和阴雨天气条件下，研讨室内会放置一个木球样子的暖炉供暖。这个暖炉有独立的通风系统，可以自给自足，因此解决了通风的问题。为了避免过热，东西两侧的窗户均安装了可移动的百叶窗。

户外空间设计

年代久远的树木被完全保留下来。雨水排放系统与修好的路面区域的排水系统将水留在原地，供给地下灌溉。

水电的供应通过公共网络完成，排水系统与道路网络相连，废水收集点位于车道上。

结构系统

建筑师为这栋别墅开发了一个新的结构。建筑基本的预制部件是一个双层的木框架结构，这种结构材料由一种价格低廉的秸秆制成，采用新型壤土纤维技术，保证了气密性。新的技术让建筑构件的连接与密封无需其他化

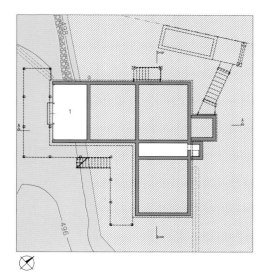

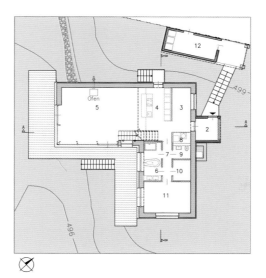

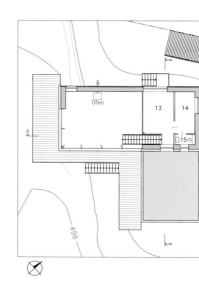

Basement
1. Warehouse

Ground floor
2. Vestibule
3. Foyer
4. Kitchen
5. Living room
6. Bathroom
7. Corridor
8. Building equipment and appliances
9. WC
10. Storage
11. Bedroom
12. Multi-purpose room

Upper level
13. Gallery
14. Storage
15. WC

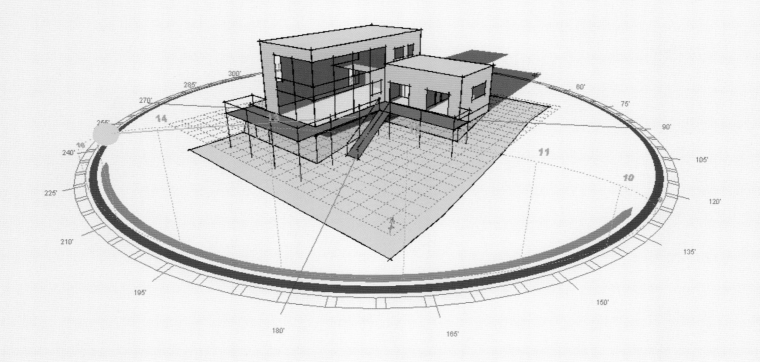

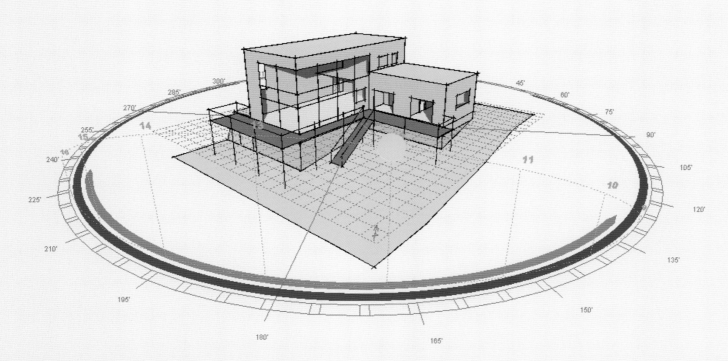

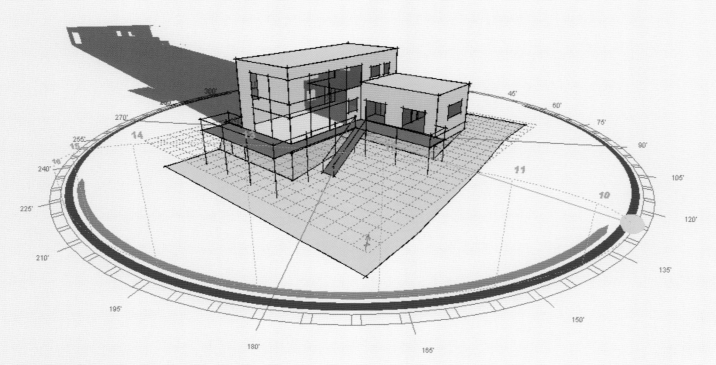

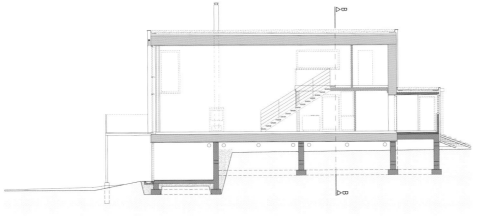

Section A-A

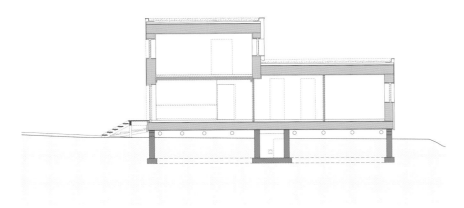

Section B-B

学制品即可实现。内部壤土层采用麻纤维，采用生物技术固定，没有添加任何化学建筑材料。天花板与地砖采用同种预制材料制成。附属建筑物建有草坪屋顶，底部用混凝土结构支撑；门窗、天花板与其他延伸区域采用木结构（门窗用木框架，三层导热系数为1.1W/ $m^2 \cdot$K的玻璃）。

本项目的设计有如下特点：

(1) 与普通的发泡聚苯乙烯砖制建筑相比，本项目减少了150吨的二氧化碳排放。

(2) 灰泥使用方面，整栋建筑共用25吨黏土。

(3) 预制材料的生产方面，共使用200立方米秸秆。

(4) 外墙相对常规的墙壁要厚3到5倍。

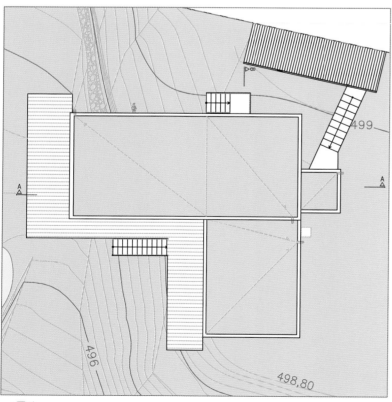

DRAUFANSICHT

499

498,80

496

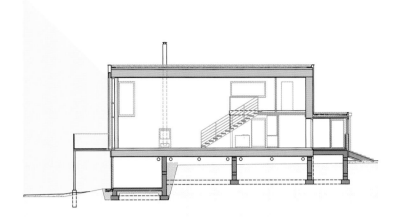
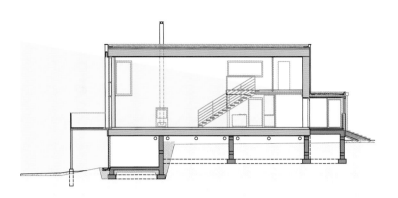

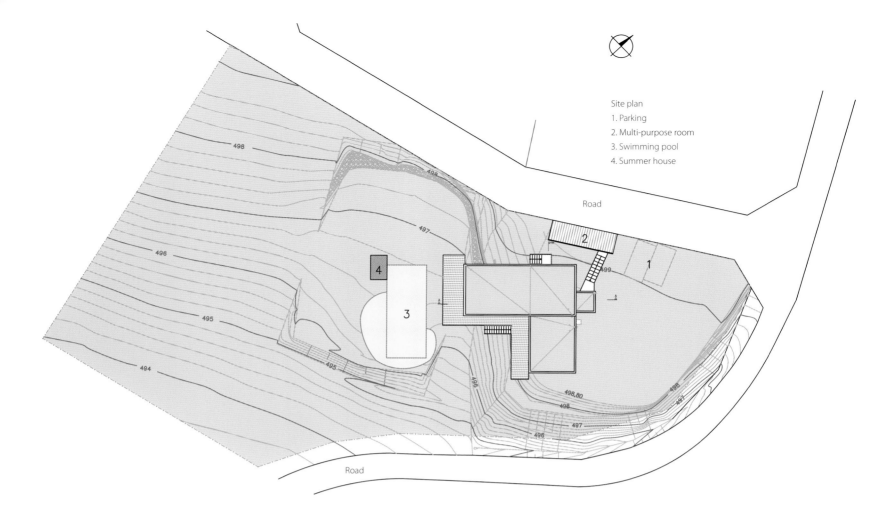

Site plan
1. Parking
2. Multi-purpose room
3. Swimming pool
4. Summer house

Road

Road

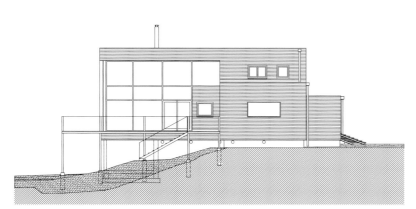

Southeast

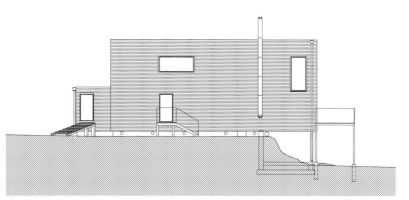

Northwest

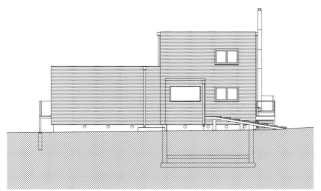

Northeast

Southwest

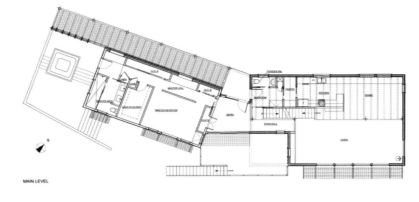

MAIN LEVEL

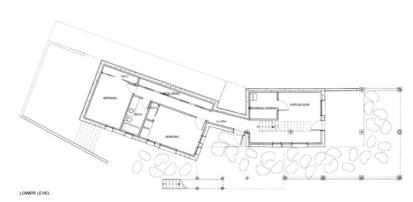

LOWER LEVEL

Pond View House

湖景房

| Carter+Burton |

该 项目位于弗吉尼亚州拉帕汉诺克县一个美丽的湖畔，周边景色优美，充满田园风情。鳞次栉比的乡村建筑及农舍构成一个紧密相连的建筑区。西面吹风的地理环境决定了湖景房的朝向。一条新铺设的小道提供了新农舍以及新房的隐私性。

项目简介

业主是一位化学工程师，而他的妻子则是一位现代艺术家，他们想拥有一栋高效节能的湖景房。这个房子不仅可用来居住，同时也可展示出妻子的绘画作品。业主擅长做木工，希望把控房子建造中的诸多方面。夫妇俩希望这座湖景房具有现代的美感，同时要与周边景色融为一体。设计包括三房一厅、两个浴室、一个化妆间、一个厨房与阁楼。同时，他们希望拥有可以欣赏周边风景的外部空间。

设计理念

主入口区域设在主卧室与起居室中间，采用被动式太阳能技术建造，由一条有顶通道引入。客厅朝南，大玻璃窗采光良好，而北面半实体的墙壁在冬季可起到保暖抗风的作用。设计师对能源消耗进行了深入分析，以使遮阳百叶帘的使用达到最佳效果。房屋卧室朝南，并安装大面积的玻璃窗，

这样减少了冬季白天对暖气的使用，从而有效节省开支，预计平均每月电费不到100美元。屋顶有一个小型的花园，四周采用木条式的百叶栏杆围合起来。

整个项目场地从前门的有顶通道延伸到后方（由东侧三层楼房与西侧复式楼房构成）。开放式楼梯上接阁楼与顶层，下通客房、运动区以及露台。主卧室外配有一个独立的热浴盆，不仅保证了完美的私密性，还将旁边的湖景一览无遗。浴室的设计简洁节能。主卧室浴室用一块玻璃门隔开，排水管呈直线分布。大范围的瓷砖铺设使得浴室虽然实际面积不大，却显得很宽敞。

材料与技术

客厅使用结构性隔热板，西侧卧室则采用充有隔热吸声泡沫的木条结构，将地热、能量回收通风系统与被动式太阳能、柴炉以及吊扇结合使用。屋顶采用耐用的镀铝锌板。杉木板、合金窗以及包边窗，扩大了玻璃窗的面积，优化了材料性能。而房屋的橱柜、楼梯台阶以及前门均由业主手工制作而成。

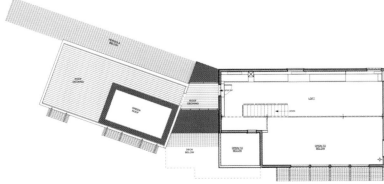

LOFT LEVEL

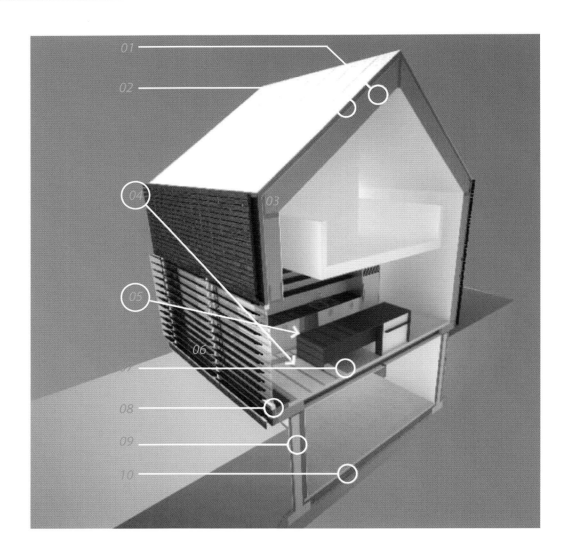

01 16" Cellulose Insulation
02 3" Extruded Polystyrene (XPS)
03 The deep cavities provided by the engineered lumber framing allows for a super insulated blanket to surround the house.
04 Passive Solar Design - Summer Solstice
05 Passive Solar Design - Winter Solstice
06 External Louvers are oriented at an optimal angle to block summer sun and allow the winter sun deep into the space.
07 4" Concrete Slab
08 Triple pane insulated frame windows
09 ICF Foundation walls with additional XPS insulation
10 4" Concrete Slab above 6" XPS insulation.

项目信息
地点：美国 堪萨斯城
完工时间：2010年5月
项目类型：独栋住宅
空间规划：3间卧室，2间浴室，客厅，厨房，地下室
建筑设计：Studio 804, Inc.
承包商：Studio 804, Inc.
工程：Norton & Schmidt
摄影：Studio 804, Inc.

Prescott Passive House

普雷斯科特被动房

| Studio 804, Inc. |

普雷斯科特被动房位于堪萨斯城，是一个低能耗的独栋住宅。这栋房子面向经济适用房市场，购买者多是追求生活质量但是年收入没有达到区域收入标准的80%的人。被动房以超越堪萨斯州被动房标准与LEED铂金认证标准为设计目标，是这个地区极少见的建筑之一。为了达到减少90%采暖与制冷能源消耗的目标，房屋采用经济被动策略，例如使用百叶窗帘、蓄热材料、高性能窗、隔热效果好的材料，建筑朝南设计，外立面不透气。一个能量置换通风机与这些措施相结合，将废气转换为新鲜的空气，长年为房屋带来清新环境。

LEED铂金认证策略

在LEED铂金认证标准的指引下，被动房的设计不仅仅实现了能源的有效利用，还保证了房屋建造的可持续性。项目位置、选材、建造、废料管理与水的有效利用均经过仔细考核。

设计原则

项目占地面积158平方米，包括3间卧室、2间卫浴间，还有许多生态型便

利设施。尽管地方不是很大，但设计师精心设计的方案使整个室内空间显得极为宽敞。高挑的客厅连通上下两层，其中，主卧位于上层。美丽的主卧浴室与主层浴室南面墙安装了大面积的双层磨砂玻璃，使室内光线充足。阁楼位于卧室与南侧窗的上方，空间设计灵活。主层地板采用混凝土蓄热材料，卧室与厨房、餐厅相通。事实上，这些居住区域就建在一个37平方米的平台上，可以清楚地看到被动房周边与堪萨斯城的景致，同时上层建筑还自然形成了汽车棚的顶棚。主层西侧是另外的两间卧室，面向停车场。房屋北面设有遥控式天窗，用作采光孔；而南面可开合的玻璃墙延伸至整个墙壁，保证了室内充裕的自然光线。这面玻璃幕墙外侧安装了百叶窗帘，控制室内光线的强弱，达到冬暖夏凉的效果。而楼下则空置出来，用作大型储物室。

节能设计

约40厘米厚的隔热墙壁与56厘米厚的隔热屋顶大大降低了房间采暖与制冷所需的能量。这种密不透风的建筑外立面几乎避免了所有热能通过建

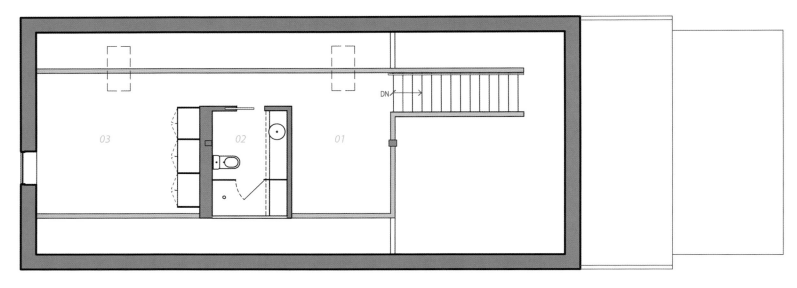

Loft Level

01 *Flex Space*
02 *Bathroom*
03 *Bedroom*

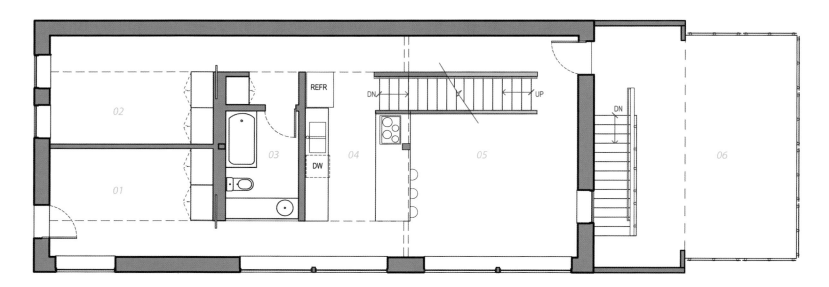

Main Level

01 *Flex Space*
02 *Bedroom*
03 *Bathroom*
04 *Kitchen*
05 *Living room*
06 *Porch*

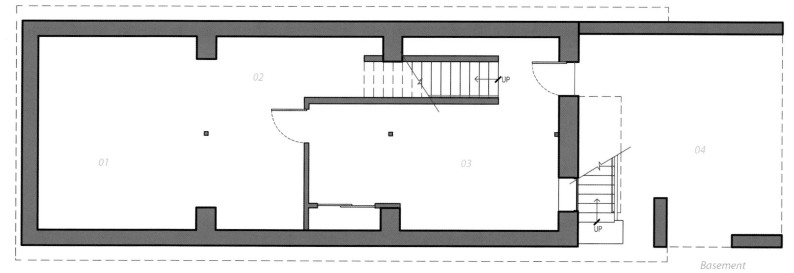

Basement

01 *Storage*
02 *Laundry*
03 *Flex Space*
04 *Carport*

筑围护结构流失，将高性能玻璃采集的热能贮存在室内。节能通风机与蓄热材料的使用保持了室内温度的恒定。室外晒衣绳取代了烘干机。另外，所有的家电都达到星级节能标准。

建筑材料

本项目的建筑材料均引进日本传统建造材料烧杉板，外部覆上道格拉斯冷杉炭化板作为防雨层。由于这种材料不耐用，设计师在最外面涂上了一层防UV紫外线的暗黑色油漆。混凝土与蓄热材料是构成白色的室内墙壁与天花板的主要材料。

公众意义

作为堪萨斯城几十年来的第一栋新建筑，被动房在新的环境中体验着新生活。可持续性节能设计策略贯穿整个施工过程，使住宅在这个社区的可持续建筑设计中具有指导意义。

INSULATION MATERIAL

保温隔热材料

保温节能对建筑物至关重要，而其核心问题就是保温隔热材料的选用及结构设计。本章将介绍一些在保温隔热方面比较典型的设计案例，展示其在材料选择与结构设计中的特色。

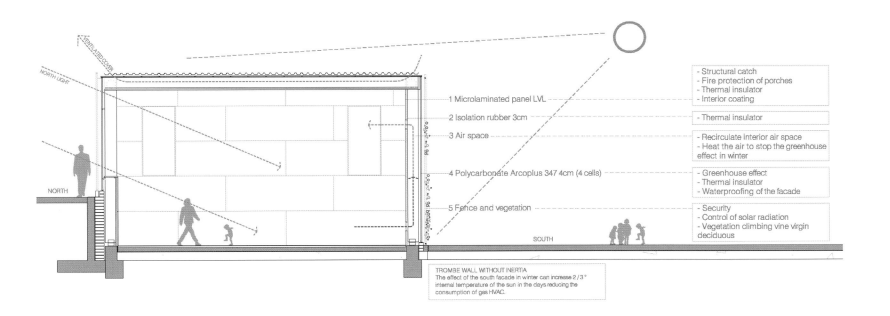

VENTILATED COMB

NORTH LIGHT

NORTH

SOUTH

1 Microlaminated panel LVL
- Structural catch
- Fire protection of porches
- Thermal insulator
- Interior coating

2 Isolation rubber 3cm
- Thermal insulator

3 Air space
- Recirculate interior air space
- Heat the air to stop the greenhouse effect in winter

4 Polycarbonate Arcoplus 347 4cm (4 cells)
- Greenhouse effect
- Thermal insulator
- Waterproofing of the facade

5 Fence and vegetation
- Security
- Control of solar radiation
- Vegetation climbing vine virgin deciduous

TROMBE WALL WITHOUT INERTIA
The effect of the south facade in winter can increase 2 / 3 °
internal temperature of the sun in the days reducing the
consumption of gas HVAC.

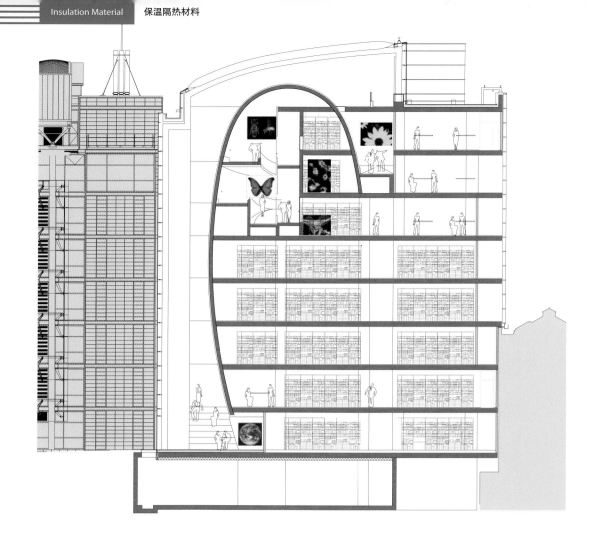

项目信息
地点：英国 伦敦
面积：16 000平方米
建筑设计：C. F. Møller Architects
景观设计：C. F. Møller Architects
工程：Arup, Fulcrum Consulting, Buro Happold
合作：BAM Construct UK. Turner and Townsend
客户：The Natural History Museum
摄影：Torben Eskerod

获奖信息
2001年竞赛一等奖
2011年公民信任奖
2010年咨询与工程奖
2009年密斯·凡·德罗建筑设计奖提名
2009年混凝土学会总冠军奖
2009年Plaisterers′ Trophy推荐奖
2009年艺术/休闲设施结构奖

Second Phase of the Darwin Center

博物馆的"进化论"——达尔文中心

| C. F. Møller Architects |

作为伦敦著名的自然历史博物馆的扩建工程，达尔文中心二期采用了巨大的混凝土"蚕茧"外形，外部有玻璃罩包裹。自然历史博物馆不仅是名列英国前五名的旅游景点之一，还是世界一流的自然科研中心。达尔文中心不仅反映出这两项特色，同时还首次向公众展示博物馆内种类繁多、层次多样的藏品，以及他们所支持的颇具前沿的科学研究成果。

达尔文中心二期位于自然历史博物馆的西侧，将始建于1881年的赤褐色阿尔弗雷德老馆和2002年开放的达尔文中心一期统一而产生共鸣。总体上，该建筑有三个目标：为馆中收藏的独一无二的1 700万种昆虫标本和300万种植物标本提供住所，为从事研究的科学家提供工作地点以及为公众与科学家及藏品的互动提供便利。公众现在已经可以通过这样的机会在"蚕茧"内外自己游览并观赏馆内的研究器材和大量的藏品。

自然历史博物馆拥有世界范围内极为宝贵的藏品。为了保护并展出这些藏品，建造一个在外形和结构上都适合的展馆就成了必然。这个标志性的建筑寓意珍藏、保护和自然，"蚕茧"恰恰满足了这样的需要。建筑具有3米的喷射混凝土墙和基于数学计算的精美的几何形状，表面由乳白色的打磨石膏构成，如同一个蚕茧，周围由一系列的节点缠绕，就如同丝线一般。

无论在哪个角度，步入达尔文中心的人都无法看到"蚕茧"的全貌，建筑在形状和规模上都给人以硕大无比的感觉，这实则暗示着内部藏品数量的庞大。混凝土的茧状外形不仅造就出壮观的建筑外观，茧状结构的内部与材料的粗糙联系起来，也形成独特的氛围。在混凝土与玻璃外壳上，一个南向的太阳能墙被104个似巨大金属蜘蛛的拖架所支撑，追寻着太阳的移动，带给新建筑一张"智能皮肤"。太阳能墙能随着气候与日照的时间调节能源的储存，利用很少的能源，即可使建筑冬暖夏凉。为了更长久地保存展品，展馆被赋予了自动调节温度和湿度的功能，并采用了低能耗的灯光与精确的温度控制，从而使空间始终保持17℃的恒温与45%的恒定湿度，这正是存储标本最好的气候条件。

通往达尔文中心科技中心的公共入口是一条穿过蚕茧的通道，在通道上能俯视科学工作区和藏品区。参观时，人们进入的是一个引人注目的互动学习区，既能观察到科学研究活动，也不会打扰到科学工作的进展。通过自助式的行程，参观者在茧状结构里穿行，可以一睹所有的设备和藏品。

达尔文二期意欲在建筑规模和设计方式上与众

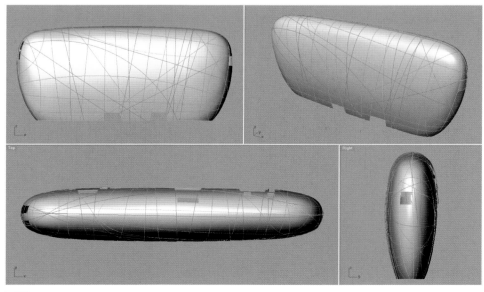

不同，创造一个连接原有的阿尔弗雷德老馆建筑和更为现代的达尔文一期的桥梁，同时凭借其自身的特质，成为一个地标建筑，全高的玻璃墙从一些侧面揭示了内部"蚕茧"坚固的三维形式。

公共中厅是一个高大而充满阳光的空间，给人以深刻的印象，填补了自然历史博物馆西侧的空间，又使博物馆内环形的员工和游客通道清晰可辨。如今，新的建筑已经改变了古老的博物馆建筑与广场的关系，令博物馆从一个"内向"的建筑变为一个"外向"的建筑。将博物馆的过去、现在和未来联系起来，"蚕茧"已不仅仅是各种建筑元件的集合……

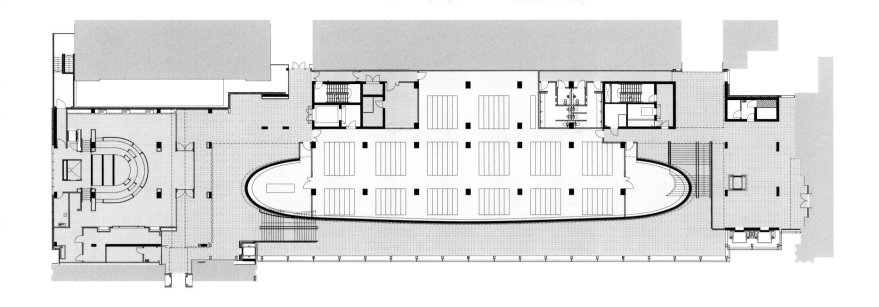

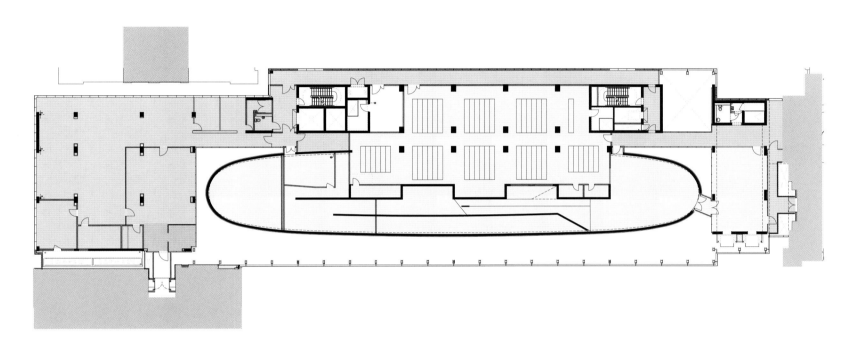

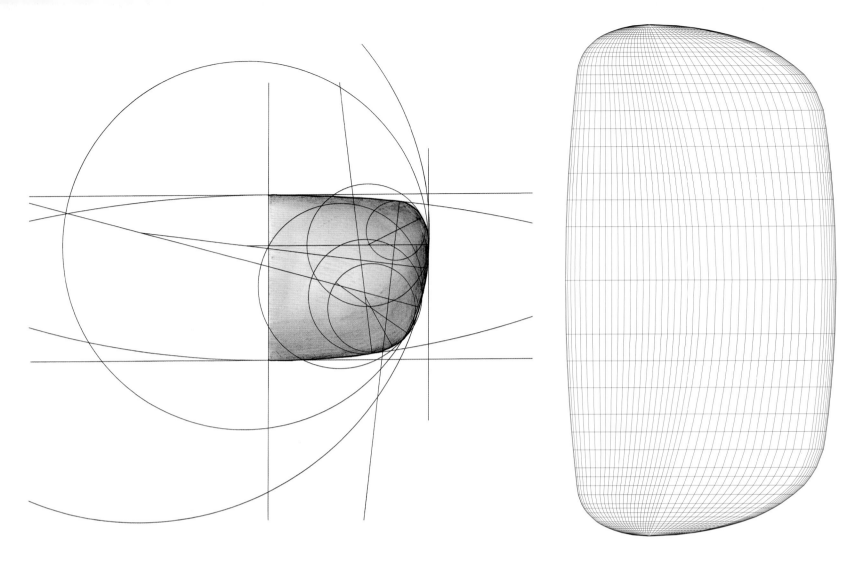

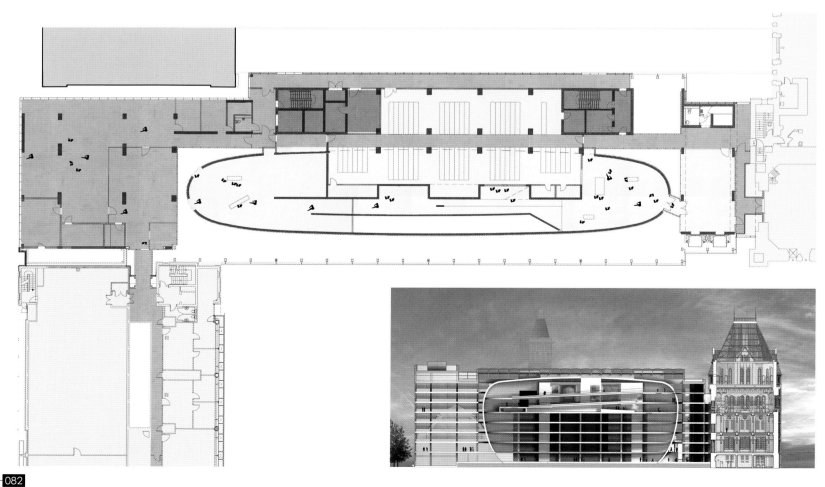

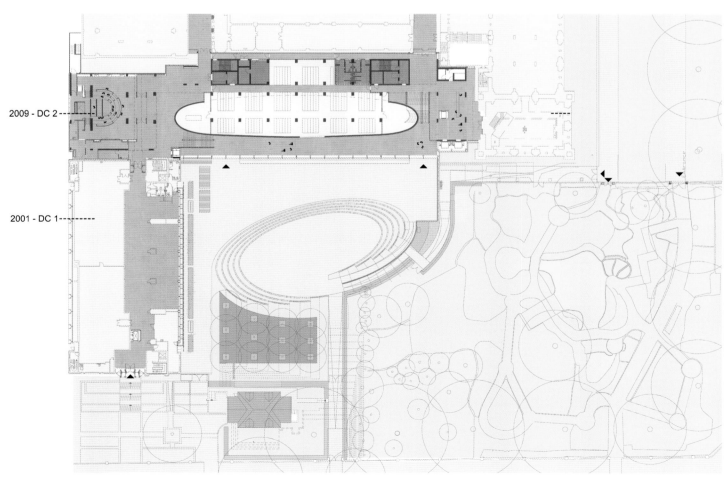

2009 - DC 2

2001 - DC 1

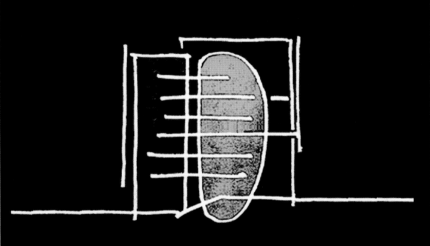

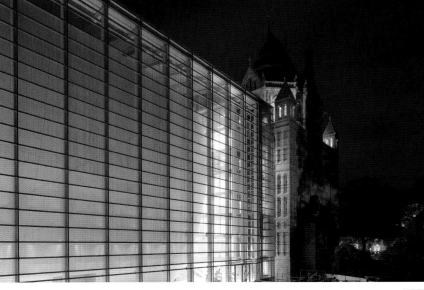

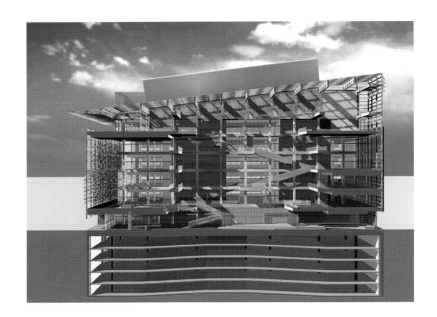

项目信息
地点：美国 马萨诸塞州 剑桥
建筑设计：CO Architects
设计总监：Peter Stazicker
主设计师：Paul Zajfen
建筑师：Frances Moore
设计师：Fabian Kremkus
助理建筑师：Chris Semmelink
照明设计：Horton Lees Brogden
结构工程：McNamara/Salvia
太阳能工程：Architectural Energy Corp
客户：BioMed Realty Trust
摄影：Roland Halbe, Peter Vanderwarker

Kendall Square Research Laboratory

肯德尔研究实验楼

| CO Architects |

新的肯德尔研究实验楼设计新颖而现代化，与周边红砖墙建筑群形成鲜明对比。楼体每一个外立面都融入了不同的设计方法，不仅外观漂亮，更重要的是节能环保。

外立面材料主要选用玻璃与金属，其中三面均由一圈陶土板围合起来。百叶式的铝框为一层带来暖暖的阳光，也给路旁行人一种亲切感。

靠近屋顶处有一个楔子形的大盖板，伸展到人行道上，起到遮阳挡雨的作用，同时也不会阻挡太阳光照进室内。下方还有一个小的盖板，位于透明的西立面的主入口顶部。这里正对广场，内部的商铺从外部清晰可见。东立面一条竖直的透明玻璃将百叶板一分为二，并由东至西延伸，与西外立面衔接，形成中庭的外围结构。办公室与实验室分布在东西两侧。

由于屋顶是玻璃的，中庭即使没有内部照明也显得很宽敞明亮。电梯位于中庭北部，楼梯则内外交替地位于中庭南端，使空间显得开阔。每一层的楼梯都分为两部分，呈折尺状。楼梯扶手选用山毛榉木，可以起到美化公共空间的作用。同时，每层楼一半透明的玻璃立面使整个内部空间都是透明的，显得分外优雅。白色的条框横竖交替，形成一个个格子形状，划分出每层楼与每部分空间。甚至水磨石地面的设计也融入了格子元素，这使

设计风格整体保持一致。中庭连通了公共区域的花园、咖啡厅与图书馆。也许，那些科学家们会在这些地方不期而遇，一次成功的合作就在这里开始了。

设计遵循LEED金级认证标准，实施可持续节能措施。因此，每个外立面都因不同的地理位置而进行不同的处理，尽可能地减少太阳光辐射的负面影响，将自然光线引入建筑内部。所有的外立面都依据其位置，采用多层材料与防护设备。

东、南、北立面都使用低辐射的隔热玻璃，构成建筑的幕墙系统。东立面安装有垂直肋板，起到遮阳的作用。中庭东面墙壁顶端设有可开合的窗户，可控制光线的射入。

北立面没有遮阳装置，突出了层与层之间的玻璃窗以及柔和的光线。

南立面一层的遮阳板可以抵挡夏日酷热的阳光，同时也可以将冬日低角度的阳光带进室内。一层是商店、办公室与实验室。

由于车库的机械系统需要一个开放通透的外立面实现空气的流通，所以南立面幕墙系统增加了许多凸出的陶板，横贯通气孔。北立面排气孔设施位于一层与二层中间的墙壁上，配有百叶窗板。

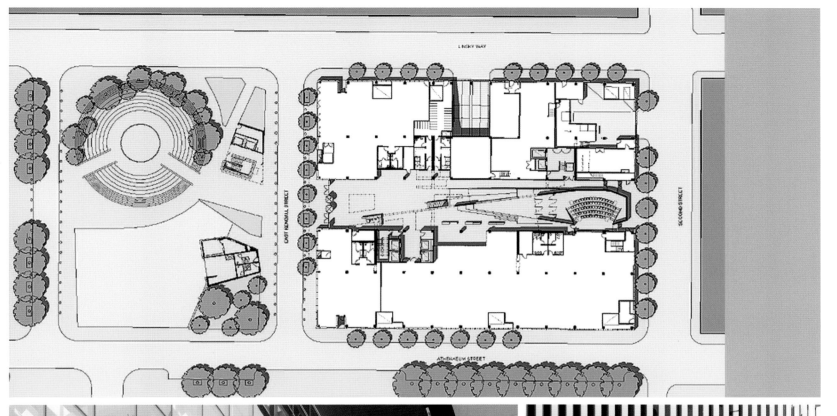

西立面正对广场，可以直接接触到阳光。这里是一个花园区域，是室内外环境的缓冲区。四层楼高的玻璃幕墙都是低辐射的隔热玻璃，中间穿插有一条花纹图案。由于立面上20%的装置都是机械控制的，所以室内采光良好，同时，还可以排出中庭的废气。大型的玻璃幕墙使建筑整体看上去简洁而开阔。场地内栽种了许多植物，高大的竹子为室内带来阴凉。这里的景致甚至延伸到建筑内部，与室内空间相接，将室内外紧密地融合在一起。

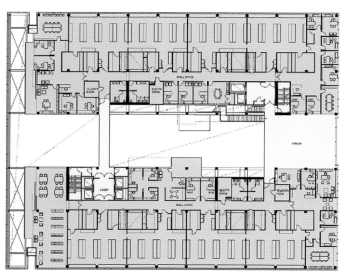

Lab plan

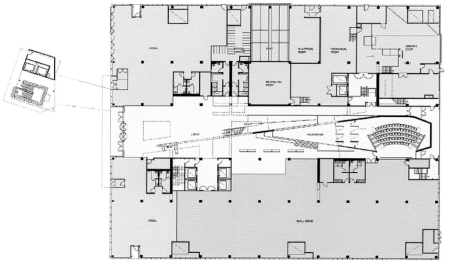

First floor plan

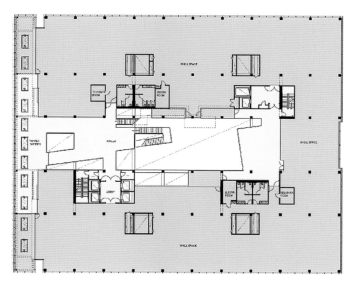

Second floor plan

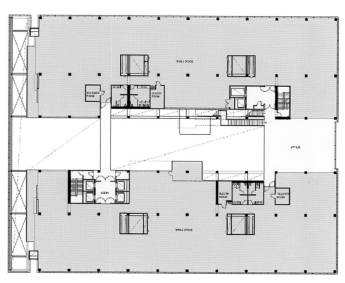

Fourth floor plan

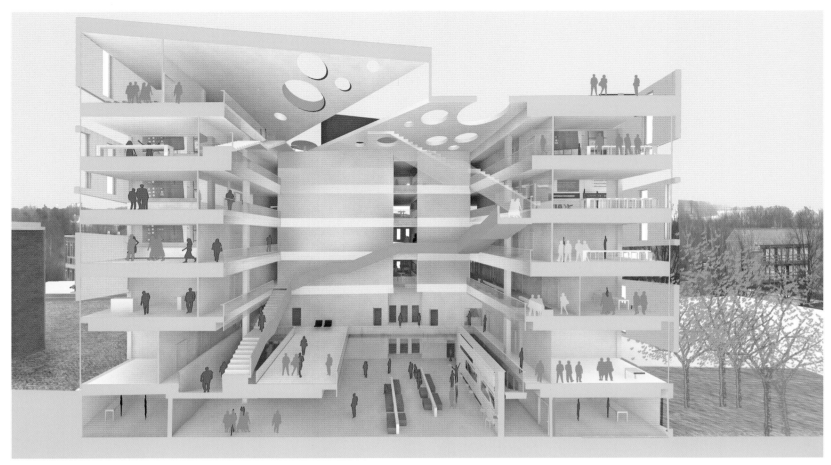

项目信息

地点：丹麦 霍森斯
项目年份：2008—2009
面积：8 000平方米
景观设计：C. F. Møller Architects

工程：Grontmij | Carl Bro
承包商：Pihl & Søn A/S
客户：University College Vitus Bering Denmark
摄影：Julian Weyer

Vitus Bering Innovation Park

维图斯白令大学创新园

| C. F. Møller Architects |

丹麦维图斯白令大学位于霍森斯市，扩建这个20世纪70年代的建筑，最重要的就是要遵循教学区和新办公楼并肩排列的原则。扩建部分以砖块作为基座，与现有的建筑直接相连，但从连接的部分开始又呈现出别样的特色。

建筑的螺旋式结构体现了其动态而具有创新性的特色。外侧的条形玻璃外墙沿着6层楼向上伸展，创造出螺旋式的结构，而内侧的绿色纤维水泥楼梯也通过螺旋的形状连接不同的楼层。倾斜楼体的设计给大楼提供了内部逃生通道。

建筑内部格局的设计简洁而灵活，方便了不同用途空间的整合与改装。大型而具有动态美感的绿色楼梯通往公共会议室，同时还通向屋顶平台，在那里可以欣赏霍森斯峡湾的美丽景色。每层的楼梯位置都不同，这使得中庭成为整栋大楼的中心。中庭顶部由动态的对角分裂的圆形天窗所覆盖，其中一半形成屋顶露台。

该创新园是丹麦第一批"低能耗一级"办公大楼之一，这意味着它的能效是丹麦同类低能耗建筑的两倍，可谓表现出众。这一目标的实现主要是通过高性能绝热窗户和建筑物外表面的绝热来完成；除此之外，该建筑的智能空调系统更是细化到可以根据每个房间的人数多少来自动调节温度。

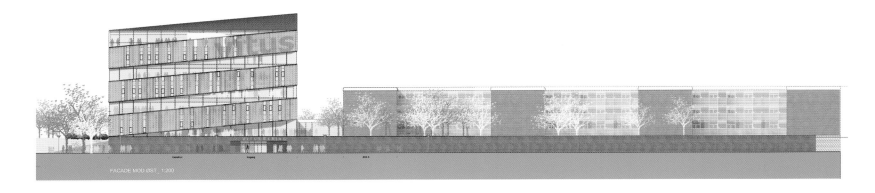

FACADE MOD ØST_ 1:200

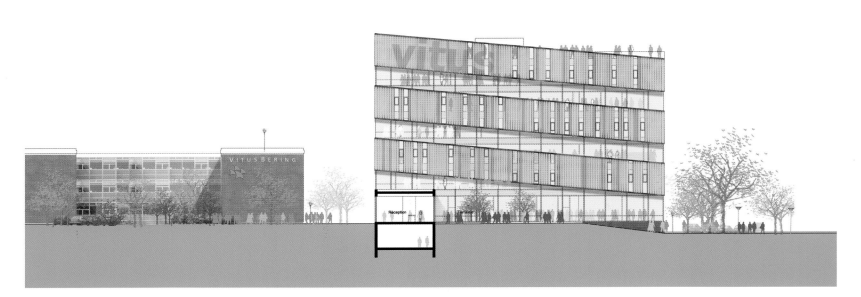

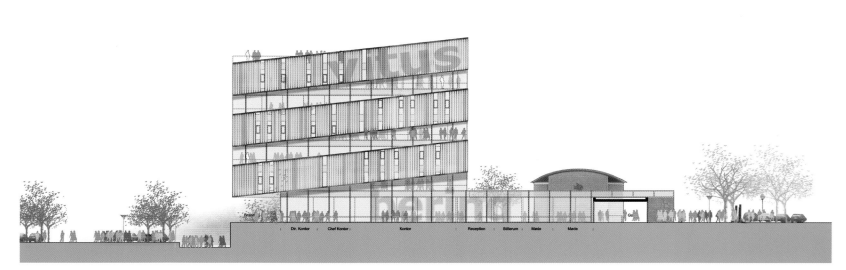

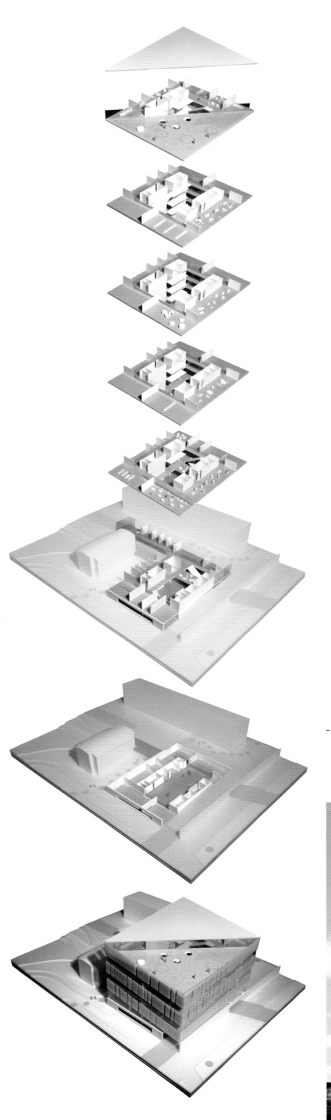

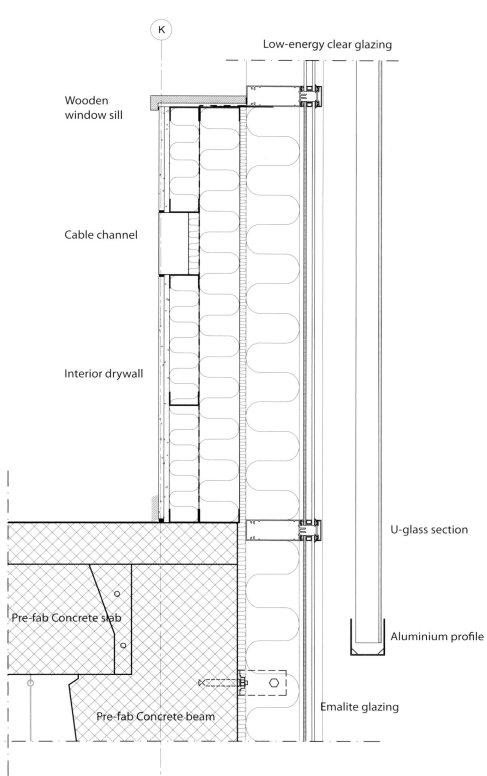

Low-energy clear glazing

Wooden window sill

Cable channel

Interior drywall

U-glass section

Aluminium profile

Pre-fab Concrete slab

Pre-fab Concrete beam

Emalite glazing

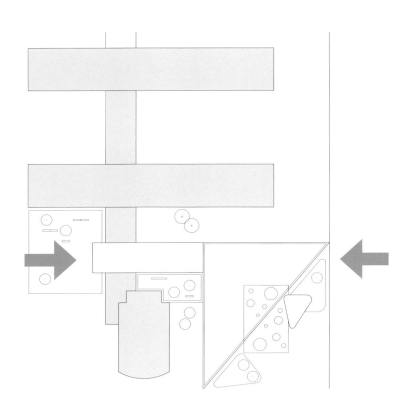

Multiple access levels

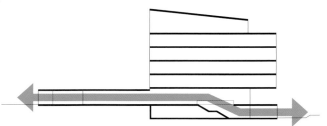

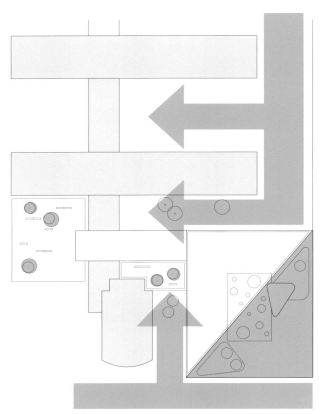

Green spaces penetrating the site

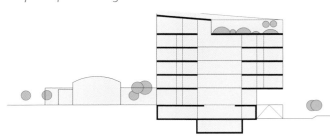

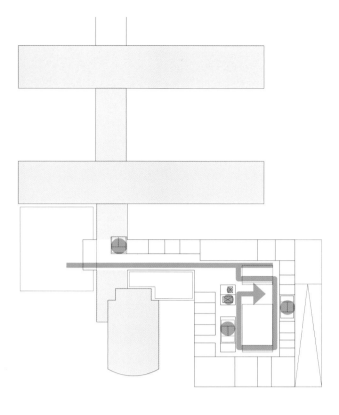

Main access routes and directions

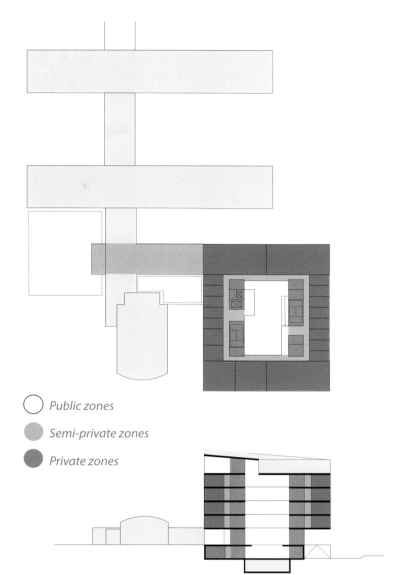

○ Public zones

● Semi-private zones

● Private zones

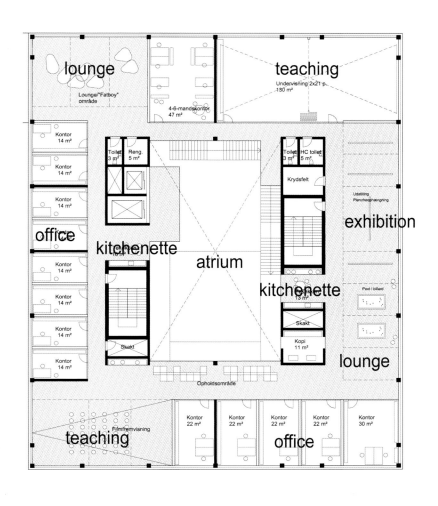

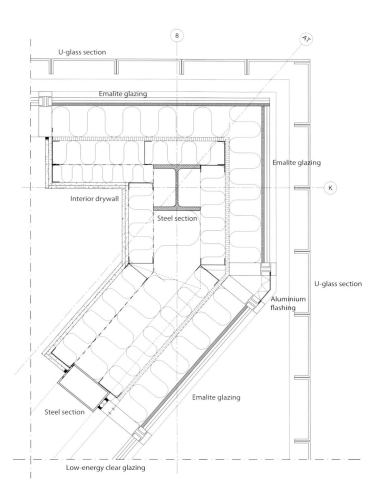

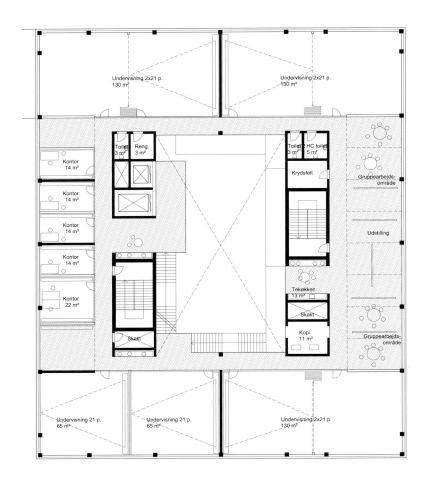

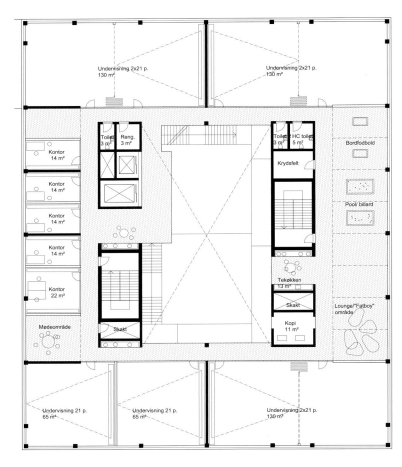

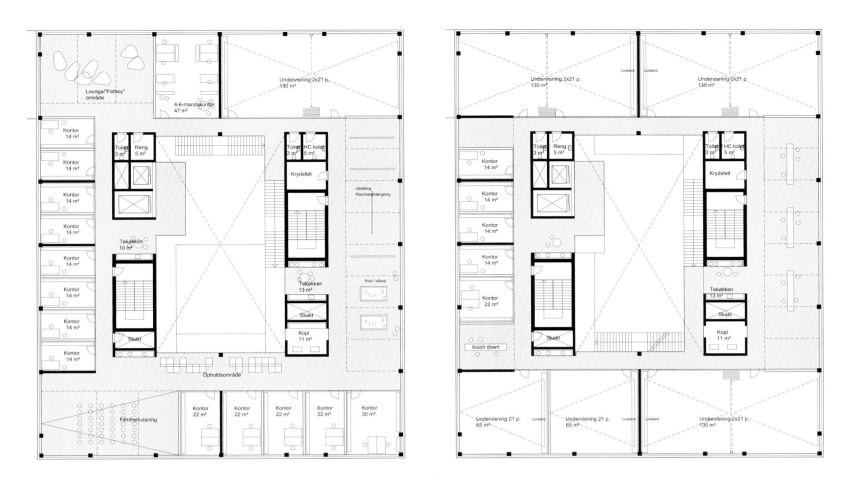

Roof Terrace — Conference Rooms — 3750
Start-ups — 3750
Start-ups — 3750
Start-ups — 3750
Atrium — Start-ups — 3750
Fire Access Route — Exhibition — Café — Reception — 4750 — Entrance
Entrance — Innovation — Storage — 3715
Plant

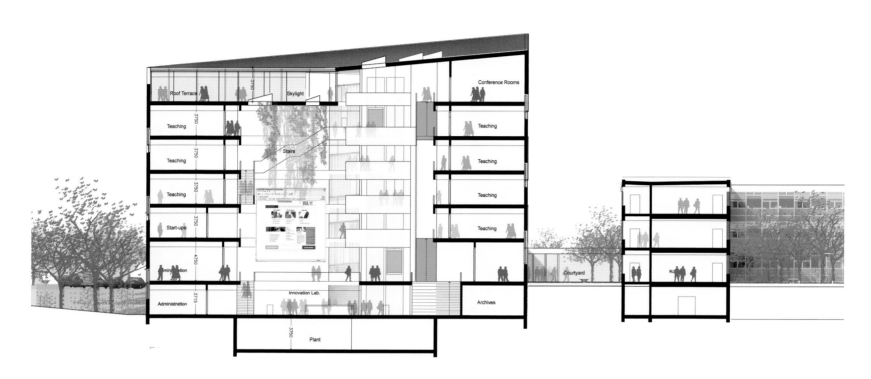

Roof Terrace — 3750 — Skylight — Conference Rooms
Teaching — 3750 — Teaching
Teaching — 3750 — Stairs — Teaching
Teaching — 3750 — Teaching
Start-ups — 3750 — Teaching
Administration — 4750 — Teaching
Administration — 3715 — Innovation Lab. — Courtyard — Archives
Plant — 3750

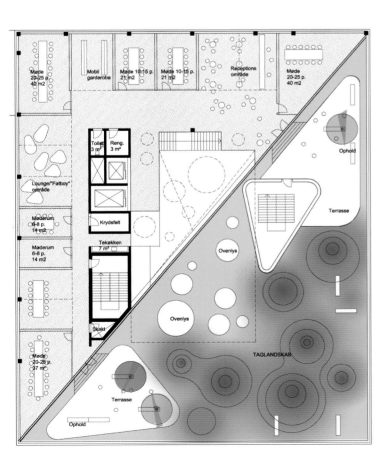

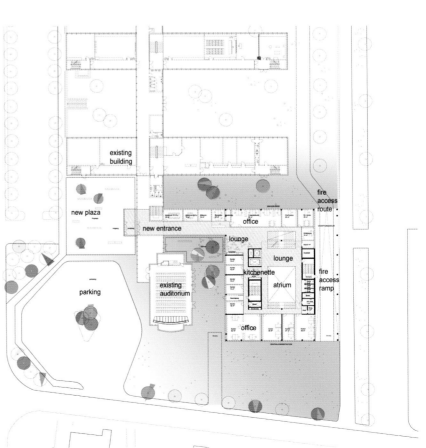

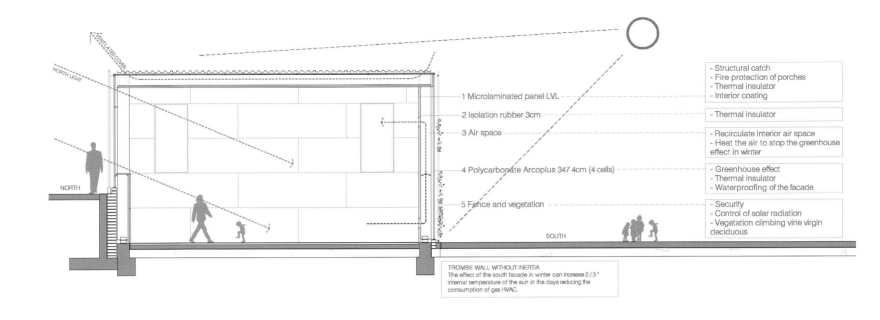

项目信息
地点：西班牙 卡特鲁西亚
设计时间：2007—2008
施工面积：320平方米
建筑设计：H Arquitectes
团队：David Lorente, Josep Ricart, Xavier Ros, Roger Tudó
客户：Barberà Del Vallès City Council
摄影：Adrià Goula

School Gym 704

704小学体育馆

| H Arquitectes |

该建筑方案被加泰罗尼亚教育部门定为小学的"多功能健身房"的典范。建筑在规定的范围之内尽可能地狭窄和细长，以适合平坦而开阔的户外健身场地的布局。

体育馆设在学校的主要坡道入口处，因此，户外跑道不会被建筑物遮挡。屋顶平行于坡道，这样可以防止屋顶积水。面朝南面的门廊将该建筑的不同部分有序地连接起来。

为了打造一个轻盈且低能耗的工业化结构体系，建筑师采用木材作为该建筑和建筑内围护结构的基本材料。

采用凯特罗型单板层积材使得建筑师能够设计一种类似于"轻捷构架房屋"的模型。同样的材料可被用作拱形走廊上的轻质线型元素；建筑内围护结构、墙壁和天花板使用的平板也采用了这种材料，可以从水平方向稳定建筑结构。

门廊和内部稳固结构采用数控机床预制，具有很高的精确度。

采用凯特罗型单板层积材作为建筑内围护结构的前提基于三种假设功能：它能够稳定结构，确保拱形走廊的防火性，并能用作隔热材料。

最外层由多孔的聚碳酸酯343类型的平板组成，这些平板固定在ω形状的镀锌钢板上，最后使用螺丝将其固定在拱廊上。这种透明的材料不仅保护木材，而且可以让人直接看到里层的木材。

这种方案实际上应用在整幢建筑中，而不仅仅局限于走廊区域。

在建筑朝南的部分，采用透明的聚碳酸酯，不仅增加了建筑的防水性，而且创造了温室效果。在冬季，由于热风不断地从通风口处吹进，建筑可以达到温暖的效果。

相反，在夏季，种植落叶攀爬的葡萄园可以达到控制温室效应的效果。建筑北面的聚碳酸酯天窗持续采用自然光照亮了建筑的不同区域。市政府要求要保护公共财产，并要求在南部和东部区域种植攀援植物，这些需求已经得到解决——建筑师在两个方向的立面上添加一个简单的网罩

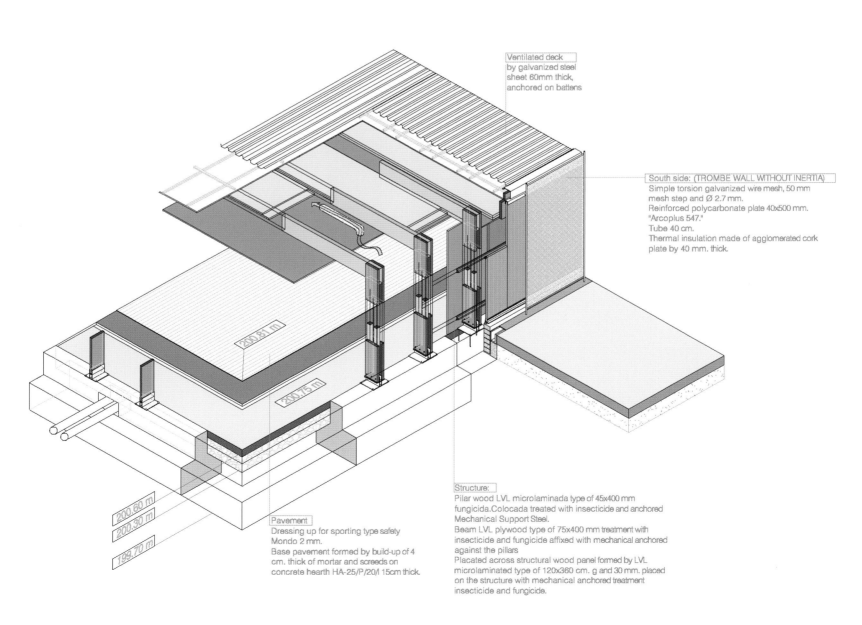

Ventilated deck
by galvanized steel
sheet 60mm thick,
anchored on battens

South side: (TROMBE WALL WITHOUT INERTIA)
Simple torsion galvanized wire mesh, 50 mm
mesh step and Ø 2.7 mm.
Reinforced polycarbonate plate 40x500 mm.
"Arcoplus 547."
Tube 40 cm.
Thermal insulation made of agglomerated cork
plate by 40 mm. thick.

200.81 m

200.75 m

200.60 m
200.30 m

193.70 m

Pavement
Dressing up for sporting type safety
Mondo 2 mm.
Base pavement formed by build-up of 4
cm. thick of mortar and screeds on
concrete hearth HA-25/P/20/I 15cm thick.

Structure:
Pilar wood LVL microlaminada type of 45x400 mm
fungicida.Colocada treated with insecticide and anchored
Mechanical Support Steel.
Beam LVL plywood type of 75x400 mm treatment with
insecticide and fungicide affixed with mechanical anchored
against the pillars
Placated across structural wood panel formed by LVL
microlaminated type of 120x360 cm. g and 30 mm. placed
on the structure with mechanical anchored treatment
insecticide and fungicide.

（附着在聚碳酸酯罩壳上）。

用户可以用不同的方式感知该建筑，从入口处看建筑几乎就像一堵墙或一个剪影，只有在晚上你才会发现它的真谛。当你的视线转向更广阔的方向，你就会注意到它实际的体积，以及如何使用连续的层板材料构造如此复杂的建筑。

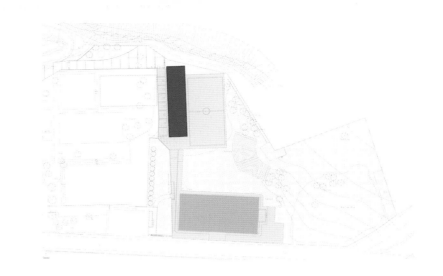

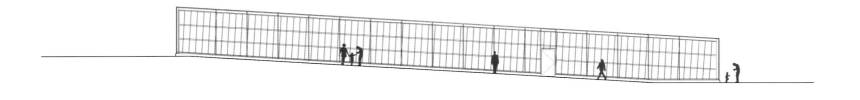

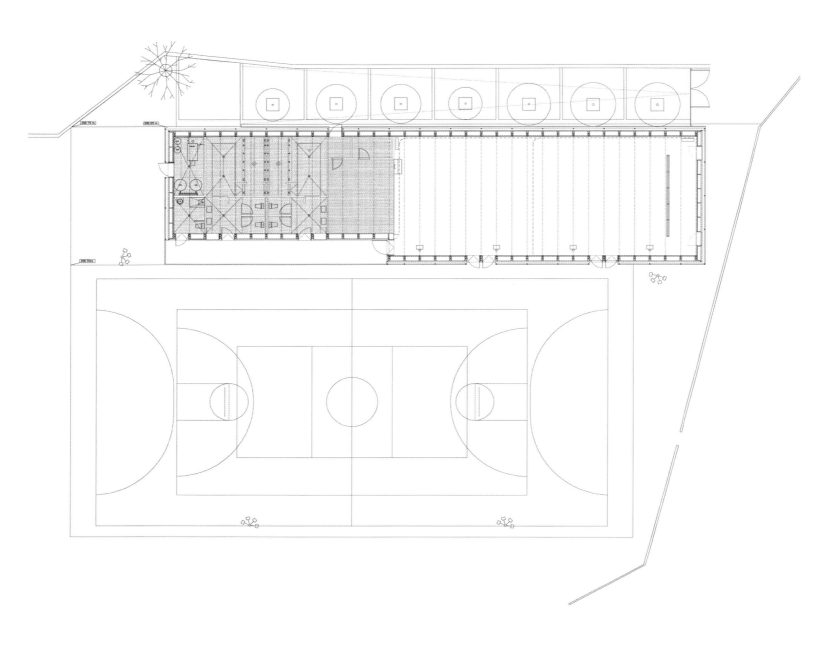

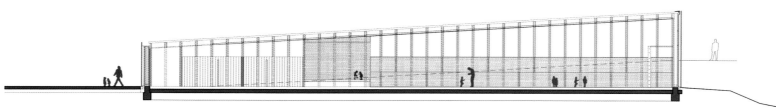

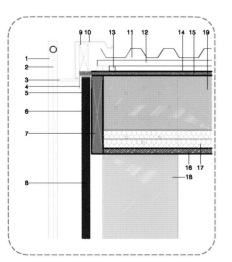
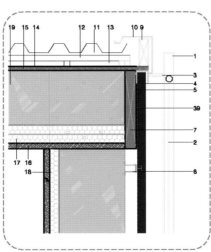

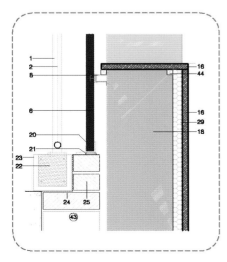
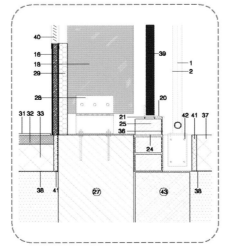

1. Wire mesh galvanized support tube Ø 48mm, each 2,40 mt.
2. Galvanized finish simple torsion wire mesh, 50mm, Ø 2,7 mm.
3. Support tube stunt braces made up of galvanized steel rods fastened onto the façade and steel battens.
4. Galvanized steel U-bar 60x60mm, 5 mm thickness, fastened to wooden structure by stainless steel screws.
5. Anodized aluminium frame 55x80mm.
6. Reinforced polycarbonate board 40x500mm *Arcoplus 547* type.
7. Laminated timber brace beam 6x43cm *KLH* type, or similar, fastened by screw connector.
8. Omega-bar purlins, 3mm thickness, fixed to timber pillars.
9. Unstuck PVC rainproof membrane 1,2mm thickness.
10. Perimeter ridge made up of preformed zinc sheet 0,6mm thickness, fixed on wooden support by timber plank 40x150 mm.
11. Pre-lacquered galvanized steel sheet 0,6mm.
12. Pinewood battens 25x50 fixed every 60cm.
13. Pinewood battens 25x50 fixed every 60cm in order to make ventilated air chamber and to fix rainproof sheet.
14. Unstuck rainproof transpiring sheet *Tyvek supro* type.
15. Water resisting fiberboard wall-plate, 22mm thickness.
16. Micro laminated wooden veneering LVL 120x360cm, 30mm thickness, fixed to the structure, with insecticide and fungicide treatment.
17. Unstuck *ROCKWOOL* type insulating filter, 80mm thickness.
18. KLH solid cross laminated timber pillar 45x400mm, under insecticide and fungicide treatment, fixed on stainless steel support.
19. KLH solid cross laminated timber beam 75x400mm, under insecticide and fungicide treatment, fixed on pillars.
20. Lower aluminium frame 55x65mm with watertight joints to execute lower polycarbonate boards coping.
21. Lower subframe: rectangular galvanized laminated steel bars 40x20mm, 1.5mm thickness, fixed to bedplate.
22. Manually 225Kg/m3 concrete filler reinforced by four Ø 8mm corrugated bars.
23. Bedplate made up of concrete U-piece 40x20x20cm.
24. Rainproof membrane made up of PVC filter, 1.2mm thickness, reinforced by fiberglass.
25. Bedplate made up of bricks 29x14x10cm with brickwork mortar.
26. Anchorage made up of expansion steel rawplug Ø 12 mm and screw to fasten wooden pillars anchor base (4 units per base).
27. Foundations bedplate 40x50cm made up of HA-25/B/20/lla reinforced concrete.
28. Anchorage AISI 304 stainless steel L-bar, 10mm thickness, put on non-retracting cement filler.
29. Insulating cork fiberboard 40mm thickness.
30. Waterproofing laminated chalkboard and glazed tiling 20x20cm.
31. Impermeable sport flooring in changing rooms 2mm thickness, *Mondo's safety* type.
32. 4cm thickness cement flooring base.
33. HA-25/P/20/l concrete wall-plate, 15cm thickness.
34. Pre-lacquered galvanized finish steel sheet coating with semirigid fiberglass board 50mm thickness.
35. Galvanized steel sheet overflow 1.5mm thickness.
36. Roughcast.
37. HA-25/P/20/l reinforced concrete slab 20cm thickness and quartz powder finishing.
38. Unstuck polyethylene sheet 150um.
39. Reinforced polycarbonate board 40x333mm *Arcoplus 344. gallina* type.
40. Lacquered steel grille 425x125 within ventilated façade.
41. Perimeter joint 30mm made up of EPS sheet.
42. Bedplate made up of concrete U-piece 40x20x15cm.
43. Bedplate made up of brick bearing wall, 40x20x30cm.
44. Sill support made up of pinewood framework 25x50mm.

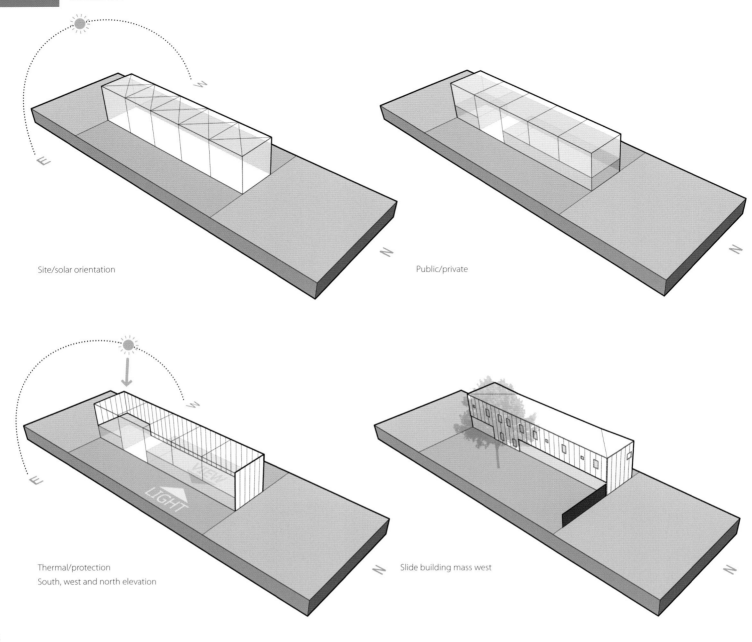

Site/solar orientation

Public/private

Thermal/protection
South, west and north elevation

Slide building mass west

项目信息
地点：美国 得克萨斯州 高地公园
设计时间：2009—2010
建造时间：2010—2011
建筑设计：Buchanan Architecture
摄影：Troy Carlson

Mockingbird Residence

知更鸟住宅

| Buchanan Architecture |

这栋住宅是为一个年轻的家庭设计的，业主从业于石制品行业。住宅位于得克萨斯州的高地公园，面积约为410平方米。项目场地的中央生长着一棵红橡树。主体建筑形式简洁，从平面布局上看，它是被分成了五个等面积的方形。与主体建筑相连的是门厅，包覆缟玛瑙板。一面抛光的石墙完善了整个建筑组合，这面墙为主人提供了私密性和安全性，将住宅与外面繁闹的街市隔绝开来。在细节上的巧夺天工，尤其是转角处的深槽接缝巧妙地体现出主人的精湛技艺。

住宅室外的细节设计清新而有条理，让整个建筑组合显得简约而自然。在门厅处，轻盈的半透明石头给人温和的感觉并营造出过渡空间。室内，各种元素有序地排列组合，不论是显露在外的结构，还是系统、照明、材料，所有这些元素无不展现出精工细作。低层的公共空间共享照明系统，并且通向户外的私人庭院，庭院中的橡树提供了一处阴凉。
住宅的外墙采用了金属保温板（R-32）。这些保温板在施工前就被覆盖在墙的内外两侧。墙的主体结构是金属柱体支撑的木梁。

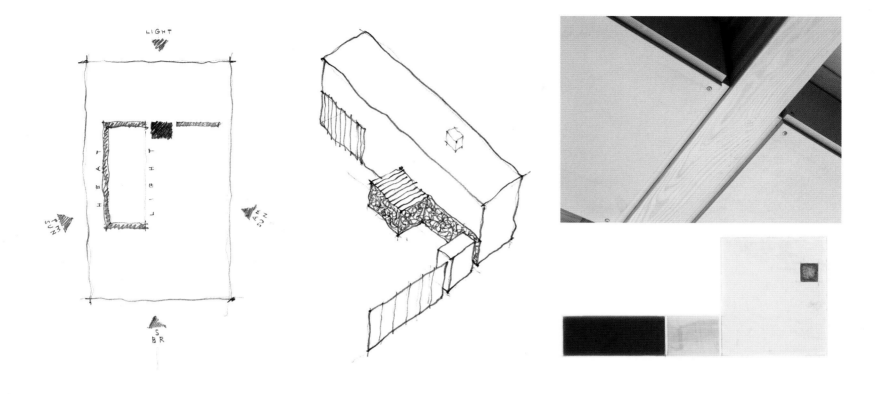

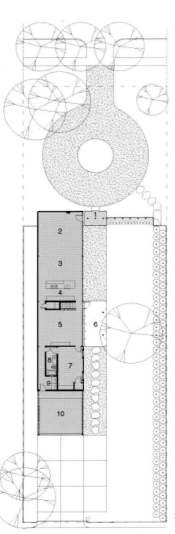

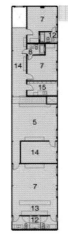

1. Entry
2. Living
3. Dinning
4. Kitchen
5. Family
6. Patio
7. Bed
8. Powder/bath
9. Drop off
10. Garage
11. Bed
12. Bath
13. Dress
14. Study
15. Utility

Level two plan

Site/level one plan

renewable energy concept

heat generation
1　direct solar gain (window)
2　solar heat collector
3　wood stove
4　hot water tank
5　air heating
heat distribution
6　fresh air
7　earth tube collector
8　heat exchanger
9　warm air heating
10　exhaust air
power supply
11　photovoltaic
12　distribiution board / meter
13　grid storage
surface sealing
14　small foot print

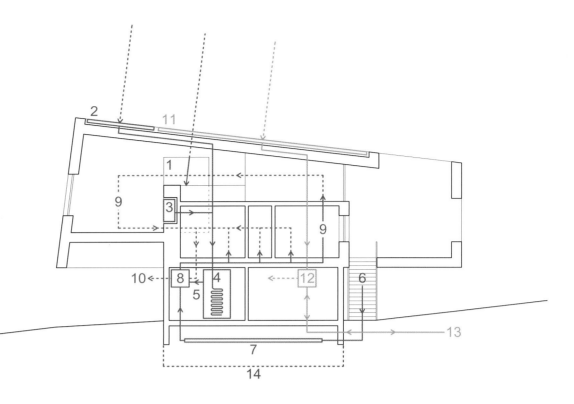

项目信息
地点：瑞士　莫斯特尔伯格
完工时间：2010年
场地面积：1 200平方米
建筑面积：80平方米
建筑设计：Diethelm & Spillmann Architekten
客户：Samuel Vogel

The Vogel Passive House in Mostelberg

沃格尔被动式住宅　　| Diethelm & Spillmann Architekten |

沃格尔位于瑞士萨特尔海拔1 100米高的莫斯特尔伯格滑雪和登山地区。这个地方四面环山，毗邻埃格里湖，但由于地理位置有些下陷和倾斜，在建筑底层并不能欣赏到全景，因此这次设计的宗旨便是扬长避短：设计师将居住空间和工作空间置于底层之上，而底下的空间则设计成无暖气地下室，可用作车库或地窖。由于当地建筑规章规定只允许建造两层式建筑，因此住宅采用横向扩张来扩大空间，这就使得该建筑的设计别具个性。

西侧下方的外部楼梯通往上方的居住空间以及入口庭院，庭院同时是一个带顶棚的平台。核心区域外部设有垂直通道，可以避免不同温度区域的冷热空气交汇。

住宅的隔热设计是迷你能源P级标准中不可或缺的一环。施工所选用的材料是当地制造的大体积建材以及预制构件组装的轻质材料。

核心部分（天花板和地板）是混凝土材质，灰砂石板（墙面）可以吸收热量，而木结构利用其本身的厚度优势保障房屋的稳定性，而且具有很好的隔热效果。10米宽的客厅的天花板厚度达到了42厘米，因此可以采用无柱连接的结构。

总的来说，整个原木结构像扣在近乎三层楼高的"空间雕塑"上的一顶帽子。部分边缘采用地基夯实，剩余部分依赖于剪力墙向外突出。这体现了皮尔斯·史考勒公司所创立的系统的主要优势：35毫米厚的无覆层木板起到了完美的纵向支撑作用，即便是立面高的结构，其突出部分的纵断面也可以像卡车那么宽。

室内，在别具风格的松木板上涂刷银石灰。外部，在屋顶木结构外包了一层上过清漆的嵌板，这样的设计是仿造周边建于20世纪70年代左右的房屋。屋顶表层安装了光伏板和太阳能加热装置，因此房屋的能量供大于求。这样的房屋属于自身能够制造能源的建筑。

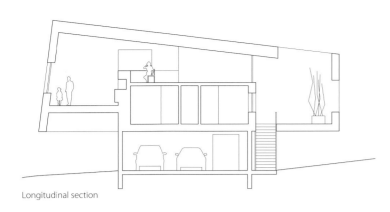

Longitudinal section

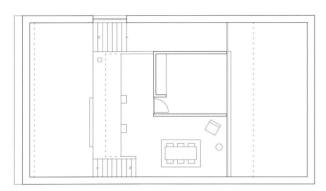

Attic

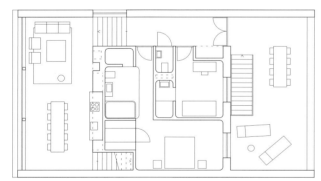

Upstairs

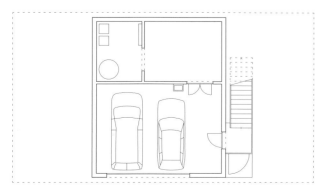

Ground floor

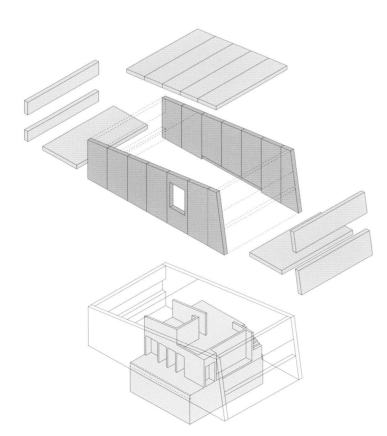

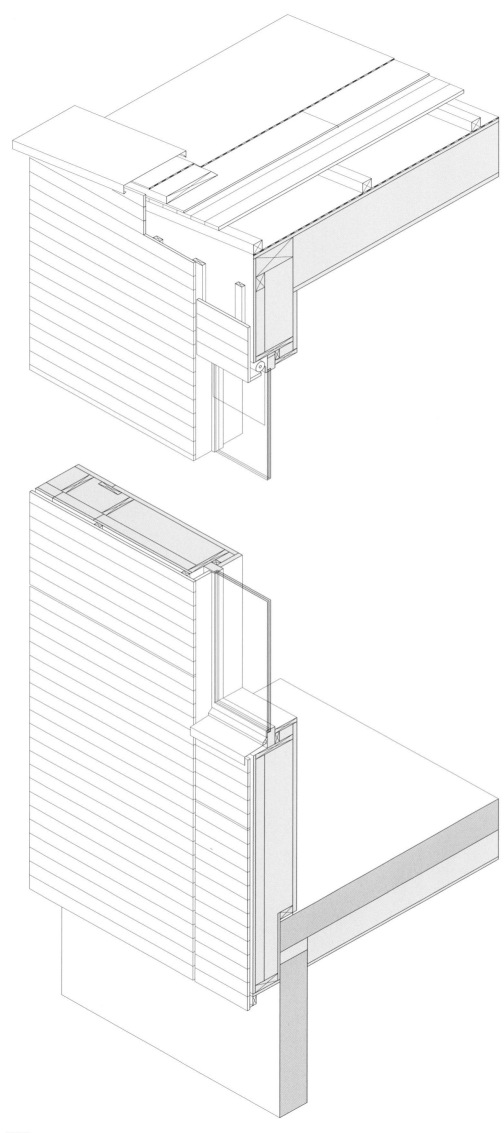

Axonometric view

Roof U=0.09 W/m^{2}k
- Bitumen sheet 2-ply 10 mm
- Fermacell (EI30) 15 mm
- Formwork 27 mm
- Ventilation 80 mm
- Sarnafil 3 mm
- Block of wood panel 35 mm
- Insulation 420 mm
- Block of wood panel 35 mm
Total 625 mm

Window UwE=0.73 W/m^{2}k
- Glass Ug=0.60 W/m^{2}k
- Frame Uf=1.35 W/m^{2}k

Wall construction U=0.11 W/m^{2}k
- Spruce formwork 19 mm
- Ventilation 30 mm
- DWD board 16 mm
- Insulation 80 mm
- Insulation 260 mm
- Block of wood panel 35 mm
Total 440 mm

Soil structure U=0.12 W/m^{2}k
- Mono concrete 250 mm
- Insulation 280 mm
Total 530 mm

DAYLIGHTING & VENTILATION

天然采光与通风

门窗的合理布局可以保证建筑拥有良好的采光和通风。这样建筑对电力照明和空调的需求便会大大降低，有利于节约电力消耗，实现建筑的环保节能。

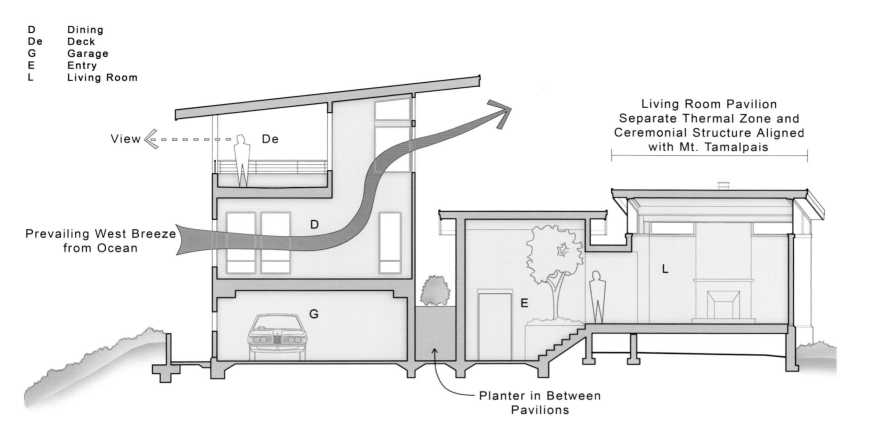

D   Dining
De   Deck
G   Garage
E   Entry
L   Living Room

View

De

Prevailing West Breeze
from Ocean

D

G

Living Room Pavilion
Separate Thermal Zone and
Ceremonial Structure Aligned
with Mt. Tamalpais

E

L

Planter in Between
Pavilions

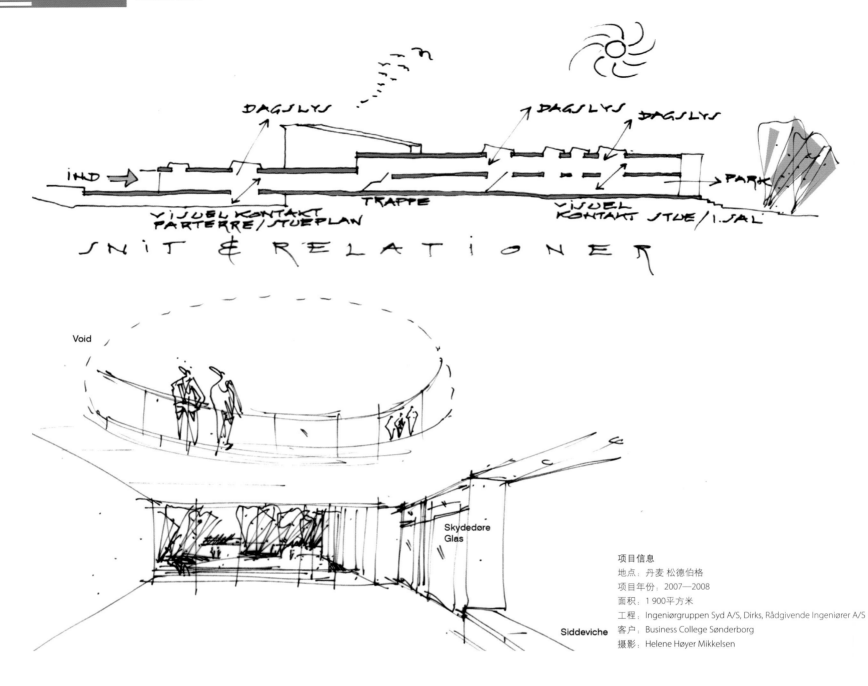

项目信息
地点：丹麦 松德伯格
项目年份：2007—2008
面积：1 900平方米
工程：Ingeniørgruppen Syd A/S, Dirks, Rådgivende Ingeniører A/S
客户：Business College Sønderborg
摄影：Helene Høyer Mikkelsen

Business College Sønderborg

松德伯格商学院

| C. F. Møller Architects |

松德伯格商学院被誉为20世纪60年代的最佳建筑代表，而今这座商学院已经被扩建并重新设计。扩建部分包括一个崭新的教职员工区、八个新教室以及一个邻近食堂的公共休息区；而厨房、食堂和办公室则被重新设计。

穆勒事务所的建筑师们在尊重原始设计的基础上开始了设计工作。根据现有的建筑，扩建部分的立面饰有水平的长线条和竖直的短线条。选用的材料和原来的建筑是一样的，包括正面使用的铜材料，地板用的白色大理石以及统一使用的玻璃、原木和砖材料。天窗的设计堪称锦上添花，这样的扩建使得松德伯格商学院的造型焕然一新。大型的玻璃窗板用于走廊的设计，有利于良好的采光。

← G6 Stille

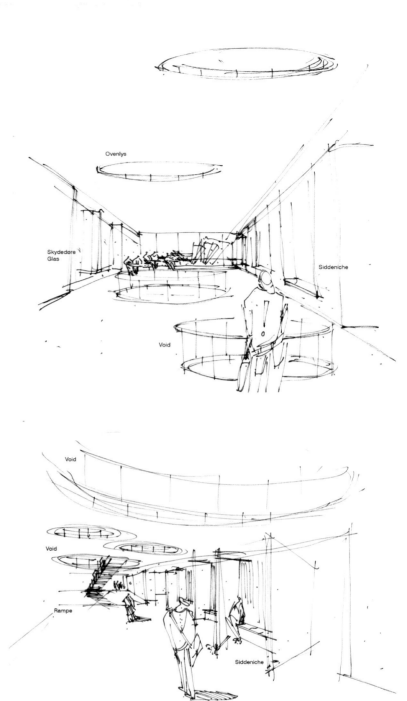

Ovenlys

Skydedøre
Glas

Siddeniche

Void

Void

Void

Rampe

Siddeniche

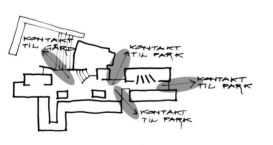
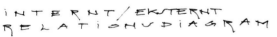

INTERNT/EKSTERNT
RELATIONUDIAGRAM

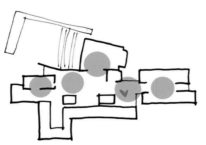

MØDESTEDER

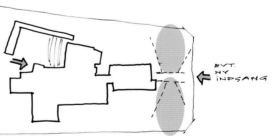

ADDITIONSPRINCIP
UDVIDELSER

PARK

UNDERVISNING   VOID   UNDERVISNING

LÆRERAFD.   KOPI   FÆLLES OPHOLD   KURSUSAFDELING

PARK

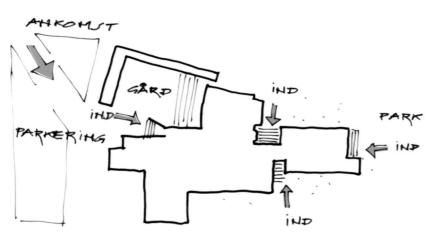

ADGANGSDIAGRAM

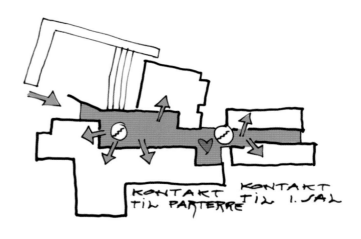

FLOWDIAGRAM PRIMÆRT

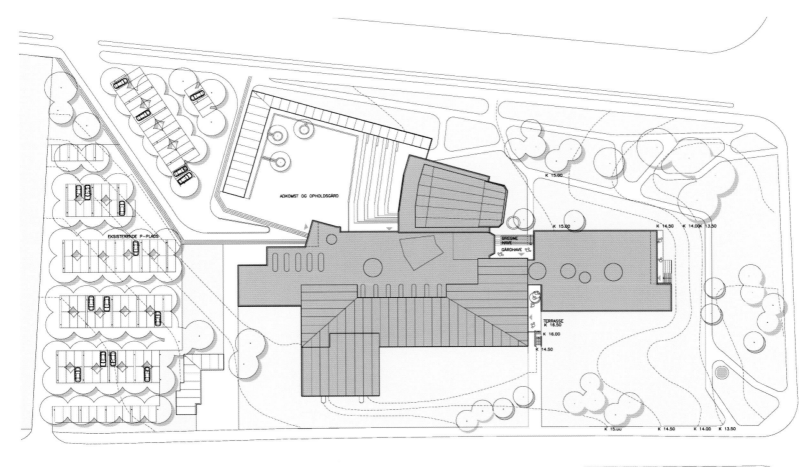

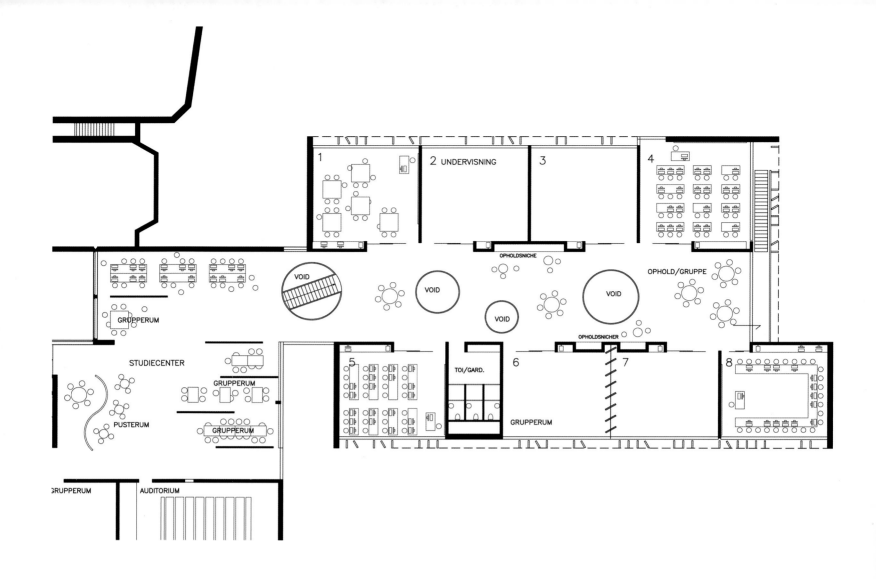

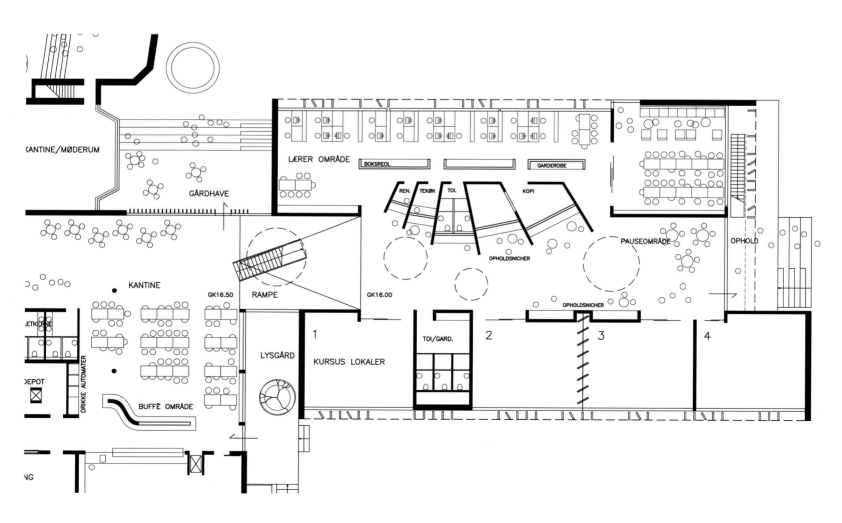

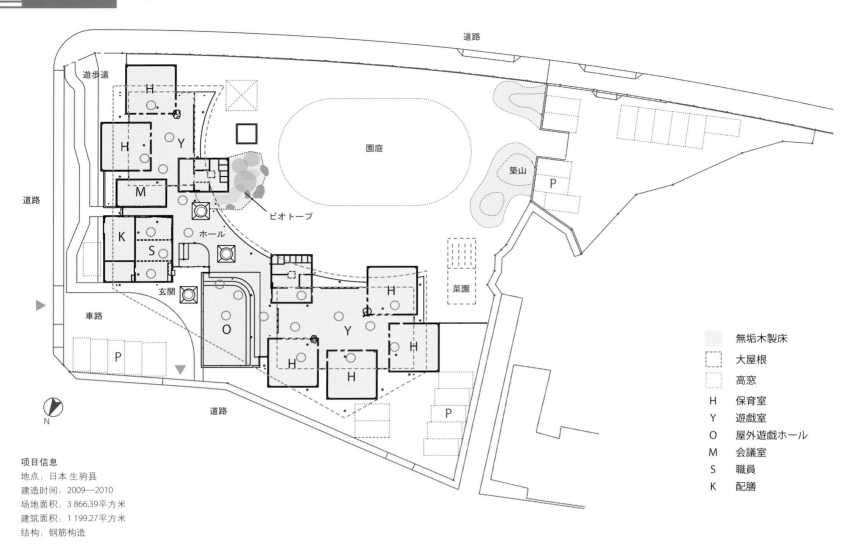

项目信息
地点：日本 生驹县
建造时间：2009—2010
场地面积：3 866.39平方米
建筑面积：1 199.27平方米
结构：钢筋构造

Shiraniwadai Kindergarten

白庭台幼儿园

COMPAS Architects

白庭台幼儿园位于自然资源丰富的生驹市。这所幼儿园不仅为孩子们提供了安全、无忧无虑的童年成长环境，更寄予了建筑师对孩子们的关爱，希望他们健康活泼地成长，接受良好的内心和感性教育。各个教室是围绕着娱乐区随机配置的，是半开放式的学校。园内的一切都可以成为玩具，并以幼儿园为中心，配置了庭园、生活小区、园内菜园等。

使用材料的选择

外部装潢材料涂上了古都奈良风格的并与周围建筑相搭配的黑色木材保护油漆，选用能使黑色墙壁更引人注目的纵向纹理杉木板，孩子们直接接触的内外部材料全部使用木材。地板采用纯落叶乔木材质，墙壁由胶合板构成，此外，门窗隔扇、挂衣架等收纳家具全部是木制的。庭园的草坪——无论是光脚走上去，还是躺在上面——都可以令人直接接触到草和大地。

构造

用细柱支撑着大而薄的幼儿园屋顶，它采用高强度与轻盈感兼备的钢筋构造。屋顶的基本构架是用H型钢构成的正三角形（边长6米）格子，在其内部构成了一个正三角形（边长3米）的水平构架。在提高屋顶的水平刚性的基础上，将格子的必要地方配置了恰当口径的钢管柱，以备长期负荷，而水平负荷则通过钢管柱自身的弯曲性及各支柱的抗力来支撑。正三角形格子大多都使用简单的搭配组合，由于设计合理，本建筑方案既可节省劳力，又能降低成本。

节能——亲近自然的建筑

建筑师充分利用自然采光、通风、雨水、地热等来改善环境和降低能源消耗。在屋顶上设置天窗，采用低能耗的双层中空玻璃，通过薄膜来遮挡直射阳光，与此同时也进行高效的采光，因此白天基本不需要开灯。天气好的时候，通过教室的门窗和顶部的高窗（固定百叶窗）可进行基本的自然通风。无风时，通过高度和温度的差异来促进通风。冬季时，利用换气管把棚顶上方的暖气流导入地板下，再通过窗下地板的换气孔进行换气，可以减少空间上下的温度差，地板也和教室内部的情况相同，即使不使用取暖设备也可防止地板变冷。

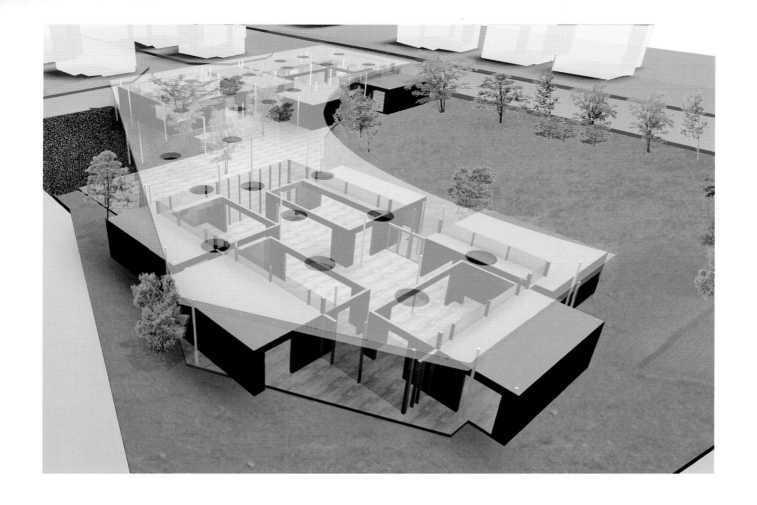

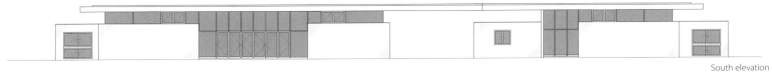

South elevation

East elevation

North elevation

West elevation

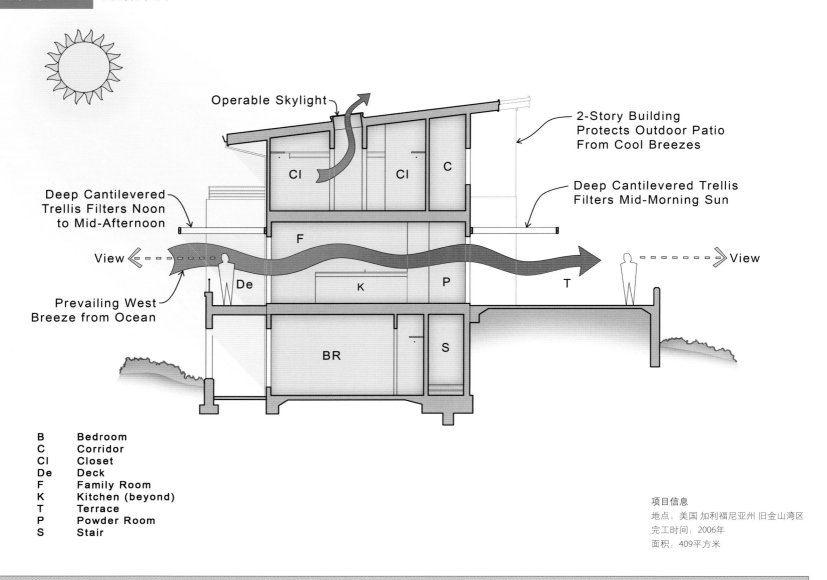

Operable Skylight

2-Story Building
Protects Outdoor Patio
From Cool Breezes

Deep Cantilevered
Trellis Filters Noon
to Mid-Afternoon

Deep Cantilevered Trellis
Filters Mid-Morning Sun

View

View

Prevailing West
Breeze from Ocean

B	Bedroom
C	Corridor
Cl	Closet
De	Deck
F	Family Room
K	Kitchen (beyond)
T	Terrace
P	Powder Room
S	Stair

项目信息
地点：美国 加利福尼亚州 旧金山湾区
完工时间：2006年
面积：409平方米

Broadway Terrace House

百老汇联排别墅

Robert Nebolon Architects

这个项目位于奥克兰山，从那里可以俯瞰旧金山海湾。四周茂密的森林中遍布大型蕨类植物，参天的蒙特利松树还带着被火烧过的痕迹，中部有个小山丘，望过去，便可看到旧金山市区、金门大桥、塔玛佩斯山以及旧金山海湾地标观测点。如何将别墅与周围环境以及海湾融为一体呢？如何通过建筑设计手段诠释"绿色环保"的概念呢？这些问题是设计师考虑的重点。

为了使别墅融于周边景色，建筑师将房屋设计成环小山丘的"L"型结构，通过三个不同的结构主体组合而成，分别是会客区、入口区和居住区。会客区自然采光好，十分敞亮，同时也是三个结构中风格最正式的一个。为了彰显其重要性，会客区的建造与其他两个结构主体分开，并且有稍许偏转，正好与塔玛佩斯山成一直线，这是业主的礼仪体现。作为礼仪象征的会客区同时也是一个独立的供暖地带，在不用的时候可以停止其供暖而不影响其他区域。第二个较为正式的结构是入口区，位于会客区和居住区之间。这里花草遍布，由于是在小山丘北面，因此色调比较冷暗，属

于独立供暖的区域。向上走半层楼便到了明亮的会客区，再走半层便可通往第三个结构主体，包括卧室、厨房和家庭娱乐室，在那里可以欣赏到旧金山湾的景色。整个海湾的自然光线充足而明亮，墙壁上多个开窗的设计使房屋的采光很好。环抱小山丘建起的房屋视觉上给人以由暗到明、视野逐渐开阔之感。因此在室内，不论是居住者还是访客都能享受到自然风景变化所带来的动态之美。

"绿色环保"是该项目的特性之一。主阳台位于山顶，其两边连接着房屋。这附近每天下午三点便会刮起海风，海风有利于房屋通风，不过有时着实让人不适。因此居住区成了很好的挡风屏障。大悬臂式格子遮阳板、大屋檐以及低辐射玻璃窗可以防止房屋暴晒过度，利于植物生长。窗帘也被考虑在窗户的设计中，用来遮阳和保护个人隐私。楼层之间的大型气窗利于快速通风，将室内过量的热空气自然散去。项目如此的设计使各结构间互不影响，又实现了节能环保。

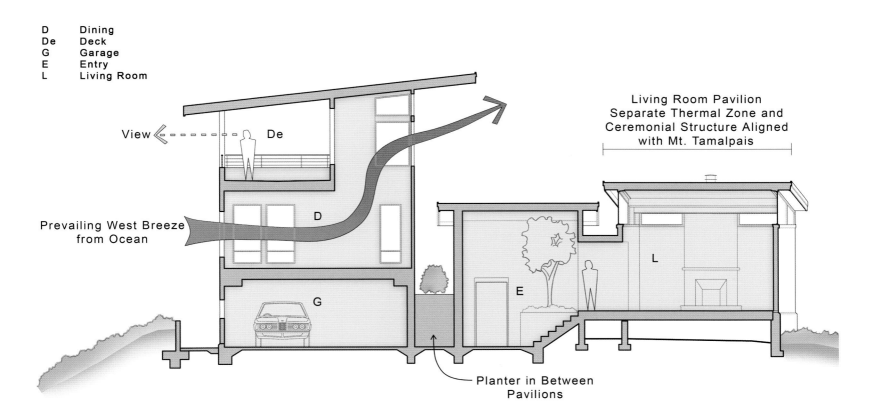

D   Dining
De   Deck
G   Garage
E   Entry
L   Living Room

View

De

Living Room Pavilion
Separate Thermal Zone and
Ceremonial Structure Aligned
with Mt. Tamalpais

D

Prevailing West Breeze
from Ocean

G

E

L

Planter in Between
Pavilions

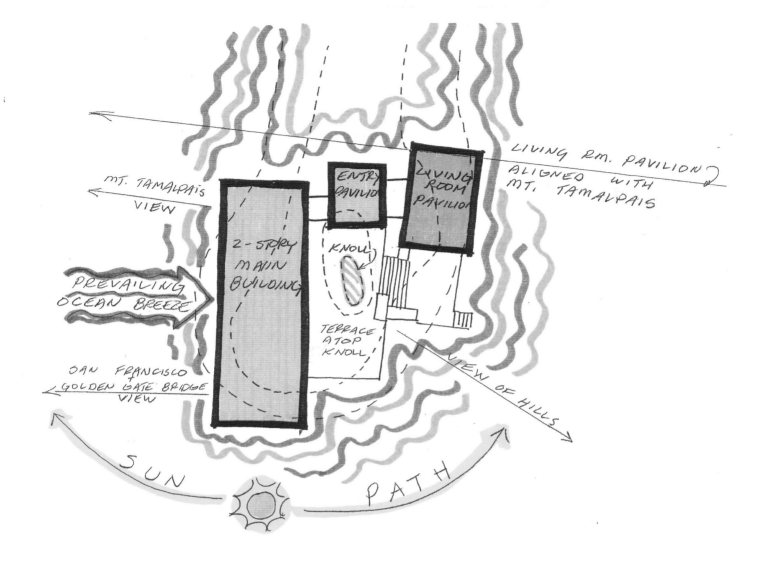

MT. TAMALPAIS
VIEW

LIVING RM. PAVILION
ALIGNED WITH
MT. TAMALPAIS

ENTRY
PAVILION

LIVING
ROOM
PAVILION

2-STORY
MAIN
BUILDING

KNOLL

PREVAILING
OCEAN BREEZE

TERRACE
ATOP
KNOLL

VIEW OF HILLS

SAN FRANCISCO
& GOLDEN GATE BRIDGE
VIEW

SUN   PATH

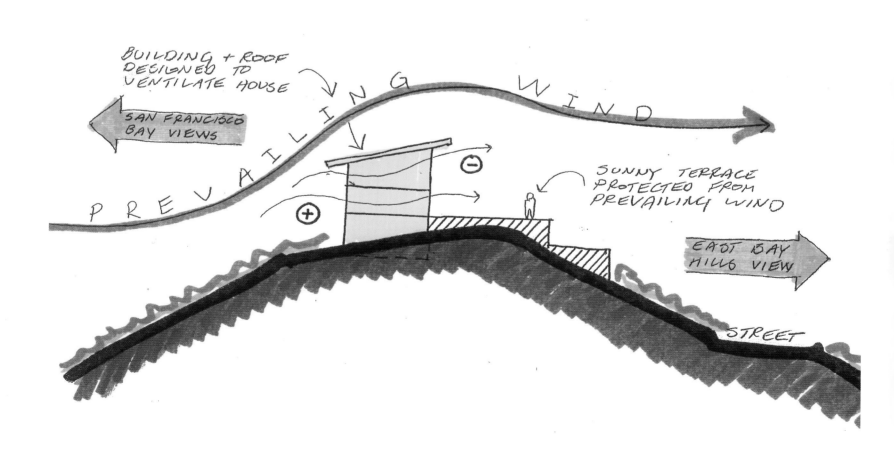

BUILDING + ROOF DESIGNED TO VENTILATE HOUSE

SAN FRANCISCO BAY VIEWS

PREVAILING WIND

SUNNY TERRACE PROTECTED FROM PREVAILING WIND

EAST BAY HILLS VIEW

STREET

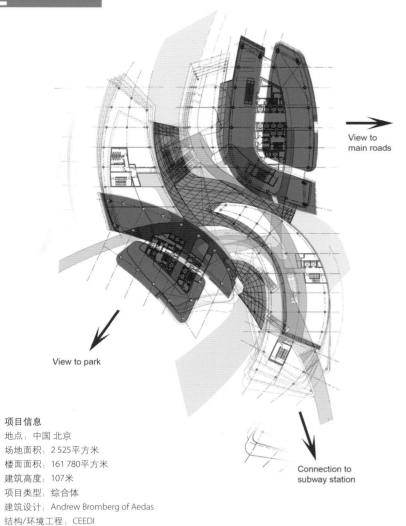

View to main roads

View to park

Connection to subway station

项目信息
地点：中国 北京
场地面积：2 525平方米
楼面面积：161 780平方米
建筑高度：107米
项目类型：综合体
建筑设计：Andrew Bromberg of Aedas
结构/环境工程：CEEDI
客户：北京北辰实业股份有限公司

Beijing North Star

北京北苑北辰

| Aedas Limited

北苑北辰是某大型整体规划开发项目之一，尽享地理优势，是整体规划的重点。规划用地邻近北京奥运会场址，是北京市及周边区域的焦点所在。

项目位于北京五环，毗邻奥林匹克公园，西侧是休憩公园和其他设施，东侧是主街道和一座新的地铁站。如此优越的地理位置让北苑北辰成了总体项目规划中的核心部分，与北京的交通网络息息相关。

项目配合整体发展，把用地的自然条件加以善用，充分展现了用地的自然优势和潜力。宜人的宁静地带朝向公园，而东侧邻近主要交通道路的一面则是喧闹地带。北面的社区边陲地带与总体规划的走廊连接，作为购物及商业用途。

项目充分利用大自然赋予的优厚条件，进一步发挥用地的潜力，两幢办公大楼各据一方，由中间的购物商场贯通连接。波浪形的购物商场配合两座大楼，使其形态有如"石润中的流水"。新建设将会把社区引向新的发展模式，成为北京市及其他城市的典范。

北苑北辰的100米高办公大楼地处邻近公交换乘枢纽站的一隅，是整个项目的地标性建筑，住宅公寓楼坐落于西南隅，朝向公园和南面的光线。当日光照进两幢大楼之间的天窗再到达地面时，也同时突显出用地的北面、南面和西面的入口。

两座25层的办公大楼有7层是购物空间。大厅坐落在底层。人们可以从这里轻易地到达外面的主街道。底层为客户提供了一处休息与购物的地方。主要商店坐落在大厦下面两层，而其他的购物空间则呈岩石状，根据通道的规划以及人群的流向分布。大楼内的通道就如同有机体中的动脉系统，或者说是小溪中的水流，让行走其中的人们获得独特的空间体验。大厦外的台阶和梯形景观也为来客提供了更多有趣的环境体验。

项目中最主要的设计特点要算是商场中尤如大峡谷般细长的中庭。中庭的设计，不是延续一般商业空间的奢华，而是旨在为消费者提供一个充满文化气息的购物环境。设计试图将中庭转化成一座室内公园。这里，消费者可以自由漫步，欣赏自然景致。

项目设计希望尽量将建筑物与周围环境融合，故此商场开有数个出入口，让消费者可以悠然进出。而中庭也看似外部公园甚至是城市环境的延伸，过渡极为自然。这个设计促进了自然与人造景观、城市与个人之间的无障碍交流。

考虑到大厦显著的地理位置，搭建一座人行天桥是有必要的，天桥可以将项目与东南角的高架地铁站连接，同时亦带动了人流。通过天桥，把各个

空间连接起来，通道贯穿整个中庭，延伸到底部的零售空间，人们可以在里面穿行自如。

不规则形状的天窗是大厦的主要设计特色，自由形态的天窗将室内与户外环境联系了起来。天窗贯穿整个中庭，将室外的阳光引入中庭内，保证了良好的自然采光，减少了室内用电量。

商业楼上层结构采用了隔热玻璃并加上低辐射镀膜，下面的支撑墩柱则使用夹层玻璃，保证整个室内空间冬暖夏凉，同时也具有良好的隔音效果。另外，在玻璃表面还增加了反光涂层，以进一步减少太阳热量的吸收，从而降低空调负荷。

以下空间使用了新型的结构技术以达到预期的空间感：

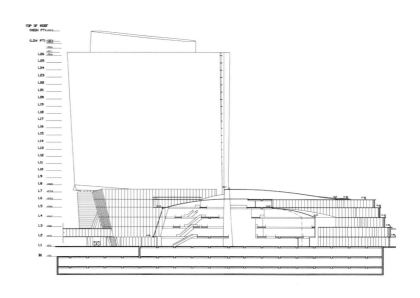

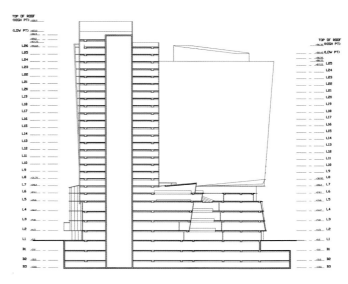

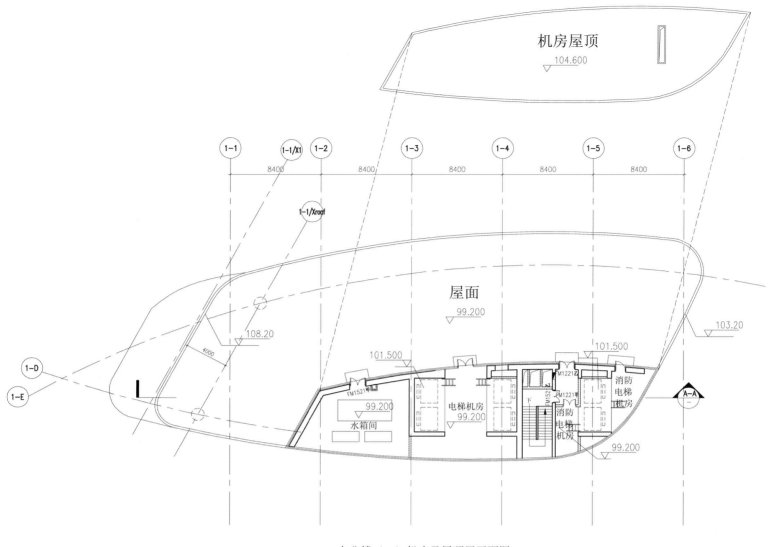

机房屋顶
104.600

屋面
99.200

108.20

101.500   101.500

103.20

电梯机房
99.200

消防
电梯
机房

水箱间

消防
电梯
机房

99.200

99.200

A—A

办公楼（一）机房及屋顶层平面图

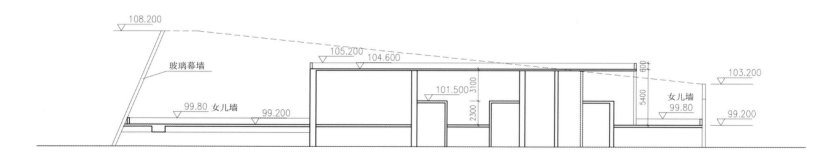

108.200

105.200   104.600

玻璃幕墙

99.80 女儿墙   99.200

101.500 3100

2300

5400

600

103.200

女儿墙
99.80

99.200

办公楼（一）机房及屋顶层A-A剖面图

(1) 起伏的天窗：天窗呈现动感的形态，从天花板延伸到空间内部，并不断变换着轮廓。天窗以三维桁架系统作为支撑结构。三角形模块的使用让窗格玻璃的安装更为简便，也让天窗的形态更加灵活多变，同时，更多的阳光可以透过天窗洒进室内。

(2) 悬臂桥梁：零售空间以岩石为概念设计而成并以桥梁连接。这些桥梁放置在不同的高度及位置。中庭空间内的这些大跨度桥梁下面没有任何的支柱，因为这些桥梁采用的是一种钢制桁架结构，它们可以横跨整个中庭而不需任何支撑。

(3) 弯曲的立面和倾斜的外墙：外墙设计中采用了许多弯曲和倾斜的表面。所以，传统的垂直支撑不能在这种空间中得到有效运用。建筑使用的倾斜

的支柱及结构可让整座大厦倾斜与弯曲的同时，并不需额外的支柱来支撑外倾墙体。

项目地段附近有一座休憩公园及各种文化设施。设计希望发挥这个地段优势，淡化商场的边界，让公共设施与商场空间融为一体。

人为空间在项目设计中被视为大自然的延伸，而不再是与大自然形成一种对立比拼的关系。透过光影的交错，以及不同的景致、自然变换、人流及与城市建设的联系，设计希望能实现可持续发展的目标，同时鼓励人与人之间、人与自然及城市的互动。

Ground Level

Level 02

Level 06

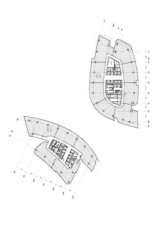

Level 08 and above

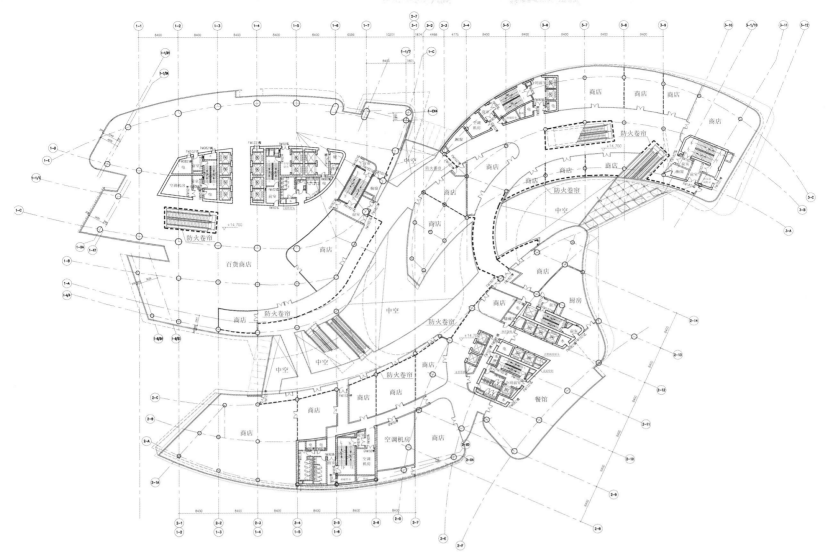

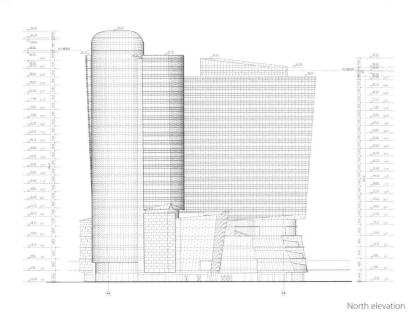

North elevation

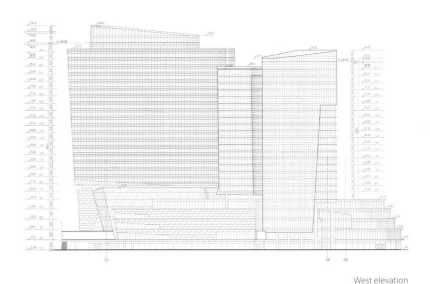

West elevation

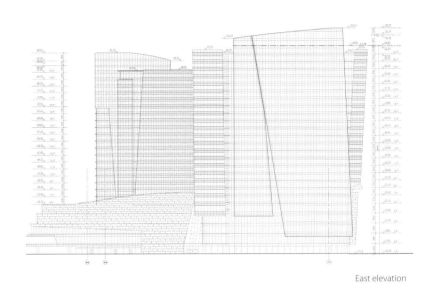

South elevation

East elevation

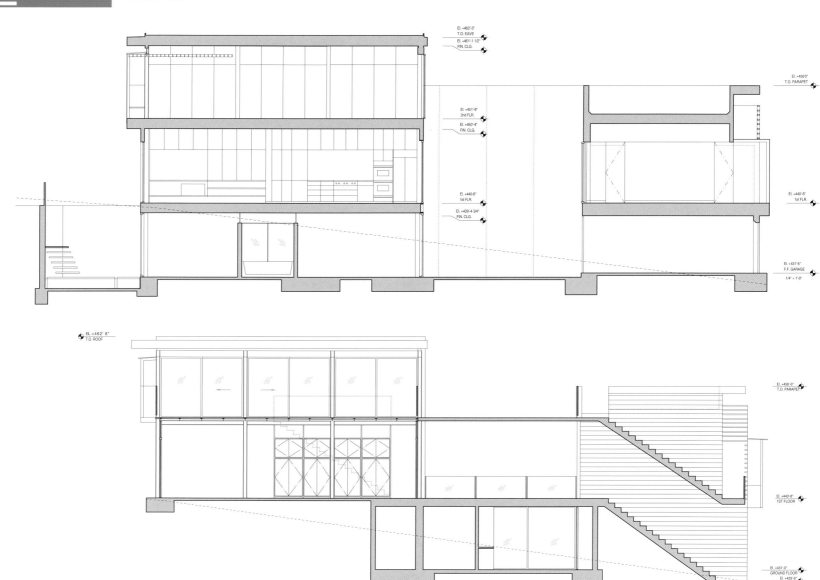

1532 House

可持续设计的典范——1532住宅

| Fougeron Architecture |

这座崭新的住宅坐落在圣弗朗西斯科的一块固有的7.62米宽的土地上，包括两个不同的建筑体，中间由一个室内庭院隔开。靠前边的建筑内包含一个与街区在同一水平高度的停车库，上边是一个画室；而靠后边的建筑则是主体，卧室在底层，客厅在中间层，主卧在顶层。该项目的设计出自两种思考：水平方向和垂直方向。在水平方向在房子中间和后部创造出两个庭院，而在垂直方向上则"挖掘"出与车库和街区在同一水平高度的卧室。这两种思考的结合使该住宅与其所在地和周边的城市建筑连接起来，通过明亮与黑暗的交织打造出独特的内外空间。

该住宅的主要楼层呈开放式，包括厨房、餐厅和客厅，与后边的庭院在同一高度上，而连接两层空间的楼梯是其中的一个亮点。第三层的缩进为整个建筑打开了欣赏海湾和金门大桥美景的大门。该住宅拥有七处户外空

间，每一处空间都具有各自的特征及景色：画室的前侧平台、画室顶部的平台、低处庭院、入口处平台、后部庭院、玻璃和木制的走道以及后院。这些平台与空间在居住区周围一一排开，从而展现出建筑及其所在地的复杂结构。

该住宅为圣弗朗西斯科大胆引入了一个全新的建筑类型。这是一个带有庭院和阳光的家园，为世界城市住宅建筑带来了新生。

1532住宅的显著特征有如下几方面：自然通风以及由于中庭的设计使不同楼层对自然光的尽量采用、南侧有意设置的庇荫处（利于保持室内凉爽）、隔热保温材料的使用以及两种用于采暖和供电的截然不同的太阳能系统。鉴于如此多的绿色设计，该住宅不仅是未来城市发展的一个颇具前途的模型，也是生态可持续设计的典范。

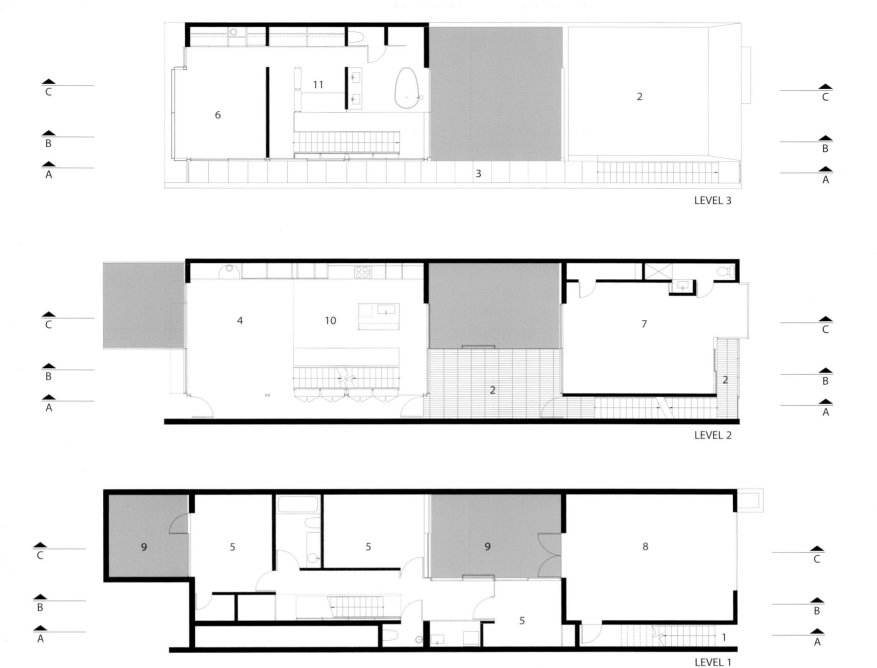

C

B

A

6   11   2

3

C

B

A

LEVEL 3

C

B

A

4   10   7

2   2

C

B

A

LEVEL 2

C

B

A

9   5   5   9   8

5

1

C

B

A

LEVEL 1

FLOOR PLANS
1 entry
2 deck
3 bridge
4 living
5 bedroom
6 master bedroom
7 artist's studio
8 garage
9 courtyard
10 kitchen
11 study

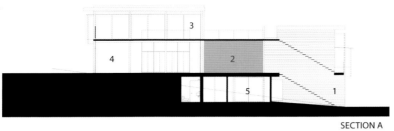

SECTION A

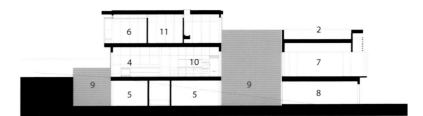

SECTION C

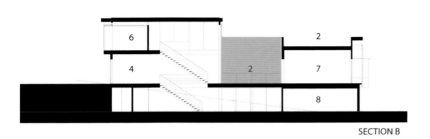

SECTION B

SECTIONS
1 entry
2 deck
3 bridge
4 living
5 bedroom
6 master bedroom
7 artist's studio
8 garage
9 courtyard
10 kitchen
11 study

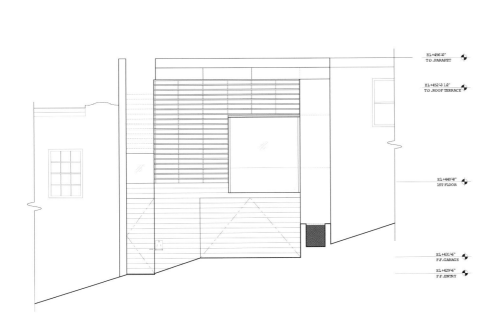

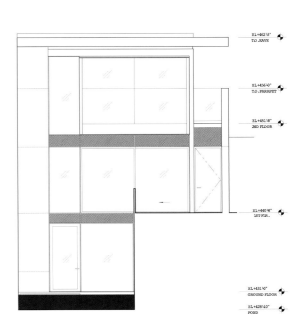

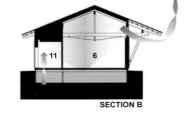

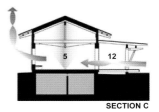

SECTION A

SECTION C

■ DAYLIGHTING (ALL ROOMS HAVE ACCESS TO DAYLIGHT)
■ EXHAUST
■ FRESH AIR SUPPLY

1 WELCOME
2 NPS STAFF
3 BATHROOM
4 JANITOR
5 RESOURCE ROOM
6 ORIENTATION
7 LSR PRESERVE STORY
8 MAIN GALLERY
9 SOUND SCAPE VESTIBULE
10 SOUND SCAPE
11 TRANSITION GALLERY
12 COVERED PORCH

SECTION B

SECTION C

Daylighting and Ventilation Diagrams

项目信息

地点：美国 怀俄明州 提顿
完工时间：2008年
建筑设计：Carney Logan Burke Architects
项目管理：Clay James
景观设计：Hershberger Design
土木工程：Jorgensen Associates

生态修复：Pioneer Environmental Services
照明设计：David Nelson & Associates
可持续设计顾问：Rocky Mountain Institute
机械系统：M-E Engineers
结构工程：KL&A, Inc.
摄影：Nic Lehoux, Paul Warchol

Laurance S. Rockefeller Preserve

劳伦斯·洛克菲勒保护区游客中心 | Carney Logan Burke Architects |

因为该项目崇尚环境管理和保护，客户希望这座"安静"的建筑能真正融入周边景致，并启发该地区的生态意识。这座650平方米的建筑具有引导性，它是为了让游客更好地欣赏周边景致而建的。建筑呈"L"形，直线架构，而南端则呈拱状，与其说它是游客中心，还不如说像教堂。在这里，垂直木板让人联想起老式谷仓，木板间留有缝隙，使一丝丝阳光照进这沉寂的空间内，象征着大自然的力量。大楼的设计从环境和信息角度都体现了着环保责任感。设计中，从大楼本身到家具都秉承着环保原则和环境至上的信条。该建筑是国家公园管理局和怀俄明州中第一幢获得LEED铂金认证的建筑。

绿色建筑元素体现在以下几点：

(1) 综合设计：建筑公司、工程师、景观建筑师和资源管理师精诚合作，开辟了减少建筑环保成本、节约能源和水资源的新方法，设计出一幢迎合提顿地区环境的建筑。他们挑战既定思维，在各自的领域开辟新的模式，为了增强游客的体验，减少建筑所受外界影响，他们使用了先进的采光系统和暖通空调系统。

(2) 采光研究：设计时，需要了解每个房间能接收到的自然光照强度，以及光照对于空间利用的影响，这对建筑的成功设计有着至关重要的意义。展会设计师习惯利用人造光照亮美术馆。但在这里，设计事务所和展会设计师测算了日光的光照度，他们要利用人造和日光，共同营造出室内的光照效果。

(3) 减少用水：种植当地植被可以避免长期灌溉，而干式厕所和低流量的盥洗室减少了当地96%的饮用水消耗，从而每年省下超过287.66立方米饮用水。

(4) 减少施工垃圾：规划、设计和建筑团队试图将拆迁和施工垃圾量降至最低，为此他们迁移了场地上的30幢大楼、回收155.2吨拆迁垃圾、将沥青回收后用于新道路建设、将定做的隔热面板安在基础性屋顶系统上。

(5) 废弃物和回收材料：自然保护区中心使用了一系列用废弃物和回收材料制成的创新产品。大楼的砖瓦——Rastra砖石，是由85%的聚苯乙烯回收材料组成；天花板和壁墙是以铁杉木材料为主，也是来源于另一幢大楼的回收材料；而棉絮绝缘材料内也富含了85%的回收斜纹粗棉布和棉纤维。

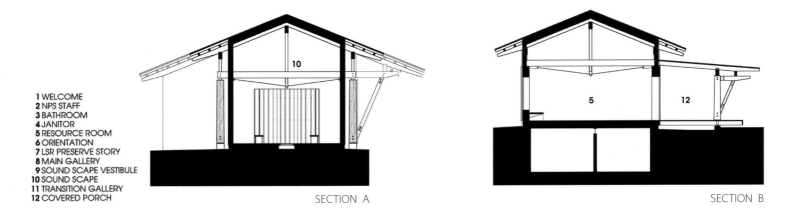

1 WELCOME
2 NPS STAFF
3 BATHROOM
4 JANITOR
5 RESOURCE ROOM
6 ORIENTATION
7 LSR PRESERVE STORY
8 MAIN GALLERY
9 SOUND SCAPE VESTIBULE
10 SOUND SCAPE
11 TRANSITION GALLERY
12 COVERED PORCH

SECTION A

SECTION B

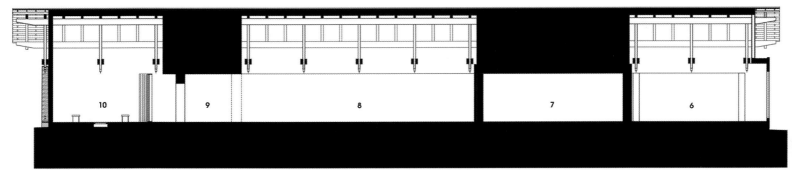

SECTION C

SECTION D

1 WELCOME
2 NPS STAFF
3 BATHROOM
4 JANITOR
5 RESOURCE ROOM
6 ORIENTATION
7 LSR PRESERVE STORY
8 MAIN GALLERY
9 SOUND SCAPE VESTIBULE
10 SOUND SCAPE
11 TRANSITION GALLERY
12 COVERED PORCH

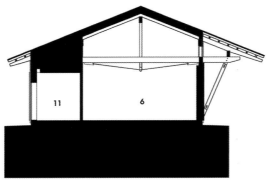

SECTION E

(6) 环保的天然木材：保护中心内69%的木材产品是经森林管理委员会认证的，包括位于大楼前方的木制柱子。

(7) 使用当地生产的材料：为了节能、减排并支撑当地经济，建造保护中心所用的建筑材料中有超过24%是在方圆804.5千米之内的地区进行生产。当地的建材包括钢铁、结构性的木材和棉絮绝缘材料。

(8) 室内环保：保护区中心利用化合物挥发量极低的黏合剂、密封剂、涂料和地毯，不含脲醛树脂的合成原木，以及不含空气颗粒物和甲醛的棉絮隔音材料。

(9) 能源利用：与低成本建筑相比，该保护区中心会降低78%的能源成本。这主要得益于一系列创新性的建筑技术，包括：特别的外墙设计、保温屋顶、隔热玻璃窗、采光、采暖、通风、光伏电板以及再生能源的使用。

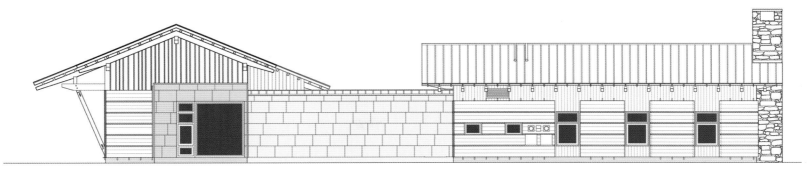

NORTH ELEVATION

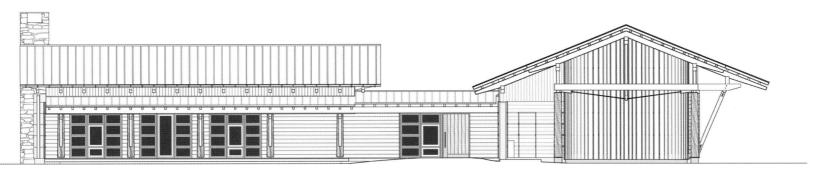

SOUTH ELEVATION

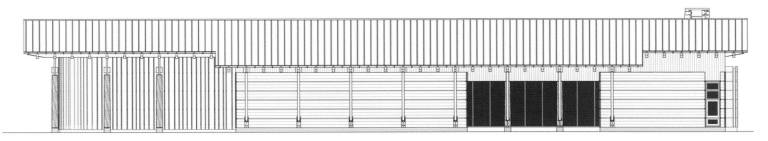

EAST ELEVATION

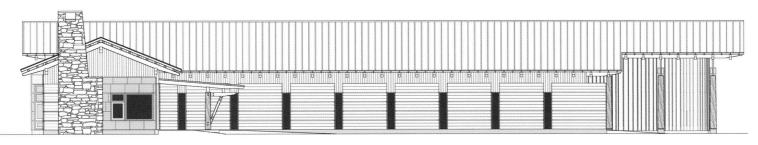

WEST ELEVATION

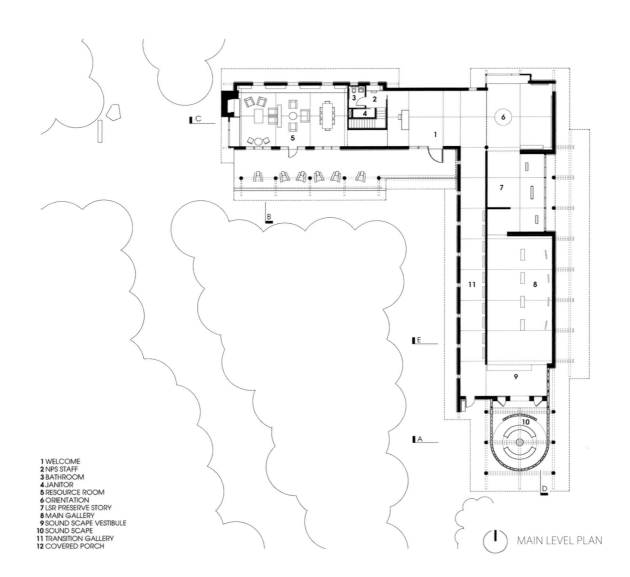

1 WELCOME
2 NPS STAFF
3 BATHROOM
4 JANITOR
5 RESOURCE ROOM
6 ORIENTATION
7 LSR PRESERVE STORY
8 MAIN GALLERY
9 SOUND SCAPE VESTIBULE
10 SOUND SCAPE
11 TRANSITION GALLERY
12 COVERED PORCH

MAIN LEVEL PLAN

RENEWABLE ENERGY

可再生能源

现如今可再生能源的应用日趋广泛，尤其是太阳能、风能和地热能，已成为低能耗建筑中常见的能量源泉。可再生能源让建筑摆脱了对传统能源的依赖，向低能耗甚至是零能耗迈进。

HEATING

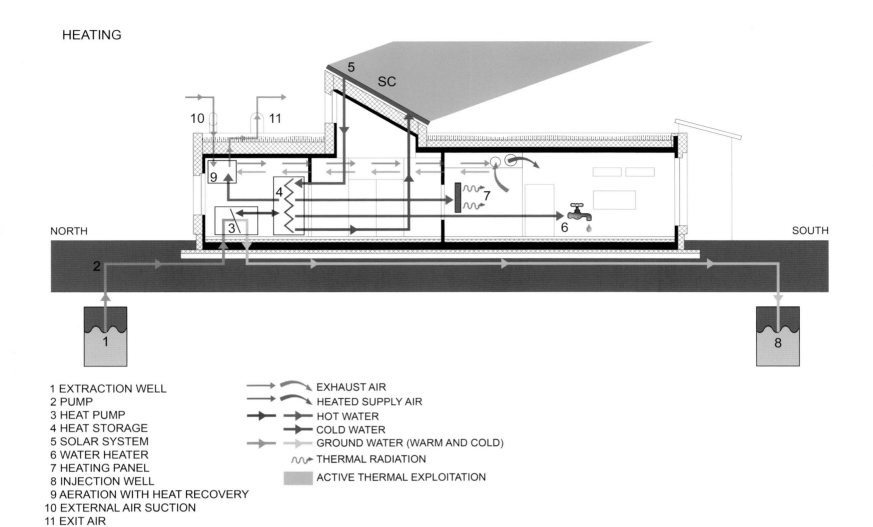

NORTH   SOUTH

1 EXTRACTION WELL
2 PUMP
3 HEAT PUMP
4 HEAT STORAGE
5 SOLAR SYSTEM
6 WATER HEATER
7 HEATING PANEL
8 INJECTION WELL
9 AERATION WITH HEAT RECOVERY
10 EXTERNAL AIR SUCTION
11 EXIT AIR

EXHAUST AIR
HEATED SUPPLY AIR
HOT WATER
COLD WATER
GROUND WATER (WARM AND COLD)
THERMAL RADIATION
ACTIVE THERMAL EXPLOITATION

SUSTAINABLE ARCHITECTURAL CRITERIA

THE CHOICE OF MATERIAL SPEAKS OF THE DESIRE TO TURN THE BUILDING INTO A FLAGSHIP BUILDING ABOU
NATURAL ENVIRONMENT AND THE ACTIVITY TAKING PLACE BEHIND THE FACADES: WOOD, AS PANEL OR SLAT, PR
USING NATURAL MATERIALS AND DRY-JOINT SYSTEMS RESULTS LESS WATER AND ENERGY CONSUMPTION IN TH
MOST OF ENERGY CONSUMPTION OF THE BUILDING IS SUPPLIED BY RENEWABLE ENERGIES (SOLAR CELLS, PHOTO

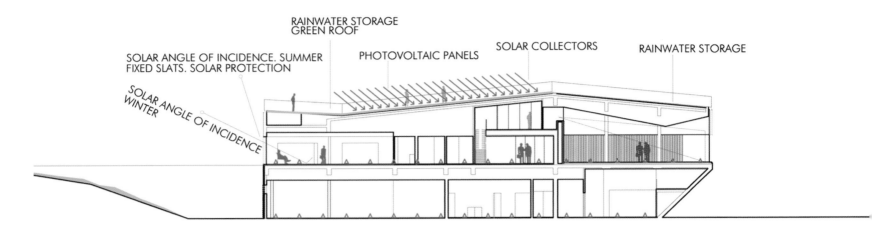

项目信息

地点：西班牙 萨拉戈萨
建造时间：2007—2009
面积：1 948.17平方米
预算：2 934 222.68欧元
建筑设计：Magén Arquitectos (Jaime Magén, Fco. Javier Magén)
开发商：Municipality of Zaragoza
合作方：Beatriz Olona (architect); José Luis Sánchez, Fernando Jiménez (quantitysurveyors);
　　　　Rafael González (engineer); José Sainz (structural engineer)
施工：Ferrovial Agroman SA
摄影：Pedro Pegenaute, Jesús Granada

Environmental Unit Headquarters

萨拉戈萨环境部办公楼　　　　　　　　　　　| Magén Arquitectos

建筑场地将城区与埃布罗河的城市堤岸联系起来，体现出其特殊的价值。场地位于城市中心，毗邻阿摩萨拉大桥，其水平高度与周围的环境有着很大的不同，比大街和广场低5米，而比埃布罗河堤岸公园高出5米。本项目的设计基于两个基本的理念：一是通过整齐均匀的形态和布局以及与景观的密切联系，使建筑符合场地在城市与景观中的重要地位；二是展现项目的环境保护宗旨以及项目规划之间的本质联系。

毗邻的城市空间以及场地的地形特色成为打造这栋建筑的优越条件，建筑的各个楼层及各入口与项目所在地的既有水平层次相互衔接。这样一种关系在建筑剖面上清晰地展现了出来，建筑入口的公共空间向外延伸至屋顶，形成一个户外平台，在上面可以欣赏埃布罗河的风景。平台的密实、原有变电所墙体的延伸以及同一水平高度的玻璃和木质结构的轻盈感形成鲜明的对比，赋予了建筑更多外观特色，同时也使大楼的功能布局更加清晰。

鉴于场地的多种水平高度，建筑的主入口设在上层楼面上，与变电所上的街道和广场在同一水平高度上。这一楼层主要用于公共用途，内设管理空间和环境教室，主厅将两种空间分隔开来，使其独立运作，但同时形成两者的连接枢纽。教室在楼面层和屋顶层都是凸出来的，拥有180°的全方位视角，远远看去，好像悬浮在公园上空。主厅上的夹层间主要是办公室，作为备用教室，也可用做会议室。真正的办公室是安置在入口的下一层的。在地下室有停车库、更衣室、保安室、仓库和各种设施装备，有一条步行和机动车道从河岸公园通向该楼层。

屋顶是建筑的景观设计中不可或缺的元素，也是建筑呈现给公园另一侧的住宅楼的主要形象。从主厅可以到达屋顶，作为公共空间的延伸，屋顶拥有多种不同的视角，通过微倾的坡道和铺砌的看台与主厅相连，看台被设计成一个露天剧场，可以举办一些娱乐活动。项目的环境保护宗旨体现在施工、能源解决方案以及材料的使用上，屋顶的设计清晰地体现出这一宗

IC ISSUES AND TO ENSURE AT ONCE AN ADEQUATE RELATIONSHIP WITH BOTH THE
DING, INTERIOR-EXTERIOR TRANSPARENCY CREATING A COMFORTABLE WORK PLACE.
CTION PHASE WITH LOWER MAINTENANCE COSTS DURING ITS WHOLE LIFE CYCLE.
NELS) THAT SUPPLY THE ELECTRICITY NEEDED TO LIGHT UP THE BUILDING AT NIGHT.

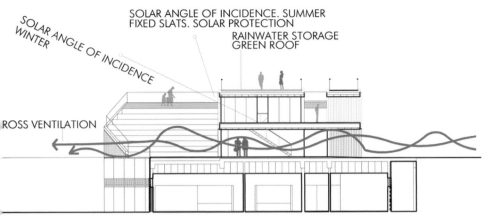

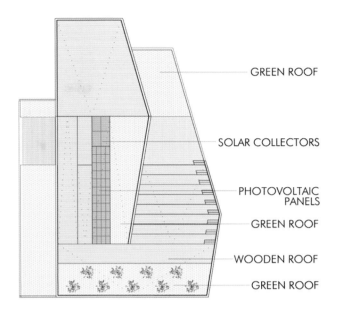

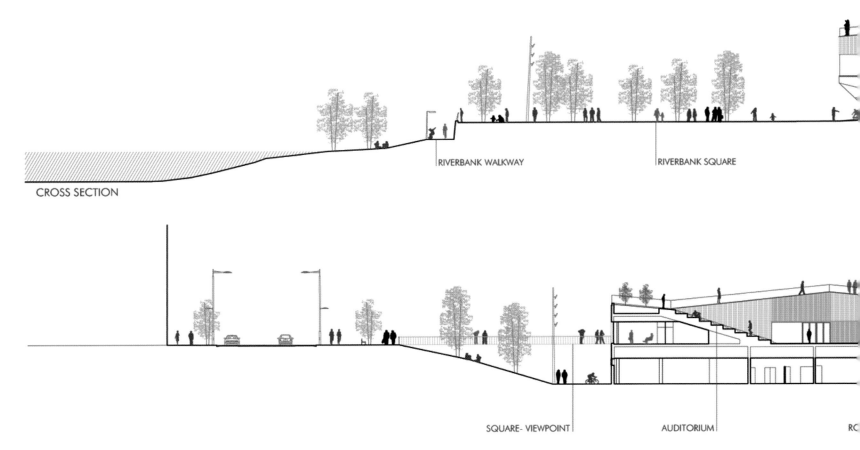

CROSS SECTION

RIVERBANK WALKWAY   RIVERBANK SQUARE

CROSS SECTION

SQUARE- VIEWPOINT   AUDITORIUM   RC

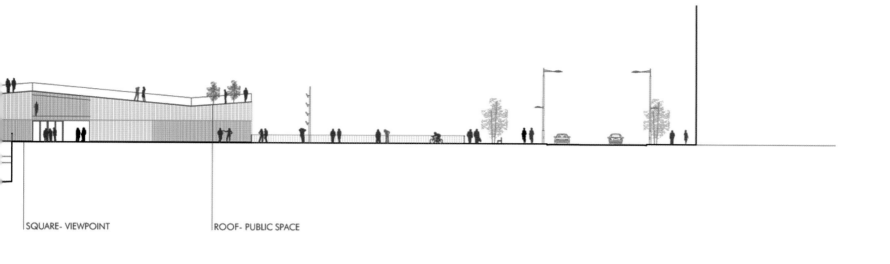

SQUARE- VIEWPOINT   ROOF- PUBLIC SPACE

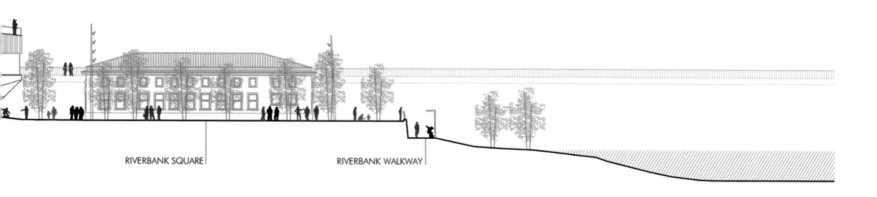

RIVERBANK SQUARE   RIVERBANK WALKWAY

旨。除了生态景观，屋顶上还安装有太阳能电池板以及光伏电板，为建筑的夜间照明提供电力。夜晚的时候，教室和办公室周围带隐蔽插座的照明装置使整栋大楼成为公园景观中的一座灯塔。

该设计方案作为对公共需求和城市景观建设的回应，在施工与材料的选择上，充分考虑到了建筑材料与结构的一些感官影响。地下室粗糙的黑色混凝土板采用各种不同的质地，如带沟槽的、格状的以及平滑的。在上层楼面，立面以及格状结构上无需木工处理的玻璃板和木板构成了建筑的外观结构。项目试图最大程度地展现重蚁木的使用价值，在项目之初就开始采用这种木材，15厘米宽的重蚁木板遍布建筑的室内外，建筑的立面、格子细工和过梁、铺筑材料、墙体以及天花板均采用了这种木材。建筑的公共区域采用重蚁木作覆层，而在森林与天然区域处的办公室内部饰面如地板和天花板则采用的是欧松板和黑色钢材。

N

1. WATER PUMP BUILDING   2. SQUARE AT THE ROOF OF THE ELECTRICITY SUB-STATION
3. RIVERSIDE SQUARE   4. AUDITORIUM   5. VIEWPOINT   6. RIVERBANK WALKWAY

SITE PLAN

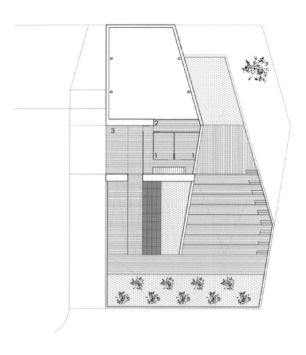

1. OFFICES   2. PROJECTION ROOM   3. TERRACE

MEZZANINE PLAN (+204.00 m.)

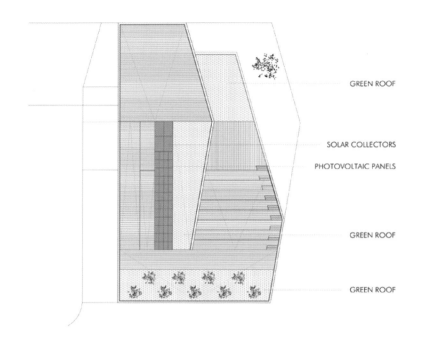

GREEN ROOF

SOLAR COLLECTORS

PHOTOVOLTAIC PANELS

GREEN ROOF

GREEN ROOF

THE ROOF AS PUBLIC SPACE AND ENERGY COLLECTOR

ROOF PLAN

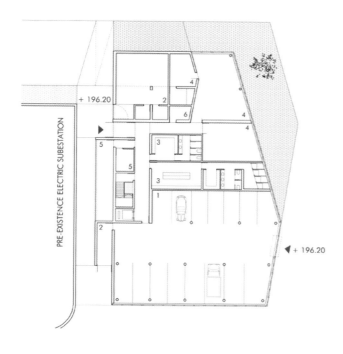

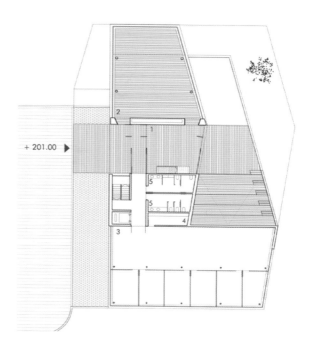

1. GARAGE 2. WAREHOUSE 3. LOCKER ROOM 4. STAFF ROOMS
5. INSTALLATIONS 6. UTILITY ROOM

LOWER FLOOR PLAN (+196.20 m.)

1. HALL 2. ENVIRONMENTAL HALL 3. OFFICES 4. ARCHIVE 5. REST ROOMS

UPPER FLOOR PLAN (+201.00 m.)

项目信息
地点：美国 密苏里州 圣路易斯
完工时间：2010年5月
建筑师：Amy Huff, RA
设计师：Tom Niemeier (RA), Tom Young (Intern)
施工监理：Matt Lung
总承包商：SPACE Constructors, LLC
业主：Spacegrove, LLC
摄影：SPACE

SPACE—Architectural Design Studio

开创新式能源系统的办公空间 | SPACE Architecture + Design |

办公室的合并和扩建使这家设计公司不得不另行选址建造新办公大楼。该公司选择了一处面积约为670平方米的单层砖砌大楼，位于城市里一处富有挑战性的复兴地块上。该地荒废了近10年，可以被很好地利用起来，发挥积极的作用。在严峻的经济环境下，项目呈现极大的挑战性。SPACE公司在项目中扮演着开发商、设计师和承建商的角色，但成功获得了包括棕地环境修复贷款、州立/联邦历史税顶税金以及美国复苏与再投资法案的资助，金额高达53万美元。

为了加强公司在可持续设计领域的领先地位，建筑师构想了一款创新性的能源系统。该系统利用地热井设施、太阳能、热泵和除湿旋转器，通过放射性的地板采暖，而制冷则通过一块悬浮的铝制冷却片系统实现。该冷却片系统属于全新发明，是该项目的专利。

设计公司既尊崇大楼的历史，又将美学艺术融进了大楼的设计之中。喷砂的木板和数根双柱上撑式桁架悬于工作室和办公区之上。电镀的钢板墙将办公室和辅助空间一分为二。墙体的磁性表面为展览创造了空间。钢板墙的末端与主入口和美术馆衔接，入口和美术馆的四周环绕着宽大的窗户，从街上可以看到室内的景象，从而吸引着当地艺术家来此展示其作品。

材料和系统

既有的砖墙和外力墙用来载重，双柱上撑式桁架承载着钢梁和柱子，而新建的隔断采用的是覆有镀锌片的轻钢龙骨体系和干饰面内墙。制冷和采暖系统主要依赖15口位于地下约61米深的地热井以及位于房顶的13块太阳能电池板。通过辐射地板进行采暖，而制冷则主要依靠悬挂在天花板上的定做的冷却片。制冷和采暖系统通过位于铜管和水泵四周的铝制肋板进行运作，可从大楼内吸取热量。除湿旋转器可去除空气中的水分，以防止冷却片冷凝。安装在辐射地板上的水泥板可提供热量。

Sustainable energy

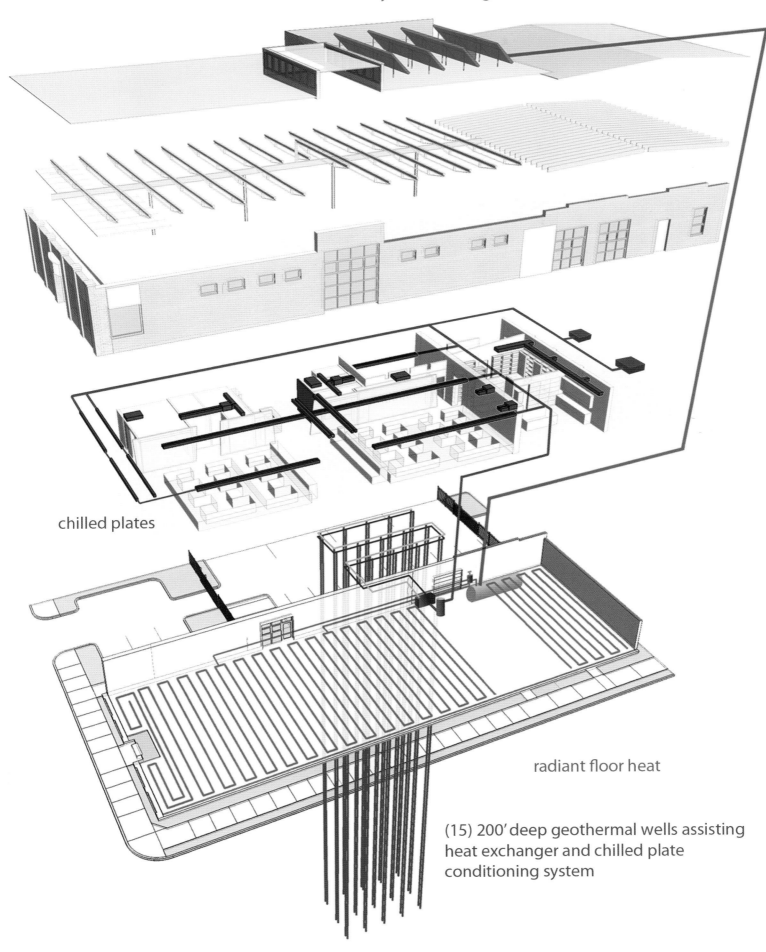

thermal solar array-assists heat gain for radiant floor

chilled plates

radiant floor heat

(15) 200' deep geothermal wells assisting heat exchanger and chilled plate conditioning system

kentucky avenue

manchester avenue

shop

copy/print

library

studio

flex space

gallery

dock

mech

conference

break

copy/print

conference

waiting

patio

guest parking

parking lot

(geo thermal wells)

floor/site plan

north

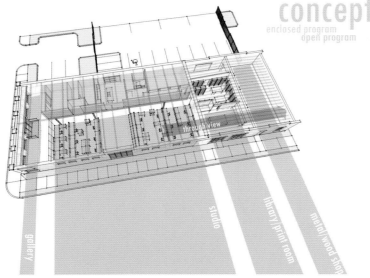

concept
enclosed program
open program

gallery studio library/print room metal/wood shop through view

Existing awning to be reclad in stainless steel to match storefront color. If existing metal cannot be restored.

12" tall letters

Back lit stainless steel sign to match storefront color. Sign attachments through mortar.

Vines to grow on west facade for the purpose of shading masonry wall from hot late summer sun. Detachable galvanized grid structure will be attached to mortar to provide structure for vine growth.

Proposed View of Northwest Corner

HEATING

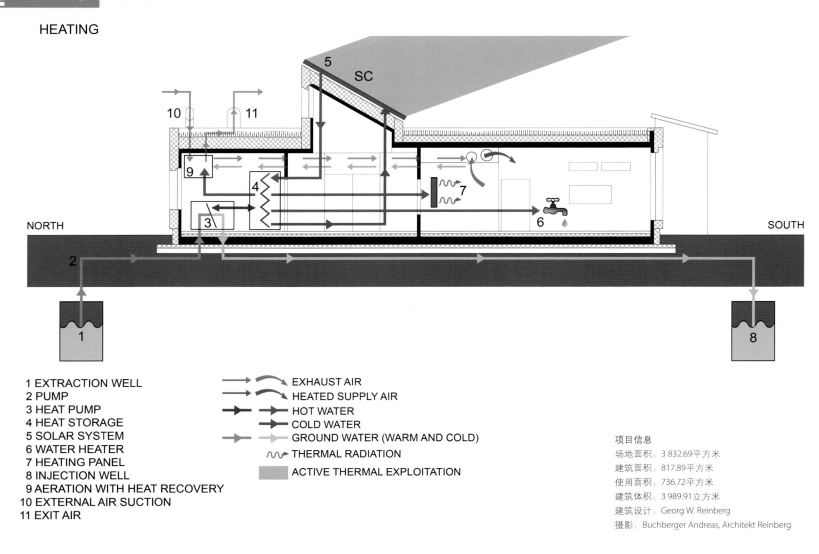

1 EXTRACTION WELL
2 PUMP
3 HEAT PUMP
4 HEAT STORAGE
5 SOLAR SYSTEM
6 WATER HEATER
7 HEATING PANEL
8 INJECTION WELL
9 AERATION WITH HEAT RECOVERY
10 EXTERNAL AIR SUCTION
11 EXIT AIR

EXHAUST AIR
HEATED SUPPLY AIR
HOT WATER
COLD WATER
GROUND WATER (WARM AND COLD)
THERMAL RADIATION
ACTIVE THERMAL EXPLOITATION

项目信息
场地面积：3 832.69平方米
建筑面积：817.89平方米
使用面积：736.72平方米
建筑体积：3 989.91立方米
建筑设计：Georg W. Reinberg
摄影：Buchberger Andreas, Architekt Reinberg

Day Care Nursery School in Deutsch Wagram

日间托儿所

| Architekturbüro Reinberg ZT GmbH |

教学楼位于托儿所最北端，单层，无地下室，由于绝佳的地理位置，园内活动区域全天都被太阳照射。由于教学楼邻近北侧道路，因此自行车等车辆需停靠在路旁的车棚内。另外，托儿所还设有公交站台供孩子们上下车。员工与访客的停车场位于园区北侧。主入口顶棚由胶合板构成，用钢筋柱支撑。入口大厅宽敞明亮，可以通往每一个房间。这个大厅有天窗与防风板、开放式壁橱和封蔽式露台，采光良好。

分组授课教室位于教学楼南面，表演室（大厅的延伸）位于西面；北面则是联排的教学楼。教学楼地基采用加固混凝土，承重墙与天花板采用胶合板，内部隔间的隔断也采用胶合板或石膏灰泥板。内墙则涂抹底灰。

大厅与休息室的屋顶安装了吸音天花板。屋顶上栽种了植物，加上原本就有的植物，教学楼建成之后，这里的植物将足足比原来多出一倍。木板墙壁嵌入了玻璃棉，并覆盖有一层落叶松树枝，可大量吸收噪声。

平屋顶上方进行了大面积绿化，雨水被过滤后将汇入小溪。

南面116平方米的玻璃墙充分利用太阳光产生被动能源。整个建筑的通风全部通过一个可回收热量的空调完成。空调的设计也极尽心思，将为居住者供应新鲜清洁的空气，同时可制冷采暖。在某种程度上，制冷功能比采暖功能强大，可以预处理外界空气。采暖由墙壁内的制热器完成，这样分组教学教室间可以自我调控室内的温度。整栋楼的采暖由地下水加热泵完成。其他地方的采暖由太阳能集热器完成（屋顶集热器大小为31平方米，呈扇形窗样式）。同时，集热器安装于加热系统中间，供大部分洗碗机与洗衣机用水。门廊屋顶安装了110平方米的光伏电板，最大输出功率为12KWP，不仅节能，还可以遮阳。同时，检测器的使用保证了空气质量持续良好。

Winter day

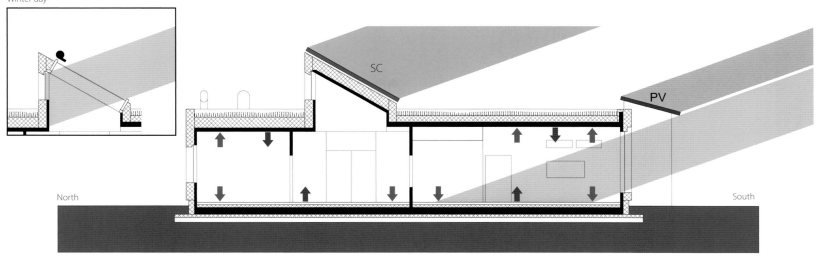

North

SC

PV

South

Summer day

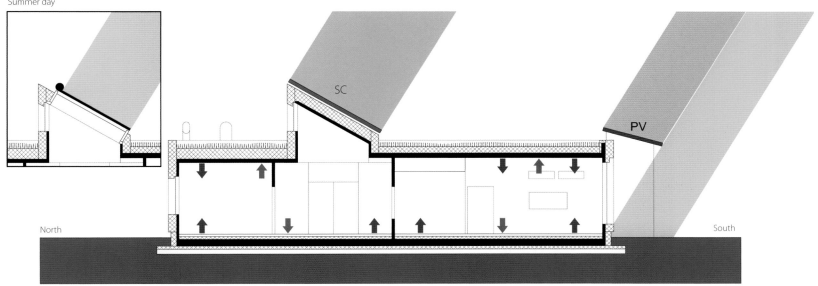

North

SC

PV

South

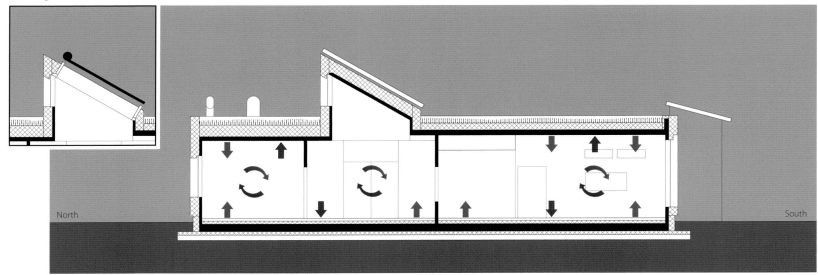

Winter night

North

South

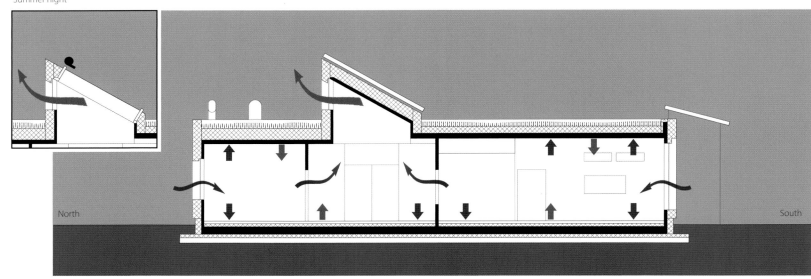

Summer night

North

South

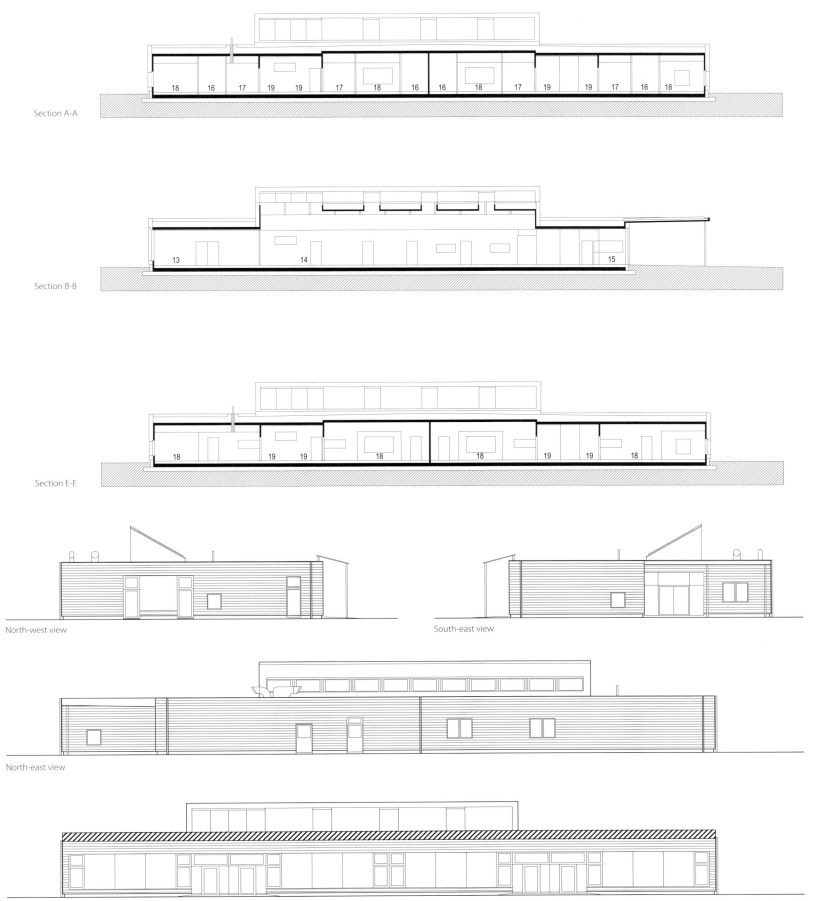

Section A-A

Section B-B

Section E-E

North-west view

South-east view

North-east view

South-west view

The building seen from the sun in different seasons

10h   12h

June

September

December

March

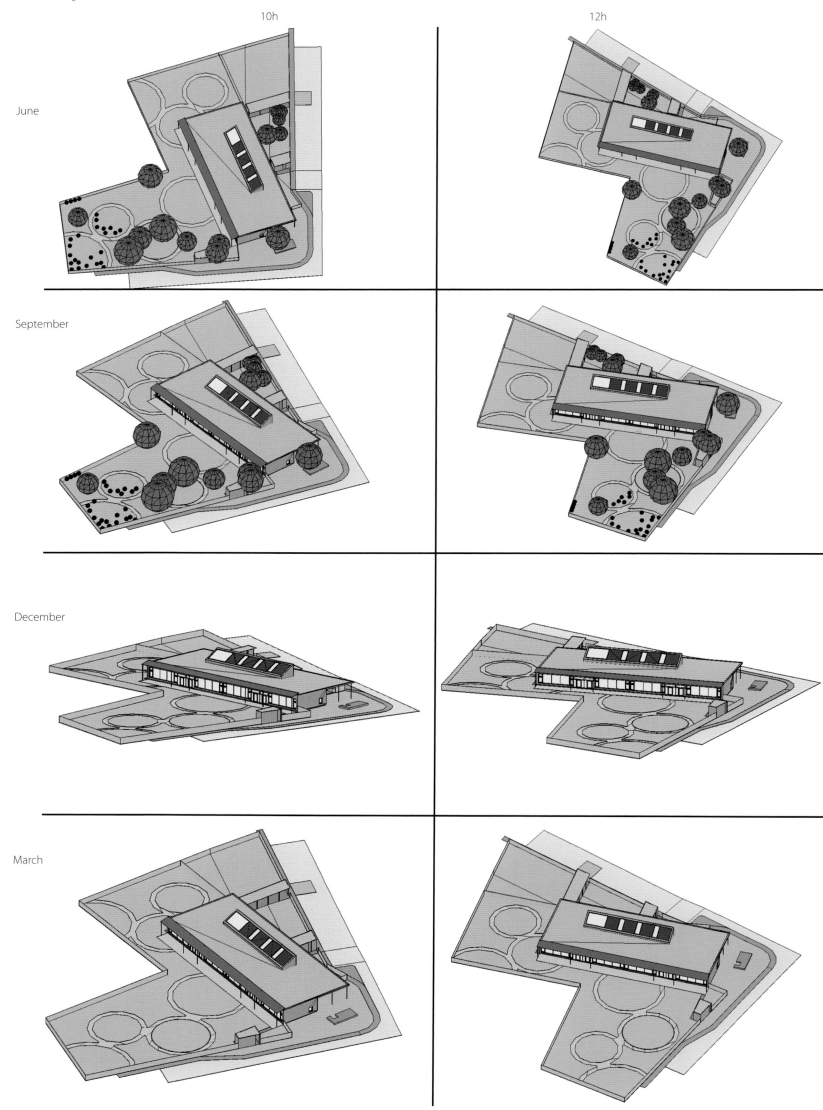

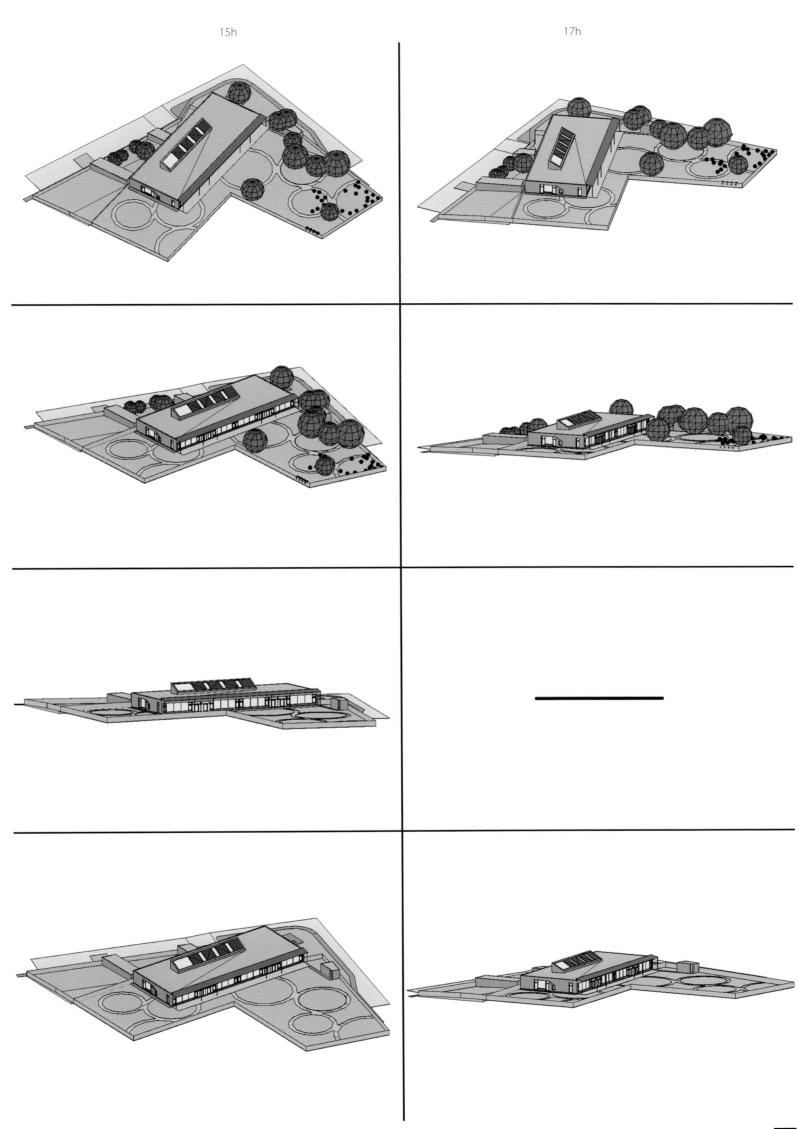

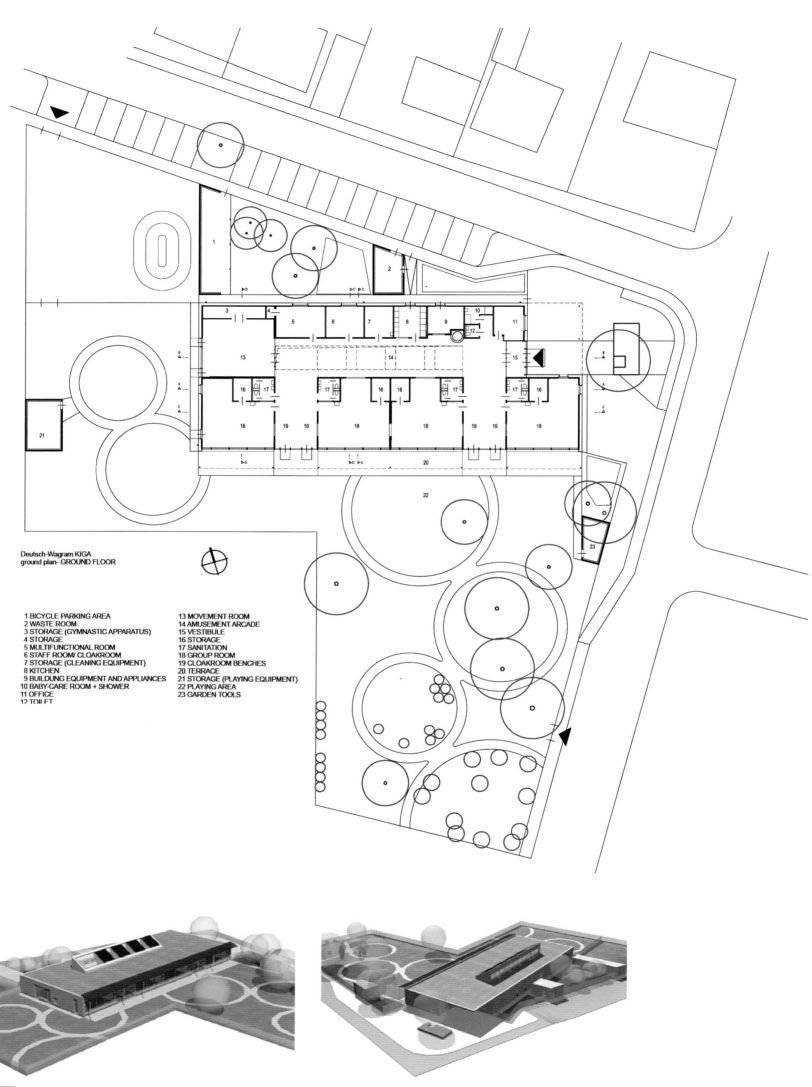

Deutsch-Wagram KIGA
ground plan- GROUND FLOOR

1 BICYCLE PARKING AREA
2 WASTE ROOM
3 STORAGE (GYMNASTIC APPARATUS)
4 STORAGE
5 MULTIFUNCTIONAL ROOM
6 STAFF ROOM/ CLOAKROOM
7 STORAGE (CLEANING EQUIPMENT)
8 KITCHEN
9 BUILDUNG EQUIPMENT AND APPLIANCES
10 BABY-CARE ROOM + SHOWER
11 OFFICE
12 TOILET

13 MOVEMENT ROOM
14 AMUSEMENT ARCADE
15 VESTIBULE
16 STORAGE
17 SANITATION
18 GROUP ROOM
19 CLOAKROOM BENCHES
20 TERRACE
21 STORAGE (PLAYING EQUIPMENT)
22 PLAYING AREA
23 GARDEN TOOLS

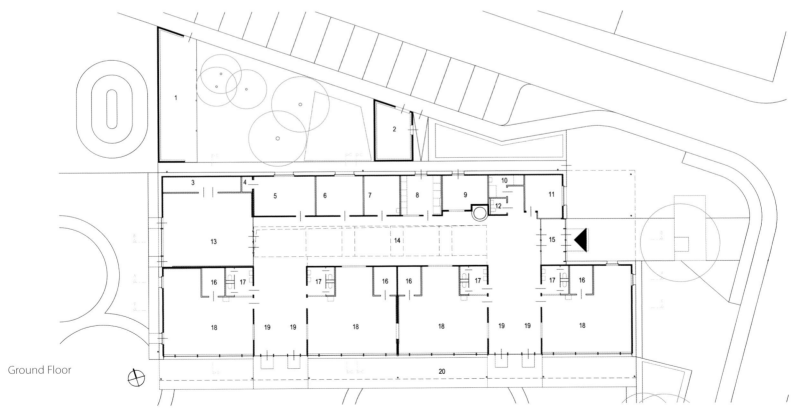

Ground Floor

1 BICYCLE PARKING AREA
2 WASTE ROOM
3 STORATGE (GYMNASTIC APPARATURS)
4 STORAGE
5 MULTIFUNCTIONAL ROOM
6 STAFF ROOM / CLOAKROOM
7 STORAGE (CLEANING EQUIPMENT)
8 KITCHEN

9 BUILDUNG EQUIPMENT AND APPLIANCES
10 BABY-CARE ROOM + SHOWER
11 OFFICE
12 TOILET
13 MOVEMENT ROOM
14 AMUSEMENT ARCADE
15 VESTIBULE
16 STORAGE

17 SANITATION
18 GROUP ROOM
19 CLOAKROOM BENCHES
20 TERRACE
21 STORAGE (PLAYING EQUIPMENT)
22 PLAYING AREA
23 GARDEN TOOLS

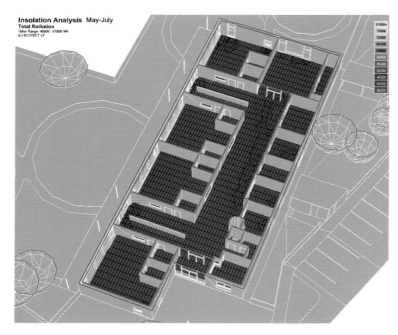

Insolation Analysis May-July
Total Radiation
Value Range: 40000 - 81000 Wh
(c) ECOTECT v5

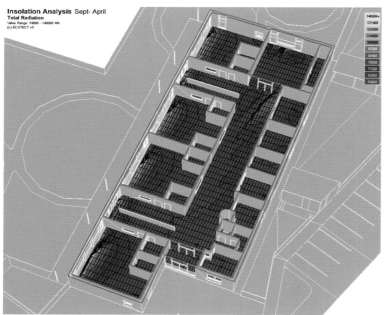

Insolation Analysis Sept- April
Total Radiation
Value Range: 14000 - 140000 Wh
(c) ECOTECT v5

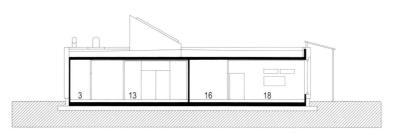

3 13 16 18

13. Movement space
14. Arcade
15. Porch

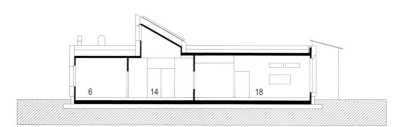

6 14 18

6. Wardrobe
14. Arcade
18. Space group

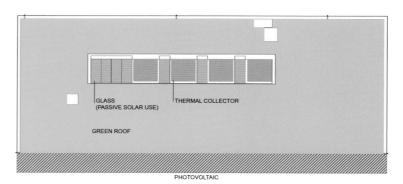

GLASS
(PASSIVE SOLAR USE)   THERMAL COLLECTOR

GREEN ROOF

PHOTOVOLTAIC

Deutsch-Wagram KIGA
ground plan- TOP VIEW OF THE ROOF

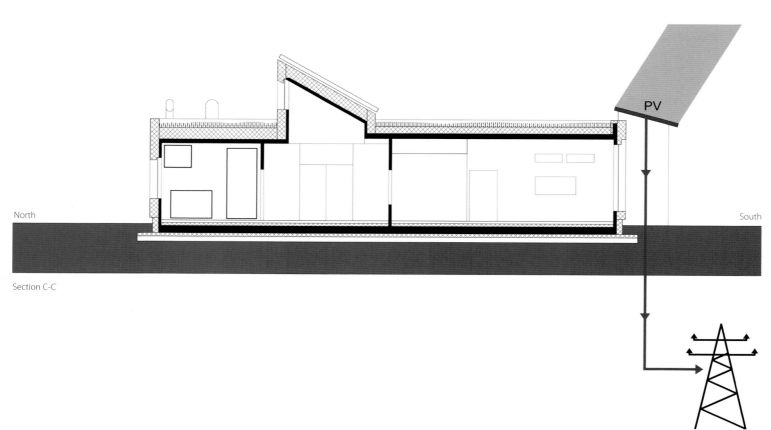

PV

North

South

Section C-C

01 *Wind Turbine*
02 *Photovoltaic Panels*
03 *Geothermal Heat Pump*
04 *Thermal Mass*
05 *Green Roof*
06 *Cross Ventilation*
07 *Water Cistern*

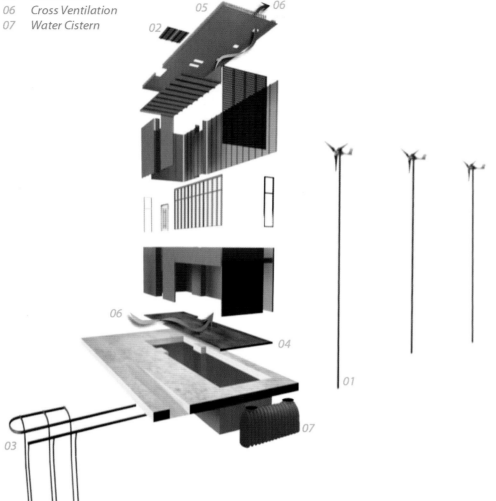

项目信息
地点：美国 堪萨斯州 格林斯堡
完工时间：2008年5月
项目类型：社区中心
空间规划：美术室，会议室，浴室，厨房，办公室，地下室
建筑设计：Studio 804, Inc.
业主：5.4.7 Arts Center

Sustainable Prototype—the 5.4.7 Arts Center

可持续性原型——5.4.7艺术中心

Studio 804 Inc.

804工作室的可持续性原型是有口皆碑的堪萨斯大学建筑和城市规划学院研究生综合工作室与格林斯堡的5.4.7艺术中心精诚协作的结果。在堪萨斯州的龙卷风发生一周年之际，804工作室将自行设计建造的可持续性原型奉献给5.4.7艺术中心。虽然建筑的开发是出于长期使用的考虑，但是主要的设计动机则是为这个社区建造第一个公共设施。

LEED认证

龙卷风之后，格林斯堡市政颁布了条例，要求该市所有政府出资的建筑按照美国绿色建筑协会的LEED铂金标准进行重建。尽管这个艺术中心不是由政府出资建造，但是804工作室尽心尽力。可持续原型成为堪萨斯州第一个LEED铂金认证的建筑，也是第一个由学生设计建造的建筑。

社区

作为城镇的第一栋永久性社区建筑，艺术中心功能强大。它不但给社区居民提供了建设自己的绿色家园的良好场所，也可用来作为举办会议、聚会、野餐、艺术讲堂与课程的地方。周末还可以作为剧院、草地电影院，吸引无数游客到此，成为旅游胜地。

可持续性

804工作室的设计坚持创新性可持续理念，为社区打造现代化建筑。可持续性原型在可持续性设计方面具有以下特征：

(1) 被动系统：根据对不同季节太阳运动轨迹变化的预测，804工作室通过智能被动设计，控制建筑自身的温度变化与空气流通。通过以下不同措施增大南立面阳光照射的面积。

a. 蓄热材料（基于太阳光方向的玻璃）；

b. 天然型交叉通风，夏天可防止室内过热；

c. 绿色屋顶帮助建筑隔热，减少热岛效应；

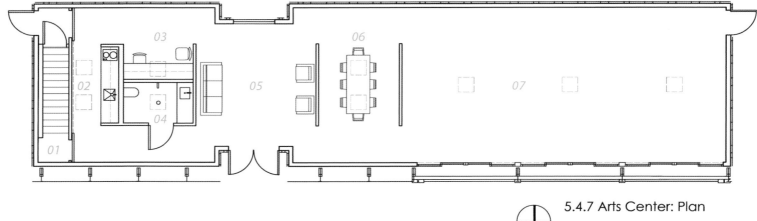

5.4.7 Arts Center: Plan

01 Stairs to Basement
02 Kitchen
03 Reception
04 Bathroom
05 Entry
06 Conference Room
07 Gallery

d. 水槽储存雨水并进行循环再利用；

e. 地下水回灌至干井，减少向城市输送雨水的需要。

(2)主动能源系统：综合型主动能源系统打造出一个节能建筑，比传统建筑
消耗更少的不可再生原料。建筑荷载大约可达到80%到120%，具体荷载随
季节和风力变化而改变。

a. 风涡轮机：3台600瓦、48伏的风力发电机，每台每月大约产电143千瓦时。

b. 平均风速达到11英里每小时。这样，每个月大约供电430千瓦时。

c. 太阳能电板：太阳能系统由8块电板组成，每个175瓦、48伏，每小时产
电1.4千瓦。大约相当于每天太阳光照5小时转换的80%的能量，预计每个

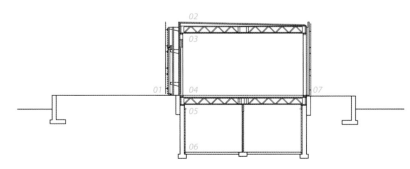

Section

01 Hydro Glass Door Assembly
02 Green Roof
03 Engineered Wood Truss Roof Assembly
04 Gallery
05 Engineered Wood Truss Floor Assembly
06 Basement
07 Unistrut Glass Skin Assembly

月将利用太阳能产电140千瓦时。

d. 地热泵：3口约60米深的防冻液体井，以每分钟9加仑的转换速度运行。液体与恒温土壤之间的转换所需能量比普通的吸取外界温度的热泵所需能量少。

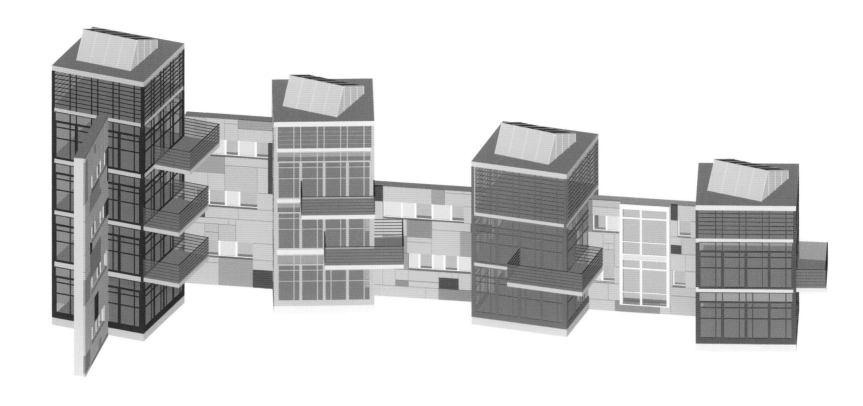

项目信息
建筑设计：Moore Ruble Yudell Architects & Planners with FFNS Architects
色彩/材料：Tina Beebe, Kaoru Orime
展区室内设计：Tina Beebe, Kaoru Orime
项目团队：Lisa Belian, Tony Tran
景观设计：John Ruble, James Mary O'Connor, Tina Beebe, Kaoru Orime
模型：Mark Grand, Chad T. Takenaka, Vely Zajec, Don Hornbeck, Joshua Lunn, Matthew Vincent, Lance Collins
效果图：Ross Morishige

执行建筑师：SWECO Architects AB
室内设计：Karin Bellander, Johanna Wittenmark
项目管理：SWECO Projektledning AB
项目经理：Pär Hammarberg
助理项目经理/技术协调：Conny Nilsson
摄影：Werner Huthmacher, Ole Jais

Tango Bo01 Housing Exhibition

探戈Bo01住宅 | Moore Ruble Yudell Architects & Planners with FFNS Architects |

探戈住宅项目对密度和可持续性的综合运用堪称是住宅项目设计的成功典范。作为2001年Bo01欧洲住宅展览的一部分，该项目中设置了27个租赁单元，每一个单元的平面布局各具特色，均能够透过开阔的玻璃窗口欣赏到中央花园景致。简约、低调的建筑风格与周围的城市建筑自然融为一体。在内部，生机勃勃的彩色单体建筑围绕庭院进行微妙地设计，仿佛舞者轻盈的舞姿，这也是该建筑名称的由来。

每个单元的客厅在建筑中扮演重要角色。从花园中"借入"一部分空间到室内，将室内空间从视觉角度进行延伸，营造通透、开阔之感。此外，玻璃墙体成功将室外景致与室内相结合，淡化了内外空间的界限。连接住宅核心和户外庭院的桥梁横跨于湿地之上，与周围景观自然融为一体。

该建筑采用了最先进的信息技术和可持续设计理念。每个单元均设计了一面独特的"智能墙"：一个木板隔墙创造了多样化的布局。这个"智能墙"与探戈住宅的电力和能源使用率检测仪相连接。屋顶表面覆以草皮和光电板，能够对室温进行有效调节，同时为大楼提供足够的能源。

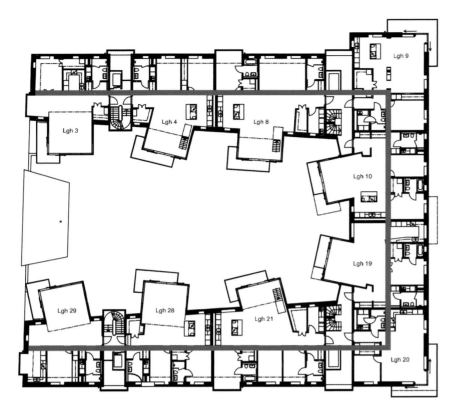

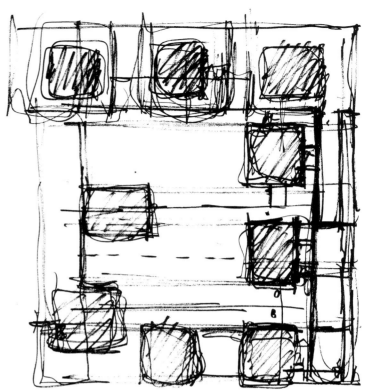

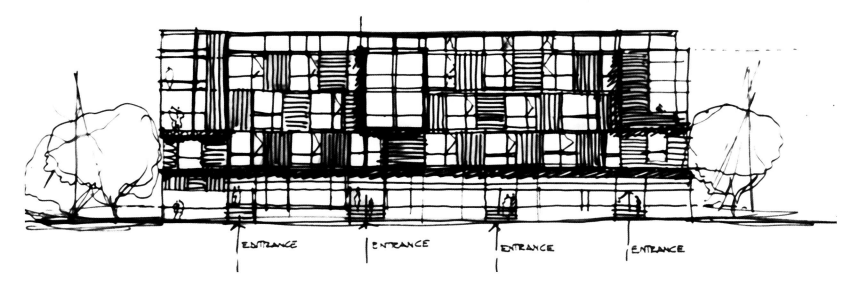

ENTRANCE   ENTRANCE   ENTRANCE   ENTRANCE

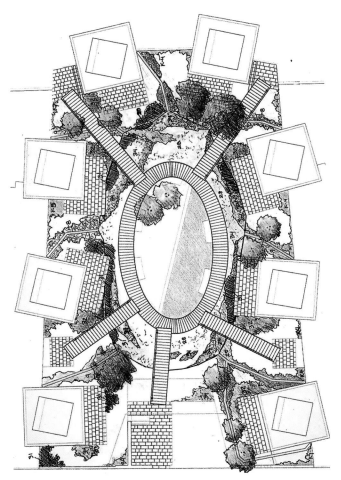

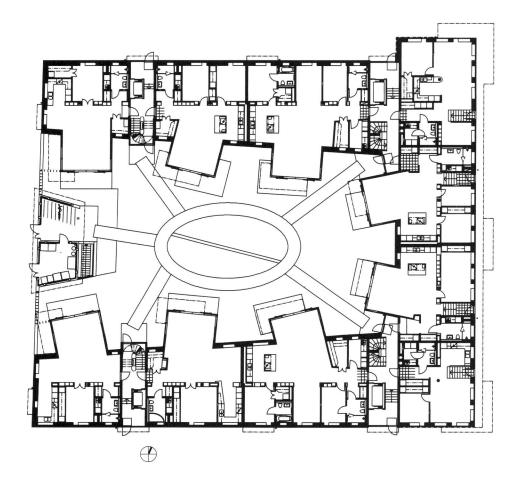

Section
1 Living room
2 Kitchen/Dining
3 Bedroom/Study
4 Loft/Library
5 Parking

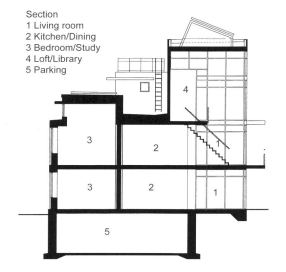

skärmgardin

BAD 2

datorplats

utn.-hurts

BAD 1

SOVRUM 1

bulletinboard

arbetsbord

förvaring display

H 2

KLK

L

ATELJÉ

processmodeller

KPR

ELC

T 2

FRYS

KYL

STÄD

DISKMASKIN

KÖK

LINNE

buffé

TVÄTTPELARE

UGNAR

KLK

TVÄTT-STUGA

VARDAGSRUM

项目信息
地点：德国 布劳维勒 科隆
项目年份：2008—2009
团队：Mark Mueckenheim, Frank Zeising, Rafael Drzymalla, Denise Stella
景观设计：ClubL94 Landscape Architects - Burkhard Wegener
结构：Fuehrer, Kosch, Juerges Engineers - Prof. Winfried F. Führer, Dipl.-Ing.
        Ulrich Kosch
暖通空调：Ingenieurgemeinschaft TEN Trümper-Erpenbach-Nordhäusen
        GmbH - Dipl.-Ing. Werner Hegemann

+7.40 m / 80,96 m ü.N.N. Upper ridge

+5,44 m / 79,00 m ü.N.N. Lower ridge

+0.43 m / 73,99 m ü.N.N. Road

+/-0.00 m / 73,56 m ü.N.N. Entrance Gallery

-2.195 m / 71,365 m ü.N.N. floor of exhisting Building

-5,95 m / 67,61 m ü.N.N. Main Exhibition Level

-10,5 m / 63,06 m ü.N.N. Open Art Depot Level

Open Art Depot (flexibel unterteilbar)

Open Art Depot (flexibel unterteilbar)

Schaumagazin Brauweiler

普尔海姆艺术收藏馆

| MCKNHM Architects BDA |

这栋艺术收藏馆邻近德国的科隆，设计方案参考了两栋著名的博物馆的空间特征以及一座图书馆的建筑类型，最终打造出一栋"碳中和"建筑。

建筑师为公众呈现的是一座开放式的艺术收藏馆。除了敞开的仓库，收藏馆还包含了一个类似于博物馆的大型展示空间，而正是这一功能空间的设计，使收藏馆呈现出一种新颖的建筑类型——密斯·凡·德罗式的公共大厅被开放的陈列柜空间所包围，而陈列柜的布局则是以伦敦的约翰·索恩博物馆的展厅为参考而设计的。这种布局很像传统的图书馆，阅览室被一排排的书架包围着，如同碉堡保护着城市。

建筑表皮采纳高科技的黑色太阳能板和有色玻璃窗，为室内提供了充足的自然光线。建筑的屋顶也产生足够的能量供建筑使用，使建筑实现"碳中和"。黑色表皮的多面几何构造以多种多样的方式将周围的环境反射出来，这也恰如其分地表现出这一灵活多变的结构内部不断变化着的展品。面对周围的环境，这座艺术收藏馆的设计显得十分含蓄和内敛。从外部形态上看，它并没有体现出某一个特定的或者著名的建筑类型。与周围的园林之间的互动，让建筑更具景观内涵或者说更像一座临时的空间结构，与传统的建筑截然不同。公园和周围的其他建筑所形成的整体效果并没有因为这座收藏馆的出现而受到干扰，反而因为它们相互之间产生紧密的联系和互动，使这座建筑更加完美。

高效的室内空间布局体现谨慎与精心的城市规划。展览空间位于入口的下一层，因此，收藏馆与周围的建筑和花园形成高度上的对比。收藏馆有3 716平方米的空间是位于地上的。两个预建空间中的一个完全位于地下，与另一个相接形成一座独立的建筑。地下空间的设置实现了博物馆的充分利用。独具特色的空间布局、复杂而高效的展览设计，为游客提供了丰富多彩的空间体验，给他们留下了深刻的印象。

收藏馆的室内设计简约，充分体现对环境的尊崇。完美的布局让空间适用于任何展览活动，各种最新的展馆设计和现代化展馆布局理念都融入其中。这栋建筑创造出来的空间世界以及公园中神秘而大胆的空间彰显出无

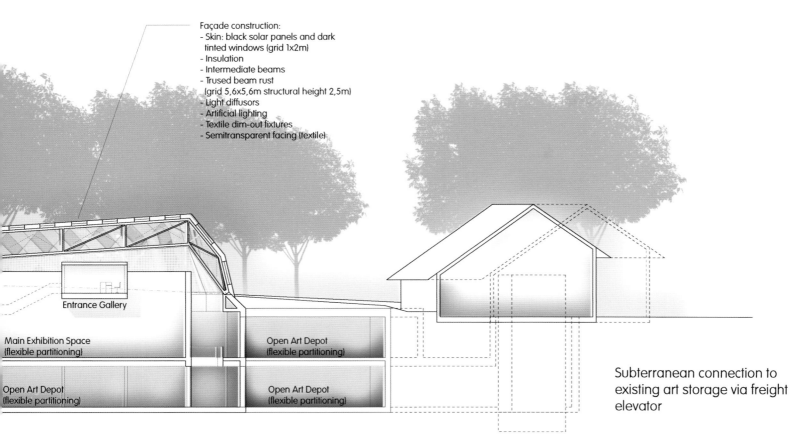

Façade construction:
- Skin: black solar panels and dark tinted windows (grid 1x2m)
- Insulation
- Intermediate beams
- Trused beam rust (grid 5,6x5,6m structural height 2,5m)
- Light diffusors
- Artificial lighting
- Textile dim-out fixtures
- Semitransparent facing (textile)

Entrance Gallery

Main Exhibition Space
(flexible partitioning)

Open Art Depot
(flexible partitioning)

Open Art Depot
(flexible partitioning)

Open Art Depot
(flexible partitioning)

Subterranean connection to existing art storage via freight elevator

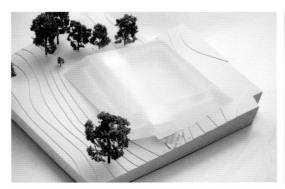

中。这栋建筑创造出来的空间世界以及
公园中神秘而大胆的空间彰显出无限的
魅力。公共的展览空间（密斯）以及陈
列柜（索恩）之间的艺术张力正是设计
的中心理念。它将游客带往一个特别的
世界，在那里，林林总总的艺术收藏品
会带给他们别样的体验。

Outside Skin

(Solarpanels and
ca. 25% Glazing)

Trussed Beam Rost

(Grid 5,6x5,6m Structural Height 2,5m)

- Light diffusors
- Artificial lighting
- Textile dim-out fixtures
- Semitransparent facing (textile)

Entrance Gallery
(View into Main
Exhibition space)

+/-0.00 m / 73,56 m ü.N.N.

Entrance

Main Exhibition Space
("Universal Space")

-5,95 m / 67,61 m ü.N.N.

Open Art Depot
(Cabinets)

-10,5 m / 63,06 m ü.N.N.

Evacuation

**Open Art Depot
(2nd Construction
phase)**

Open Art Depot
(2nd Construction
phase)

Evacuation

1st Construction phase

Space diagrams: possible exhibition layouts

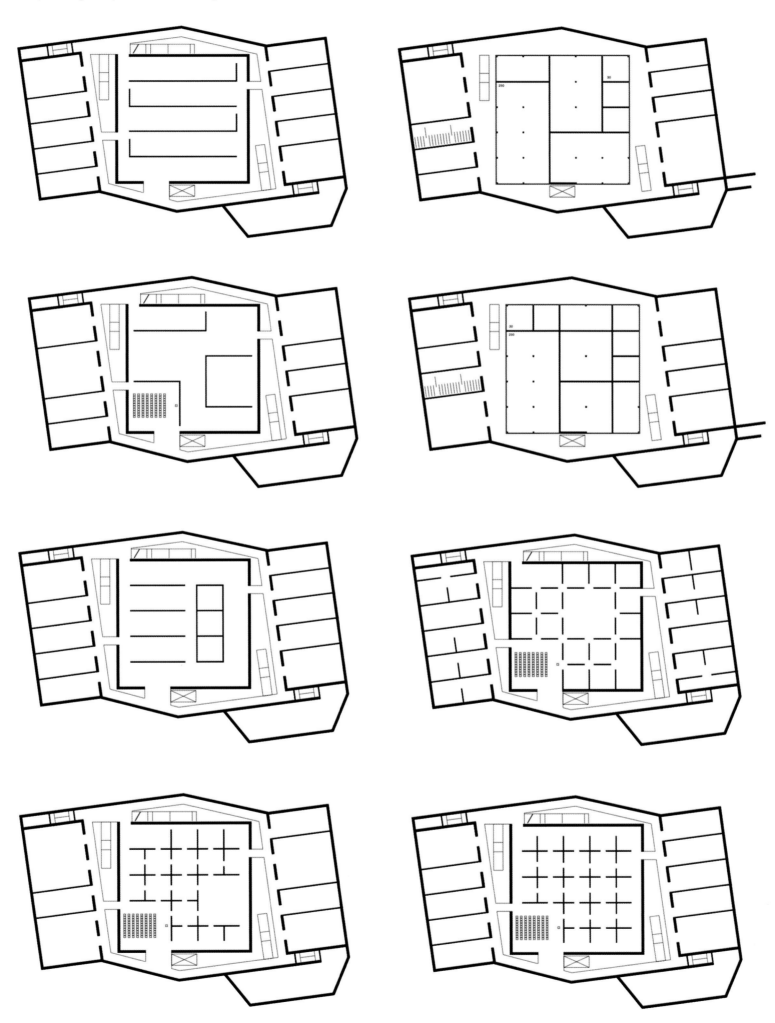

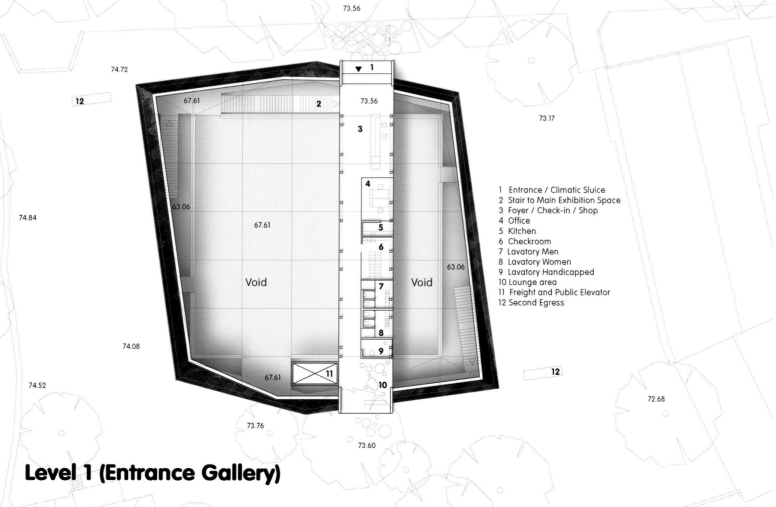

1 Entrance / Climatic Sluice
2 Stair to Main Exhibition Space
3 Foyer / Check-in / Shop
4 Office
5 Kitchen
6 Checkroom
7 Lavatory Men
8 Lavatory Women
9 Lavatory Handicapped
10 Lounge area
11 Freight and Public Elevator
12 Second Egress

Level 1 (Entrance Gallery)

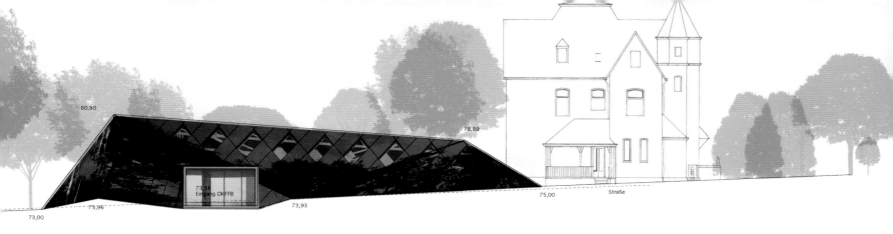

North Elevation (Entrance)

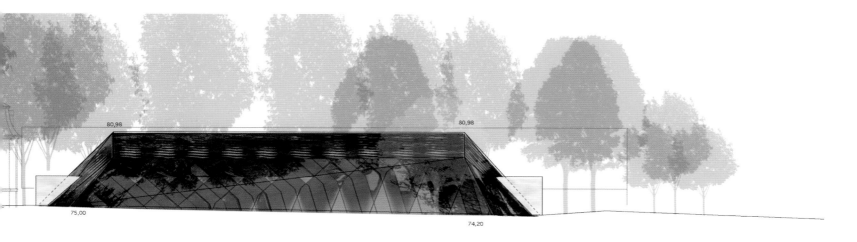

West Elevation

South Elevation (Sculpture Garden)

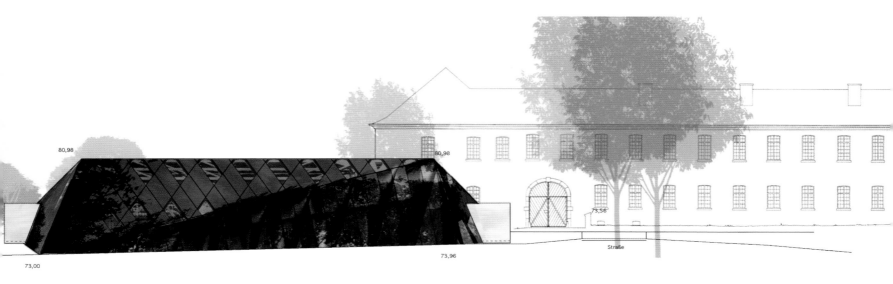

East Elevation

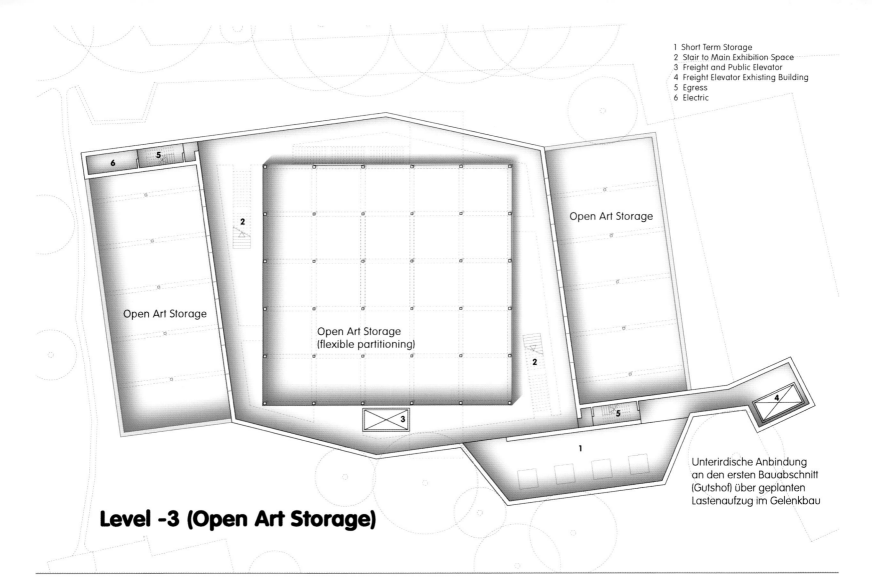

1 Short Term Storage
2 Stair to Main Exhibition Space
3 Freight and Public Elevator
4 Freight Elevator Exhisting Building
5 Egress
6 Electric

Open Art Storage

Open Art Storage

Open Art Storage
(flexible partitioning)

Unterirdische Anbindung
an den ersten Bauabschnitt
(Gutshof) über geplanten
Lastenaufzug im Gelenkbau

Level -3 (Open Art Storage)

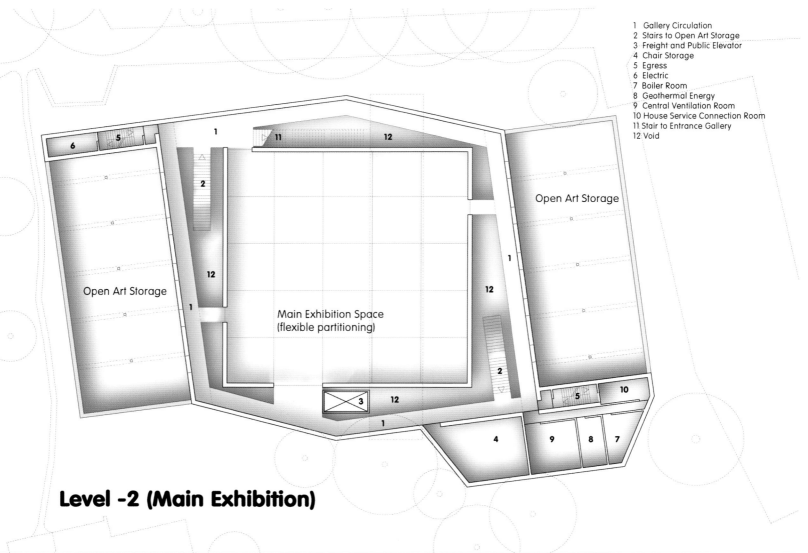

1 Gallery Circulation
2 Stairs to Open Art Storage
3 Freight and Public Elevator
4 Chair Storage
5 Egress
6 Electric
7 Boiler Room
8 Geothermal Energy
9 Central Ventilation Room
10 House Service Connection Room
11 Stair to Entrance Gallery
12 Void

Open Art Storage

Open Art Storage

Main Exhibition Space
(flexible partitioning)

Level -2 (Main Exhibition)

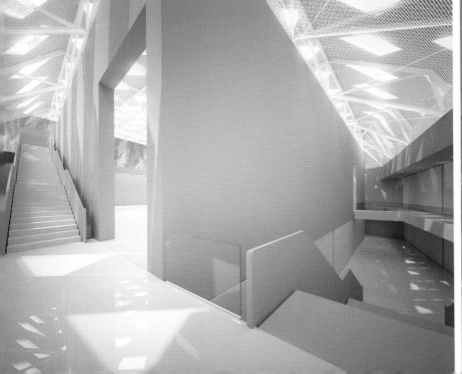

RESOURCE RECYCLING

资源回收利用

在建筑的拆除、建造和使用过程中，涉及各种资源的回收与再利用，包括木材、泥土等施工材料以及建筑运营中产生的雨水、灰水等。资源回收利用可以避免产生过多的消耗负担，实现节能环保。

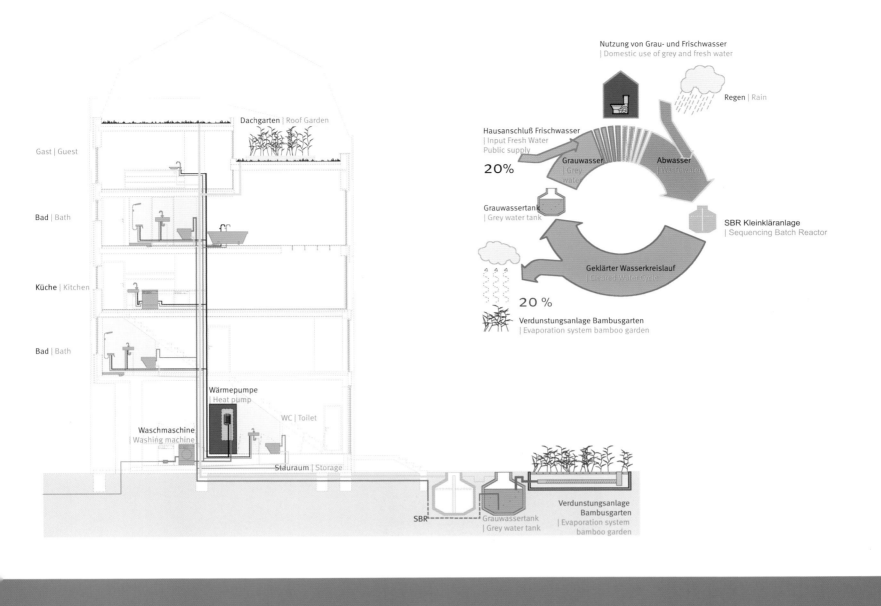

Gast | Guest

Bad | Bath

Küche | Kitchen

Bad | Bath

Dachgarten | Roof Garden

Wärmepumpe
| Heat pump

WC | Toilet

Waschmaschine
| Washing machine

Stauraum | Storage

SBR

Grauwassertank
| Grey water tank

Verdunstungsanlage
Bambusgarten
| Evaporation system
bamboo garden

Nutzung von Grau- und Frischwasser
| Domestic use of grey and fresh water

Regen | Rain

Hausanschluß Frischwasser
| Input Fresh Water
Public supply

20%

Grauwasser
| Grey
water

Abwasser
| Wastewater

Grauwassertank
| Grey water tank

SBR Kleinkläranlage
| Sequencing Batch Reactor

Geklärter Wasserkreislauf
| Cleared Water Cycle

20 %

Verdunstungsanlage Bambusgarten
| Evaporation system bamboo garden

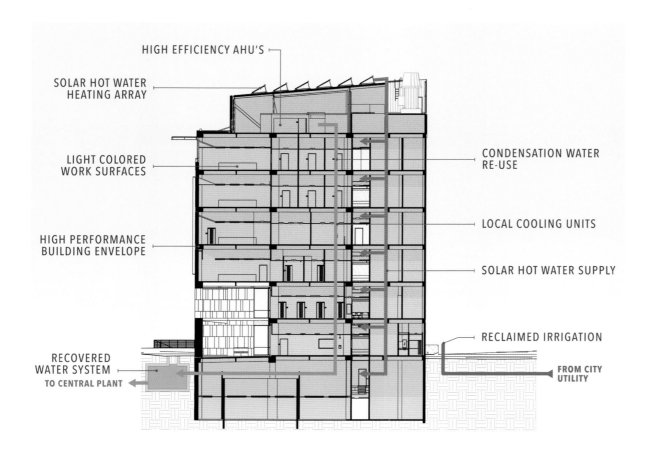

项目信息
地点：美国 得克萨斯州 奥斯汀
完工时间：2010年
面积：27 870平方米
建筑设计：CO Architects
合作：Taniguchi Architects
景观设计：Eleanor McKinney
承包商：Beck
结构工程：Datum Gojer
MEP/FP工程：HMG—Austin
土木工程：Urban Design Group (UDG)
客户：The University of Texas System
摄影：Tom Bonner

Norman Hackerman Building at UT Austin

得克萨斯大学奥斯汀分校——诺曼海克曼大楼 | CO Architects |

得克萨斯大学奥斯汀分校校园的设计围绕内部核心建筑，在基座、建筑主体与屋顶上进行精心布局，赋予建筑现代风格的同时，也保留了其历史特性。两层楼高的外立面采用石灰石建造，浅浅的暗黄色与得克萨斯大学标志性大楼的花岗岩的色调很相近。实体墙壁与中空格子交错于基座外部，在林荫街道的陪衬下，构成美丽而修长的建筑侧面。中层采用棕红色砖石建造，与旁边建筑的玻璃相映成趣。

建筑的高度与规模使得屋顶的建造不再适用红砖。相反，建筑师设计了一个大型的外凸屋顶，用于安装太阳能热水器。这个巨大的屋顶外形呈多孔状，采用钢筋建造，冬季可以将暖暖的阳光过滤进室内，夏天又可以遮挡南面烈日。传统的校园建筑的扶壁类的装饰，被南立面的多孔钢筋结构替代，同时，这也是传统的凸出结构在校园建筑中的最新阐释。

主入口设在东南角，里面是两层楼高的大厅。前面正对广场，这里绿树成荫，是学校教职工与学生聚集的地方。入口大厅上方是一个四层的玻璃建筑，这里主要是休闲场所，里面设有沙发、桌椅与移动式黑板。大厅阳光充裕，光景角度好，从外部的阳台便可以俯瞰整个广场。

新建的大楼延续了先前的建筑结构，保留了原来的人行道，在南面设置了两个次要入口。这些入口现已被内凹的两层式门廊代替，这里设有休闲座位，创造了舒适的环境。

建筑师与德州大学联手美国劳伦斯伯克利国家实验室，将诺曼海克曼大楼作为实验研究基地，实施"21世纪实验"系统。"21世纪实验"是一个能源环境有效利用的系统，鼓励实验者进行基于可循环成本节约的投资，追求先进的暖通空调系统，回收余热，并使用可再生能源。

除了实验室与其他需要温度调控的空间，部分设施需要进行自身的温度调控。为了样本、原材料与实验室设备的持久制冷，神经学研究实验室需要0.56立方米每分的冷却水。空调每天产生的45.42立方米的冷凝水重复利用，被用于设备的冷却。然后，这些水可以继续用于校园中心植物的灌溉。除了使用非饮用水来灌溉及采用低流速的管件外，使用循环再利用的水可节约建筑用水的40%。

屋顶上安装了1 394平方米的真空管，与建筑内部暖水系统相通，节约了90%的采暖能源。

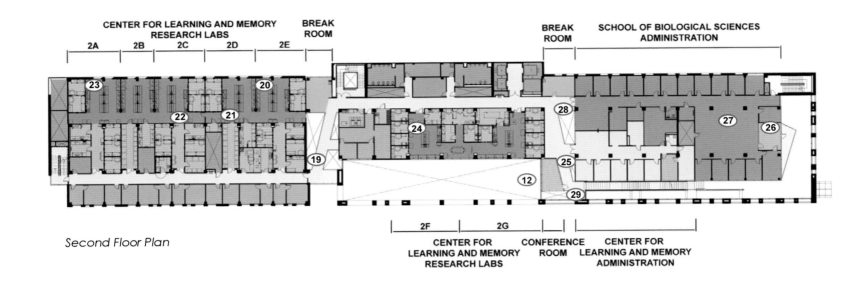

CENTER FOR LEARNING AND MEMORY
RESEARCH LABS

2A 2B 2C 2D 2E

BREAK
ROOM

BREAK
ROOM

SCHOOL OF BIOLOGICAL SCIENCES
ADMINISTRATION

Second Floor Plan

2F 2G

CENTER FOR
LEARNING AND MEMORY
RESEARCH LABS

CONFERENCE
ROOM

CENTER FOR
LEARNING AND MEMORY
ADMINISTRATION

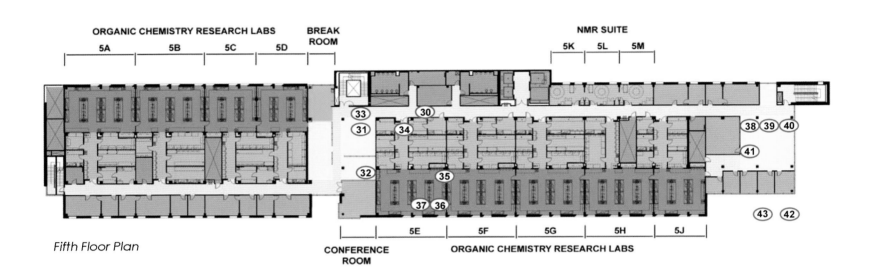

ORGANIC CHEMISTRY RESEARCH LABS

5A 5B 5C 5D

BREAK
ROOM

NMR SUITE

5K 5L 5M

Fifth Floor Plan

CONFERENCE
ROOM

5E 5F 5G 5H 5J

ORGANIC CHEMISTRY RESEARCH LABS

项目采用一系列其他措施节能节水，获得了LEED金级认证：

(1) 变风量空调系统。

(2) 设备间本地循环制冷系统与高热负荷空间。

(3) 将周边密集的空气引入高密度通风实验室。

(4) 空气与水流动设备的变频驱动器。

(5) 房内无人时，通过光电池控制照明。

(6) 自动日光控制器。

(7) 使用当地低挥发、可循环材料。

(8) 奥斯汀市的"紫管"废水回收再利用系统。

(9) 雨水存储系统。

(10) 日光收集系统。

(11) 转移垃圾，填埋场地82%的建造废料。

这一系列的绿色策略，连同德州校园系统的有效能源系统，最终打造出一个绝佳的节能项目。依据ASHRAE 90.1（美国供热制冷空调工程师协会）标准，本项目外部空气节能19%，制冷能源节约31%，采暖能源节约90%。总体节能高于ASHRAE 90.1标准的34%。

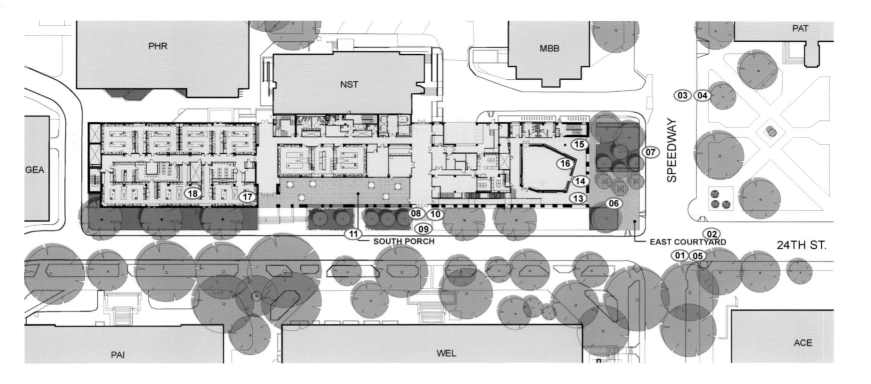

PHR NST MBB PAT

GEA

18 17

SPEEDWAY

03 04

07

15
16
14
13 06

08 10
09
11
SOUTH PORCH

EAST COURTYARD
02
01 05

24TH ST.

PAI WEL ACE

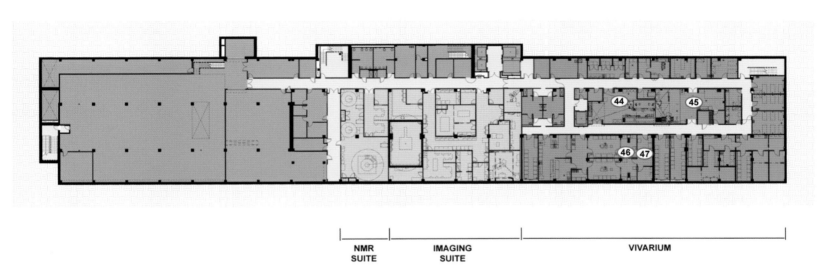

44 45

46 47

NMR
SUITE

IMAGING
SUITE

VIVARIUM

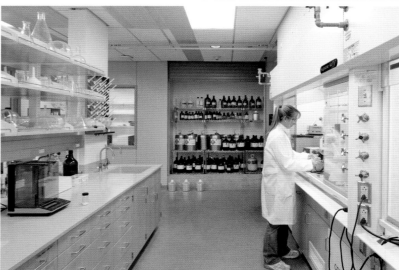

Heifer International Headquarters

国际小母牛办公总部

| Polk Stanley Wilcox Architects |

本项目旨在打造一座可持续的办公总部，突显小母牛组织的使命以及具有可持续属性的教育目标，让员工享受平等的工作待遇。建筑的平缓曲线源于四期总体规划方案，这些曲线就如同一系列的同心圆，逐渐向外扩散。项目处在一片复垦场地之上，这是全美最大的回收褐色土地之一。这里曾经是一个工业铁路调车场，铁路将场地一分为二。工业碎石机将场地上的石造结构碾成砾石后填补在场地上，回收的砖块被用作铺装材料，这一过程中97%的材料，包括钢材，都是回收材料。回收材料的使用所节省下来的成本足以用来支付场地爆破所需。

无论从形态还是寓意上来看，场地均体现出一种涟漪效应。办公总部的层次规划更是体现出这一点。通过最大程度地利用太阳光和雨水、节约能量以及避免污染，办公大楼比常规建筑的能耗要低55%。约19米宽的地板和东西朝向使得自然光线可以射入到楼层中心，为员工提供了充足的光线以及视角。建筑还采用了升级的地板系统、光感应器、低毒性以及无毒放射性材料以及大量回收材料。

为了构思结构理念，设计师研究了小母牛组织遍布世界各地的建筑。这些建筑具有一个共同的特征，那就是体现简约的优雅，建筑结构只包含了必需的结构系统，所有的这些结构都作为整体必不可少的一部分而存在着。

建筑师减少了这类建筑形式中常用的装饰元素，而是以一种颇富美感的方式来展现钢材在可持续性细节设计中的运用。项目的重点是使结构轻盈地坐落在场地之上，所以建筑师在楼层边缘和屋顶上设计了很薄的平板结构。大木屋顶采用的是当地材料，其中混入了轻质林木结构，林木结构的空间序列模仿湿地上的柏树，形成视觉上的延续。屋顶就如同轻盈的华盖，悬浮在场地之上。倒置的屋顶将雨水引至外露的水管中，水管并入循环管中，雨水沿着管道流动。屋顶边缘伸展出来的钢梁上覆盖镀锌格栅，起到遮阳作用的同时也赋予边缘一种时尚感。

在湿地与办公大楼中间是一个五层的冷却塔，蓄水量可达156立方米。冷却塔外设计了安全梯，外覆玻璃墙，冷却塔从水中升起，象征着独立，也是体现项目环保理念的一个标志。冷却塔中回收的水被用来冲刷厕所。为了让安全梯成为电梯的一个有效备用设施，将楼梯设在了边缘位置。

办公楼中的一个四层楼的大厅作为一个垂直的展览馆，形象地展现有关国际小母牛的故事。三座悬式桥梁横跨大厅内部空间，象征着"消除鸿沟"。带孔的铝制波纹板遍布各个楼层，其设计模仿瀑布，铝板不仅成为小母牛项目图片的展示墙，还创造了观看工作区的开放而又模糊的视角。由于小母牛组织向来是在项目所在的特定区域寻求可实现的农业方案，本

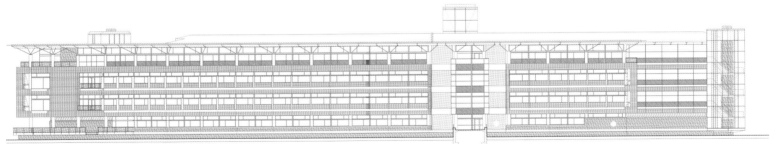

SOUTH ELEVATION

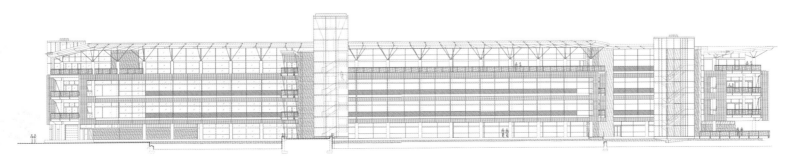

NORTH ELEVATION

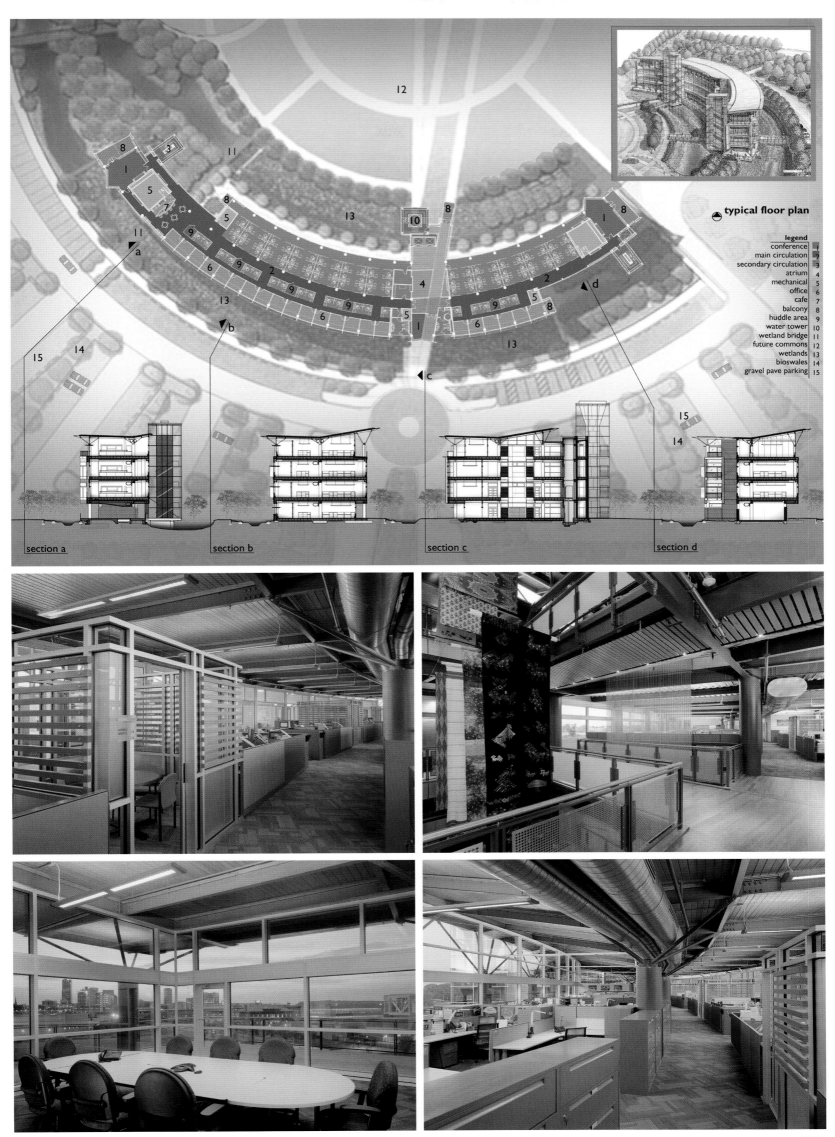

typical floor plan

legend

conference	1
main circulation	2
secondary circulation	3
atrium	4
mechanical	5
office	6
cafe	7
balcony	8
huddle area	9
water tower	10
wetland bridge	11
future commons	12
wetlands	13
bioswales	14
gravel pave parking	15

section a

section b

section c

section d

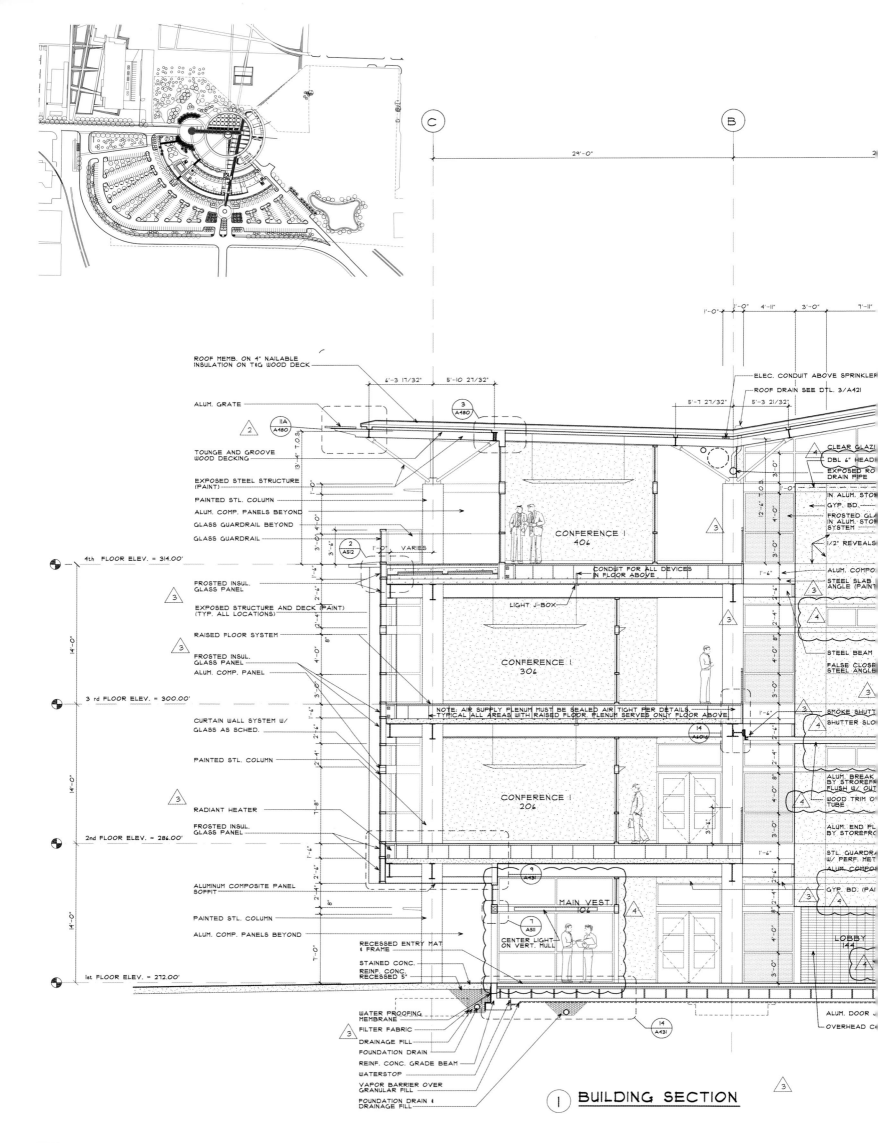

ROOF MEMB. ON 4" NAILABLE
INSULATION ON T&G WOOD DECK

ELEC. CONDUIT ABOVE SPRINKLER
ROOF DRAIN SEE DTL. 3/A421

ALUM. GRATE

TOUNGE AND GROOVE
WOOD DECKING

EXPOSED STEEL STRUCTURE
(PAINT)

PAINTED STL. COLUMN

ALUM. COMP. PANELS BEYOND

GLASS GUARDRAIL BEYOND

GLASS GUARDRAIL

CLEAR GLAZI
DBL 6" HEAD
EXPOSED RO
DRAIN PIPE

IN ALUM. STO
GYP. BD.
FROSTED GLA
IN ALUM. STO
SYSTEM

CONFERENCE
406

4th FLOOR ELEV. = 314.00'

FROSTED INSUL.
GLASS PANEL

EXPOSED STRUCTURE AND DECK (PAINT)
(TYP. ALL LOCATIONS)

RAISED FLOOR SYSTEM

FROSTED INSUL.
GLASS PANEL

ALUM. COMP. PANEL

CONDUIT FOR ALL DEVICES
IN FLOOR ABOVE

LIGHT J-BOX

CONFERENCE
306

1/2" REVEALS

ALUM. COMPO

STEEL SLAB
ANGLE (PAINT)

STEEL BEAM

FALSE CLOSE
STEEL ANGLE

3rd FLOOR ELEV. = 300.00'

CURTAIN WALL SYSTEM W/
GLASS AS SCHED.

PAINTED STL. COLUMN

NOTE: AIR SUPPLY PLENUM MUST BE SEALED AIR TIGHT PER DETAILS.
-TYPICAL ALL AREAS WITH RAISED FLOOR. PLENUM SERVES ONLY FLOOR ABOVE

SMOKE SHUTT

SHUTTER SLO

CONFERENCE
206

RADIANT HEATER

FROSTED INSUL.
GLASS PANEL

ALUM. BREAK
BY STOREFR
FLUSH W/ OUT

WOOD TRIM O
TUBE

ALUM. END PL
BY STOREFRO

2nd FLOOR ELEV. = 286.00'

STL. GUARDR
W/ PERF. MET
ALUM. COMPO

ALUMINUM COMPOSITE PANEL
SOFFIT

MAIN VEST
106

GYP. BD. (PAI

PAINTED STL. COLUMN

ALUM. COMP. PANELS BEYOND

RECESSED ENTRY MAT
& FRAME

CENTER LIGHT
ON VERT. MULL

LOBBY
144

STAINED CONC.
REINF. CONC.
RECESSED 5"

1st FLOOR ELEV. = 272.00'

WATER PROOFING
MEMBRANE

FILTER FABRIC

DRAINAGE FILL

FOUNDATION DRAIN

REINF. CONC. GRADE BEAM

WATERSTOP

VAPOR BARRIER OVER
GRANULAR FILL

FOUNDATION DRAIN &
DRAINAGE FILL

ALUM. DOOR

OVERHEAD C

1 BUILDING SECTION

29'-0"

大楼的建造也同样需要反映出这一点。项目采用源自当地的材料，充分满足LEED对建材运输距离以及回收材料含量的要求。钢制结构的生产在附近的一个工厂完成，而施工中97%的材料是回收再利用的。建筑外立面的90%采用的是铝制幕墙，幕墙是在街道对面的一个玻璃公司制造的。

所有这些措施使得建筑获得了LEED铂金认证，对小母牛组织寻求结束世界饥饿的目标来说，这栋大楼也成为一座希望的灯塔。

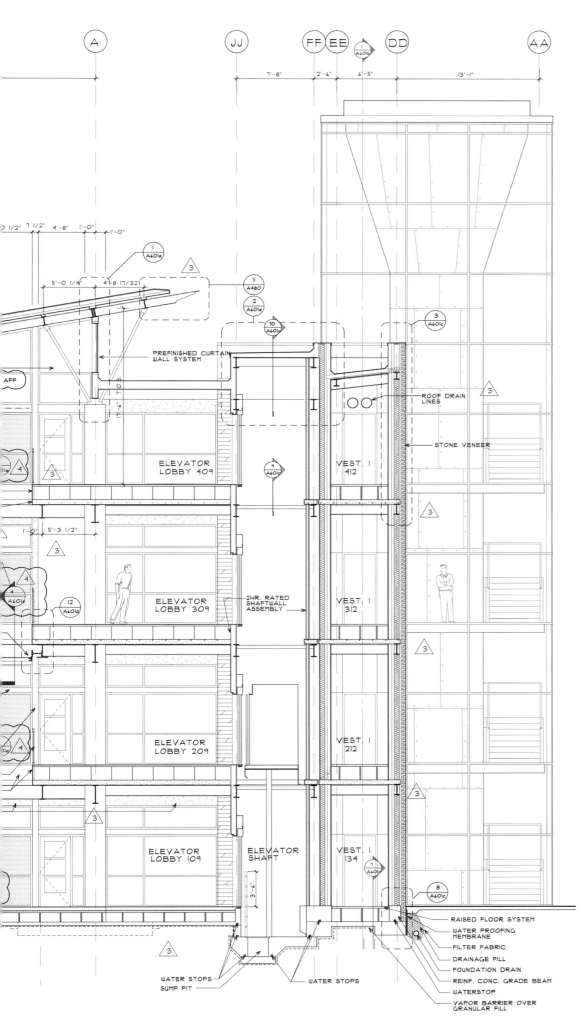

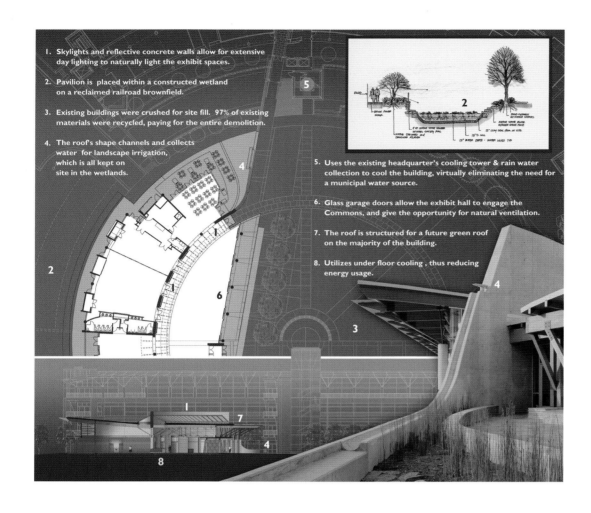

1. Skylights and reflective concrete walls allow for extensive day lighting to naturally light the exhibit spaces.

2. Pavilion is placed within a constructed wetland on a reclaimed railroad brownfield.

3. Existing buildings were crushed for site fill. 97% of existing materials were recycled, paying for the entire demolition.

4. The roof's shape channels and collects water for landscape irrigation, which is all kept on site in the wetlands.

5. Uses the existing headquarter's cooling tower & rain water collection to cool the building, virtually eliminating the need for a municipal water source.

6. Glass garage doors allow the exhibit hall to engage the Commons, and give the opportunity for natural ventilation.

7. The roof is structured for a future green roof on the majority of the building.

8. Utilizes under floor cooling, thus reducing energy usage.

项目信息
地点：美国 阿肯色州 小石城
完工时间：2009年
面积：1 852平方米
建筑设计：Polk Stanley Wilcox Architects
客户：Heifer International

Heifer International Education Center

国际小母牛教育中心

| Polk Stanley Wilcox Architects |

国际小母牛作为一个致力于救助贫困与饥饿的世界组织，其社会影响从赠与家庭动物以及传递礼物开始，就如同一滴水激起的涟漪逐渐向外扩散一样，随着礼物的传递，可持续性的理念也从一个家庭逐渐传递到千家万户。建筑师对该组织的全新教育中心进行设计的时候，也意欲像小母牛的办公总部一样，展现小母牛组织的使命以及传达具有教育意义的可持续理念。

教育大楼作为四期总体规划的第二期，主要包含展馆、免费的礼品店、咖啡馆以及会议区，这些空间主要用来向公众宣传有助于世界摆脱饥饿的可持续方案。项目所处湿地是在一片闲置的废弃铁路地块之上，这一选址以及项目本身的可持续属性充分展现出精妙的设计和具有环保责任感的规划所取得的潜在与实际效果。

场地

可持续理念是国际小母牛救助贫困与饥饿的方法体系的延伸。项目场地原本被一个铁路站场一分为二，11座仓库砖石结构捣碎之后被用来填补场地，回收的砖块被用作铺设材料，这一过程运用了97%的回收再利用材料，为整个拆除工程节省了成本。

砂石铺就的停车场通过停车位中间的生态调节水沟来回收水。植物可以自然地清除污染物，净化回收的水，并将其输送到需水区域。湿地的存在使得场地无需再依靠外界水源进行灌溉。

建筑

基于涟漪效应的理念，教育中心大楼也呈现出富有层次感的设计。小母牛在世界各地所修建的动物收容所无不体现简洁的优雅，摈弃所有不需要的部分，让每一个功能元素充分来展现魅力。

建筑的墙体可以被碾碎后加以回收利用。墙体的建造使用的是蓄水池中常用的材料——一种可回收的工业钢板，大大降低了墙体建造中垃圾的产生。厚重的木制结构轻轻地浮在墙体上面，木制结构上连续的天窗使得墙体可以沐浴在自然光之中，并将光反射到展示厅内。

沉重的木制屋顶被倒置过来，可以将雨水引至建筑末端的溢水沟中，溢水沟与灌浇混凝土墙相连。这一设计形象体现项目的环境保护宗旨，雨水落入一个人造结构的屋顶之上，为自然湿地的形成创造了条件。雨水经过环状湿地的天然结构，可以在即将建造的"环球村"中加以利用。建筑屋顶的形式设计为将来的绿色屋顶奠定了基础，而绿色屋顶的水源供应也已经到位。

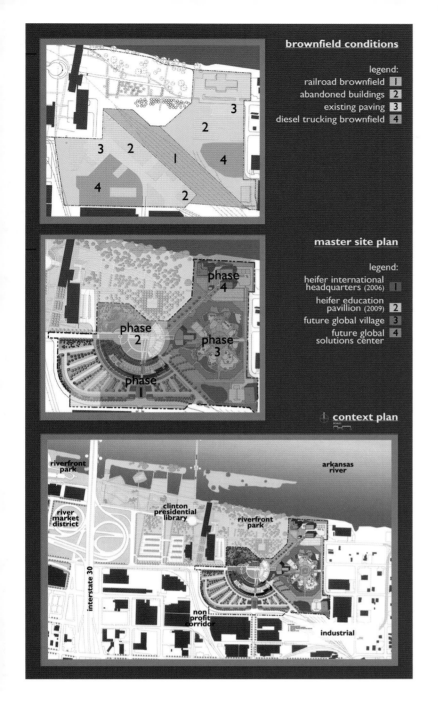

brownfield conditions

legend:
railroad brownfield [1]
abandoned buildings [2]
existing paving [3]
diesel trucking brownfield [4]

master site plan

legend:
heifer international headquarters (2006) [1]
heifer education pavillion (2009) [2]
future global village [3]
future global solutions center [4]

phase 4
phase 2
phase 3
phase 1

context plan

riverfront park
arkansas river
clinton presidential library
river market district
riverfront park
interstate 30
non profit corridor
industrial

可持续策略

在教育中心大楼旁的小母牛总部大楼是一座LEED铂金认证大楼，在常规建筑的基础上节约了50%的能耗，而教育中心的能量与资源节约也借助于总部大楼来实现，作为总部大楼的附属，教育中心的能源由总部大楼来提供。新建的教育中心的冷却水用量仍由项目场地上原有的冷却塔供应。总部大楼的屋顶上回收的水全部流入冷却塔中。两栋大楼都没有用城市供水进行制冷。两栋大楼总面积约10 680平方米，每个月的用水被控制在400美元的范围内，且主要是满足餐厅用水需求，若无这类需求，用水消费将会低至150美元，充分体现建筑的节能理念。国际小母牛主要是从一个风能发电公司购买绿色电力。

教育中心大楼最大程度地利用自然光线，回收雨水，节约能源，并避免污染，让来访者见识世界可持续性发展的同时，也呼吁他们共同努力，建立一个更为宽广的世界生态圈。

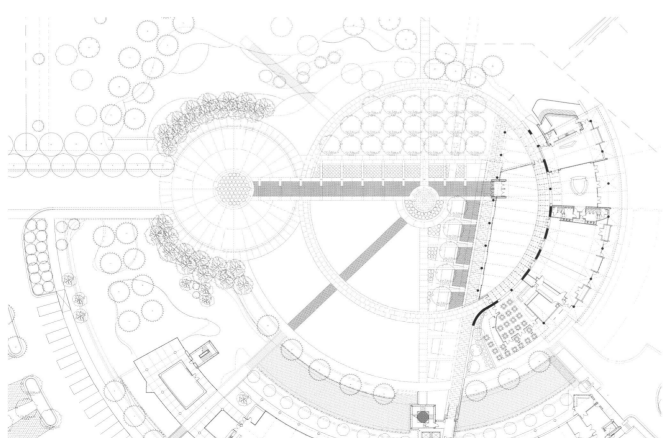

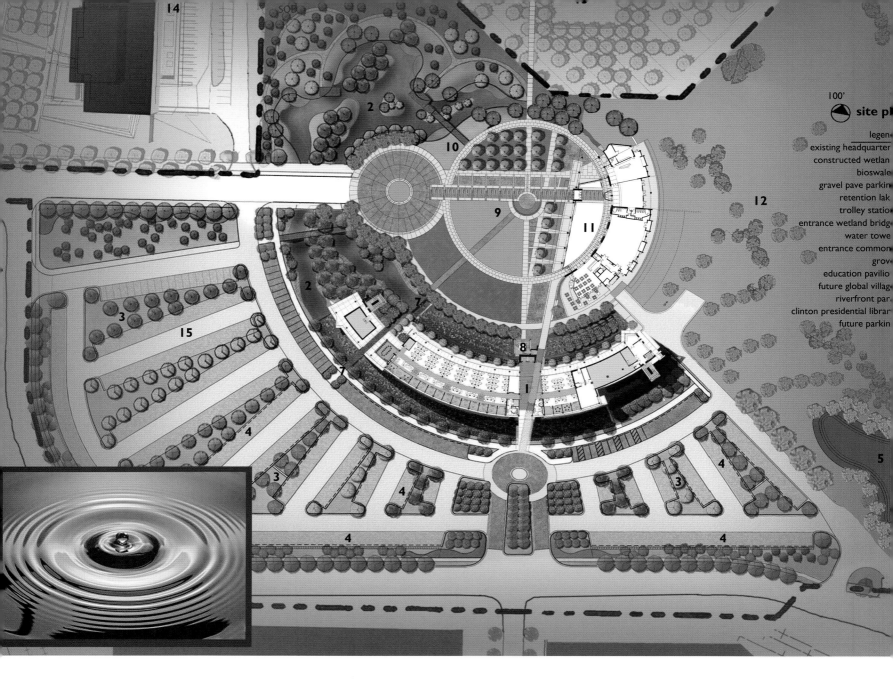

100'

site pl

legend

existing headquarter

constructed wetlan

bioswale

gravel pave parkin

retention lak

trolley station

entrance wetland bridge

water towe

entrance common

grove

education pavilio

future global village

riverfront par

clinton presidential librar

future parkin

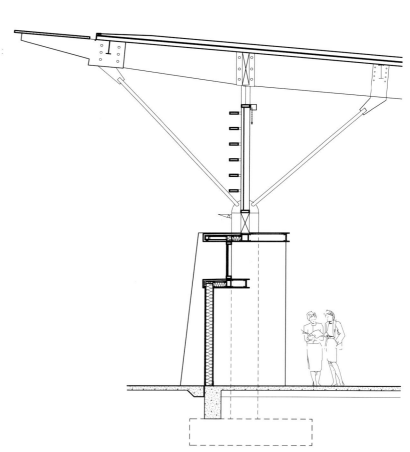

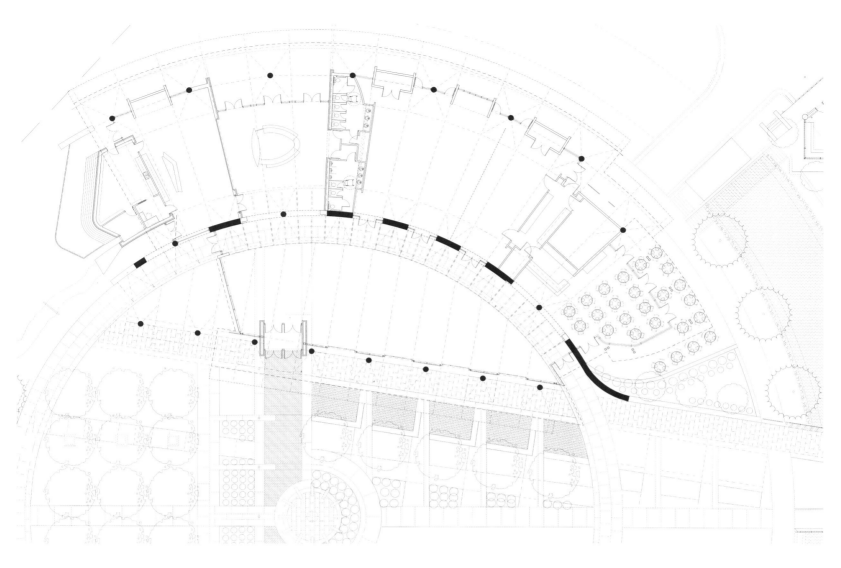

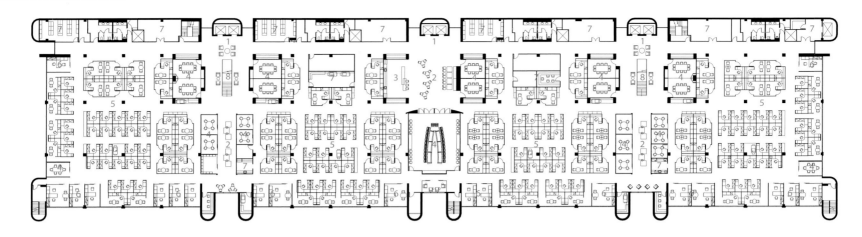

GE ENERGY FINANCIAL SERVICES typical floor

1	Elevator Lobby	5	Open Plan
2	Open Collaboration	6	Private Office
3	Dining	7	Support
4	Conference	8	Communicating Stairs

项目信息

地点：美国 康涅狄格州 斯坦福德
完工时间：2008年
建筑面积：26 012平方米
业主建筑师：Sullivan Architectural Group
施工管理：F.J. Sciame Construction Co., Inc.
MEP/FP工程：MG Engineering, PC

结构工程：Hallama Pelliccione & Van Der Poll
土木工程：Edward J. Frattaroli & Co.
照明设计：Goldstick Lighting Design
声学顾问：Jaffe Holden Acoustics, Inc.
LEED顾问：Sustainable Design Collaborative, LLC
摄影：Paúl Rivera/Arch Photo

GE Energy Financial Services

通用电气公司能源金融服务中心

| Perkins Eastman

通用电气能源金融业务部因其美国和其他地区提供的替代能源的革新而享誉全球。如今，随着26 012平方米的总部场地的搬迁，公司的创新开始体现在为工作团队提供始终如一的互相交流的机会上。

通用电气公司的办公场所独特而环保，适合雇员们办公和交流。设计考虑到通用员工的跨部门会议，在能源金融服务中心首席执行官的领导下，建筑师最终将办公室改为七成开放式，大大地减少了私人办公空间。此外，合作空间的增加也是巨大转变之处——因为这一点已经被首席执行官视为是公司交换意见的方便场所。这些合作性的场所包括更为传统的会议室，以及15米长的白色露天平台，露天平台上设有座椅，正好位于天窗之下。此外，还配备了食品储藏柜、等离子屏幕和咖啡吧的会客厅，鼓励员工间的交流。雇员们会在体验身心疗养项目和一系列设施后，感受到其中的益处。通用公司还为员工增设以下设施：先进的健身中心、储存室、骑单车

上下班的员工的浴室、瑜伽教室以及位于总部大楼四周的慢跑和散步走道。

作为替代能源战略的缔造者，项目规划与环保战略相结合至关重要。帕金斯·伊斯特曼建筑师事务所在项目初期与通用公司通力合作，使新建大楼注重环保。由于施工过程中环保材料、高效灯具和其他环保构件的使用，大楼获得了美国绿色建筑委员会的LEED金级认证。帕金斯·伊斯特曼事务所还与其他的环保设计公司合作，开发出一套能源战略：100%风能、节约30%的用水、20%的回收材料、方圆约800千米生产厂家生产的20%材料、环保家具、低排放的有机合成材料，并结合了替代性交通方式，包括自行车等工具。建筑过程中，超过75%的垃圾归入垃圾填埋场。创新型的环保设计还体现在几组展现品牌的墙壁上，既展现了公司历史，又对游客和员工具有教育意义。

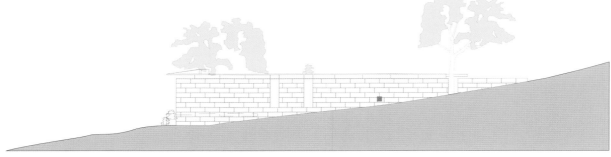

1. LIVING ROOM WING - NORTH FACE

2. BEDROOM WING - WEST FACE

Gibbs Hollow Residence

吉布斯中空式住宅

| Bercy Chen Studio |

吉布斯中空式住宅与其说是一栋楼房，还不如视为得克萨斯中部石灰岩和蓄水层地貌的延伸。屋顶经过特定的设计，创造出一个可用于收集雨水的凹槽，就如同"着魔岩"内的清水潭一般。通过使用光电板和太阳能热水板，凹槽还可以采集太阳能。地热系统、水池和集水区调控着屋内环境，形成的热量交换系统能够最大程度地减少对电力或燃气的依赖。

住宅最值得关注的地方是两道狭长的石灰墙。墙壁多为室内房间的分界线。墙外的植被趋于自然化，墙内的植物更为茂盛。而当地成熟的3株橡树无疑使墙垣和楼房更为显眼。

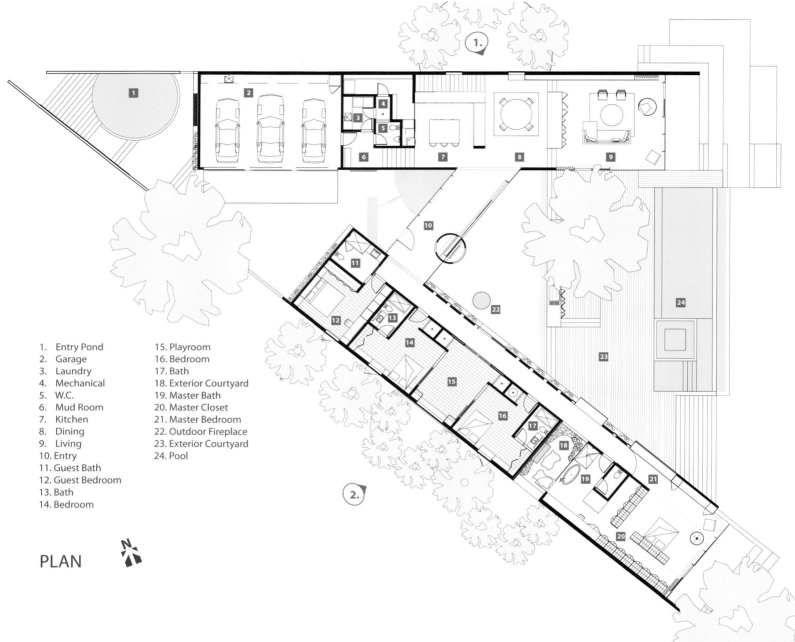

1. Entry Pond
2. Garage
3. Laundry
4. Mechanical
5. W.C.
6. Mud Room
7. Kitchen
8. Dining
9. Living
10. Entry
11. Guest Bath
12. Guest Bedroom
13. Bath
14. Bedroom
15. Playroom
16. Bedroom
17. Bath
18. Exterior Courtyard
19. Master Bath
20. Master Closet
21. Master Bedroom
22. Outdoor Fireplace
23. Exterior Courtyard
24. Pool

PLAN N

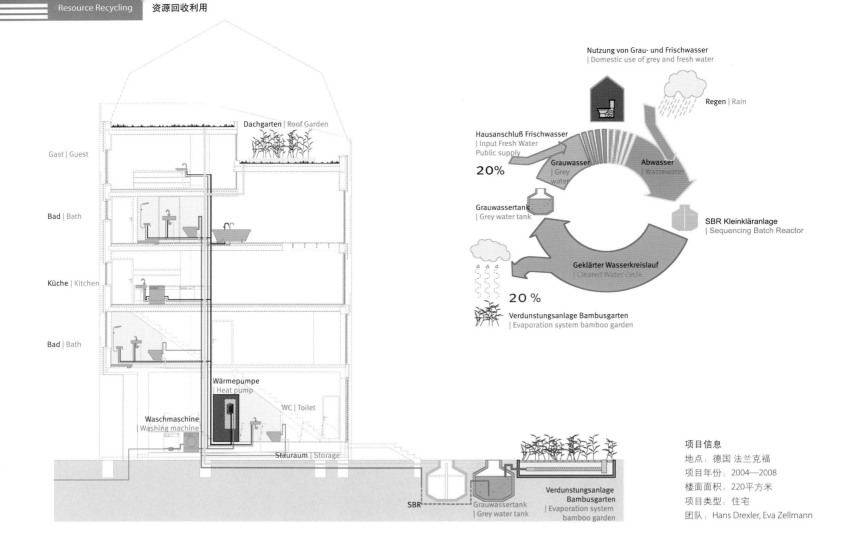

Gast | Guest

Dachgarten | Roof Garden

Bad | Bath

Küche | Kitchen

Bad | Bath

Wärmepumpe | Heat pump

Waschmaschine | Washing machine

WC | Toilet

Stauraum | Storage

SBR

Grauwassertank | Grey water tank

Verdunstungsanlage Bambusgarten | Evaporation system bamboo garden

Nutzung von Grau- und Frischwasser | Domestic use of grey and fresh water

Regen | Rain

Hausanschluß Frischwasser | Input Fresh Water Public supply

Grauwasser | Grey water

Abwasser | Wastewater

20%

Grauwassertank | Grey water tank

SBR Kleinkläranlage | Sequencing Batch Reactor

Geklärter Wasserkreislauf | Cleared Water Cycle

20 %

Verdunstungsanlage Bambusgarten | Evaporation system bamboo garden

项目信息
地点：德国 法兰克福
项目年份：2004—2008
楼面面积：220平方米
项目类型：住宅
团队：Hans Drexler, Eva Zellmann

Minihouse

迷你屋

| DGJ Drexler Guinand Jauslin Architects |

迷你屋作为市中心区低成本可持续性住宅于2008年在法兰克福竣工，它是城市遗余空间占地最小的住宅类型。

迷你屋的"迷你"体现在两个方面：一是在29平方米的土地上建造居住面积达150平方米的房屋，二是它自身的环保性对环境影响最小。

迷你屋在城市住宅中并不常见，因此当市民第一次见到它时，纷纷驻足欣赏它的复合木材悬臂。比起建筑师，大众似乎更喜爱这种结构。

传统结构房屋的维护大约需要50%的初级能源，其余的被基础设施消耗或者流失。而迷你房屋可节省63%的能源，且每单元对环境的影响（也就是二氧化碳排量）可减少68%。

迷你屋的建造体现了建筑师的环境责任感：施工过程中建筑师全面监控能源的使用以及二氧化碳的排放量。他们不仅仅关注施工的进程，对于房屋的拆迁、基础建设以及用地都密切关注。

由于占地面积小，该迷你屋的总成本与郊区同等居住面积的住房基本相同。虽然迷你屋前期造价较高，但由于后期维护费很低，因此总成本并不高。迷你屋外立面的设计以及高效能技术的使用使得房屋达到被动式设计

环保标准——每年每平方米的能耗不高于15度，准确来说迷你屋的能耗值为13.9度。

在如此"迷你"的占地情况下，房子的功能区将纵向而非水平进行延展，从外面看，根本看不出内部的空间竟如此之大。

设计中技术解决方案涉及的主要问题包括热回收通风系统、气密性以及接缝设计，避免采用热桥和使用可靠的隔热材料。建筑师依靠最实际的解决方案，使用可以吸收二氧化碳的材料，如木材或者其他自然材料，达到二氧化碳量的生态平衡，虽然其中的许多天然材料和复合材料并不符合被动式设计标准。

虽然使用传统技术和传统建材，法兰克福的迷你屋颇具现代建筑特色。正因如此，迷你屋是不可替代的。不过可以改变其技术和理念以及整体建筑设计，因为建筑设计的重点不在于建筑本身而是想法。

在这个项目中重要的不仅仅是施工的可持续性还有设计中可持续性理论方法的使用。可持续设计的结果才是开始一个新项目的重点：建筑改变着想法，而想法也在改变着建筑。

Flow of energy

Minihouse

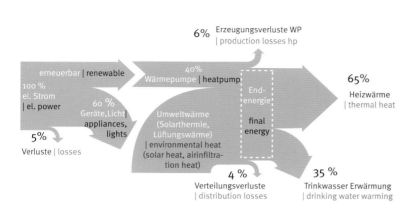

6% Erzeugungsverluste WP
| production losses hp

erneuerbar | renewable

100 %
el. Strom
| el. power

40%
Wärmepumpe | heatpump

End-
energie

final
energy

65%
Heizwärme
| thermal heat

60 %
Geräte,Licht
appliances,
lights

Umweltwärme
(Solarthermie,
Lüftungswärme)
| environmental heat
(solar heat, airinfiltra-
tion heat)

5%
Verluste | losses

4 %
Verteilungsverluste
| distribution losses

35 %
Trinkwasser Erwärmung
| drinking water warming

Riedberg house

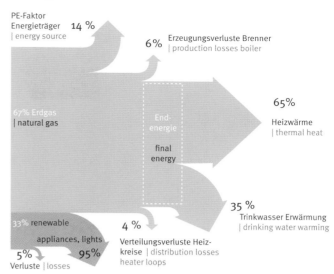

PE-Faktor
Energieträger   14 %
| energy source

6% Erzeugungsverluste Brenner
| production losses boiler

67% Erdgas
| natural gas

End-
energie

final
energy

65%
Heizwärme
| thermal heat

33% renewable

appliances, lights

5%   95%
Verluste | losses

4 %
Verteilungsverluste Heiz-
kreise | distribution losses
heater loops

35 %
Trinkwasser Erwärmung
| drinking water warming

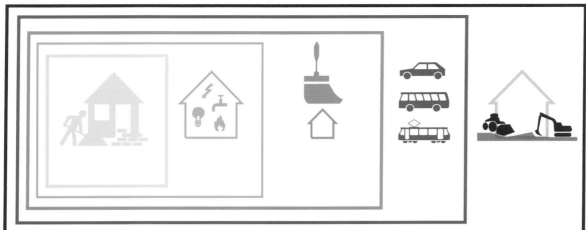

WINDOWS | PASSIVE SOLAR GAINS

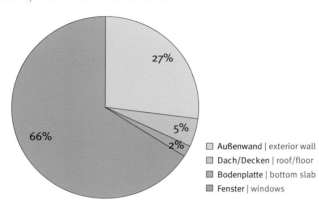

27%

66%

5%

2%

☐ Außenwand | exterior wall
☐ Dach/Decken | roof/floor
☐ Bodenplatte | bottom slab
☐ Fenster | windows

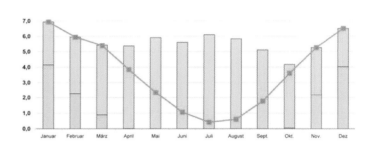

☐ Summe solare und interne Gewinne | total solar and internal gains
☐ Heizwärmebedarf | heating demand
■ Verluste | losses

Solar heat

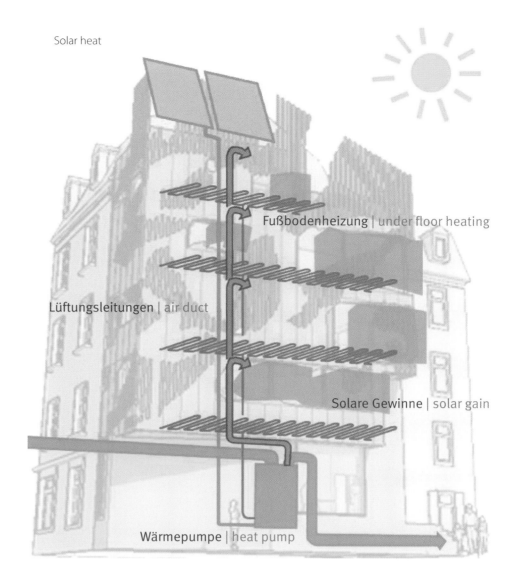

Fußbodenheizung | under floor heating

Lüftungsleitungen | air duct

Solare Gewinne | solar gain

Wärmepumpe | heat pump

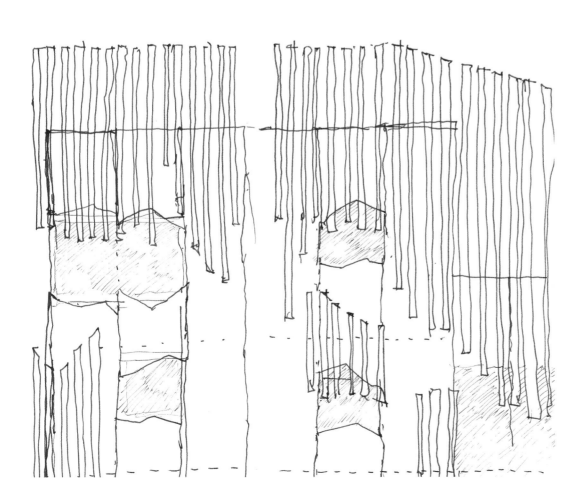

ELECTRIC APPLIANCES

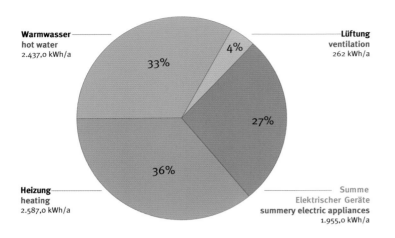

Warmwasser
hot water
2.437,0 kWh/a — 33%

Lüftung
ventilation
262 kWh/a — 4%

27%

36%

Heizung
heating
2.587,0 kWh/a

Summe
Elektrischer Geräte
summery electric appliances
1.955,0 kWh/a

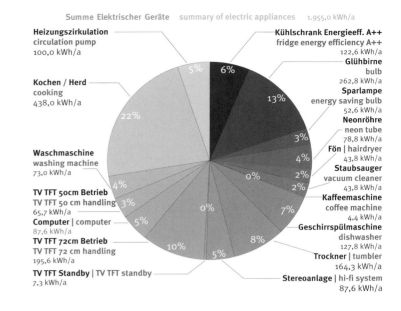

Summe Elektrischer Geräte   summary of electric appliances   1.955,0 kWh/a

Heizungszirkulation
circulation pump
100,0 kWh/a — 5%

Kochen / Herd
cooking
438,0 kWh/a — 22%

Kühlschrank Energieeff. A++
fridge energy efficiency A++
122,6 kWh/a — 6%

Glühbirne
bulb
262,8 kWh/a — 13%

Sparlampe
energy saving bulb
52,6 kWh/a — 3%

Neonröhre
neon tube
78,8 kWh/a — 4%

Fön | hairdryer
43,8 kWh/a — 2%

Staubsauger
vacuum cleaner
43,8 kWh/a — 2%

Kaffeemaschine
coffee machine
4,4 kWh/a — 0%

Geschirrspülmaschine
dishwasher
127,8 kWh/a — 7%

Trockner | tumbler
164,3 kWh/a — 8%

Stereoanlage | hi-fi system
87,6 kWh/a — 5%

TV TFT Standby | TV TFT standby
7,3 kWh/a — 0%

TV TFT 72cm Betrieb
TV TFT 72 cm handling
195,6 kWh/a — 10%

Computer | computer
87,6 kWh/a — 5%

TV TFT 50cm Betrieb
TV TFT 50 cm handling
65,7 kWh/a — 3%

Waschmaschine
washing machine
73,0 kWh/a — 4%

OPERATION

Energiethemen energy topics	Energiebedarf reduzieren reduce energy demand	Energieversorgung optimieren optimize energy supply
Wärme heat	Wärme erhalten gain heat	Wärme effizient gewinnen gain heat efficiently
Kälte cooling energy	Überhitzung vermeiden avoid overheating	Wärme effizient abführen conduct heat efficiently
Strom electricity	Strom effizient nutzen use electricity efficiently	Strom dezentral gewinnen gain electricity locally
Licht light	Tageslicht nutzen use daylight	Kunstlicht optimieren optimize artificial light
Luft Air	Natürlich belüften aerate naturally	Effizient maschinell lüften efficiently machined venting

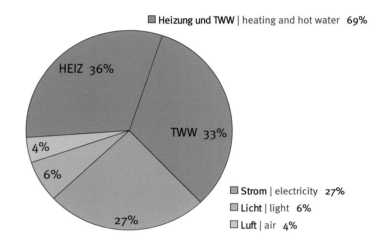

■ Heizung und TWW | heating and hot water 69%

HEIZ 36%

TWW 33%

4%

6%

27%

■ Strom | electricity 27%
■ Licht | light 6%
■ Luft | air 4%

VERTICAL GREENING

垂直绿化

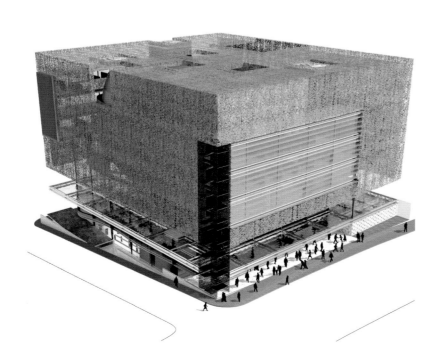

垂直绿化是景观与建筑的完美结合，而这对两者都大有裨益。一方面，建筑为植物提供良好的生长环境，另一方面，绿化又让建筑的隔热性能获得提升，使室内环境更为舒适。

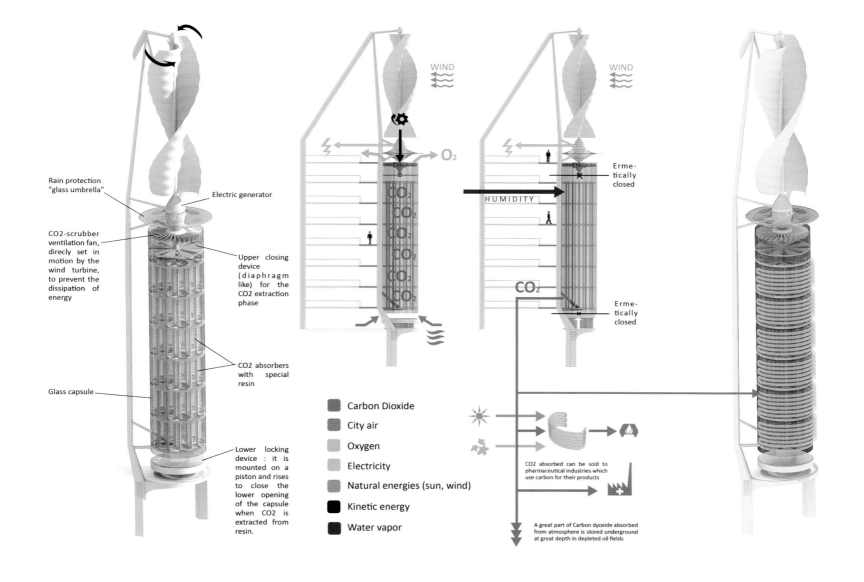

Rain protection "glass umbrella"

Electric generator

CO2-scrubber ventilation fan, direcly set in motion by the wind turbine, to prevent the dissipation of energy

Upper closing device (diaphragm like) for the CO2 extraction phase

CO2 absorbers with special resin

Glass capsule

Lower locking device : it is mounted on a piston and rises to close the lower opening of the capsule when CO2 is extracted from resin.

WIND

O₂

WIND

Erme- tically closed

HUMIDITY

CO₂

Erme- tically closed

Carbon Dioxide
City air
Oxygen
Electricity
Natural energies (sun, wind)
Kinetic energy
Water vapor

CO2 absorbed can be sold to pharmaceutical industries which use carbon for their products

A great part of Carbon dyoxide absorbed from atmosphere is stored underground at great depth in depleted oil fields

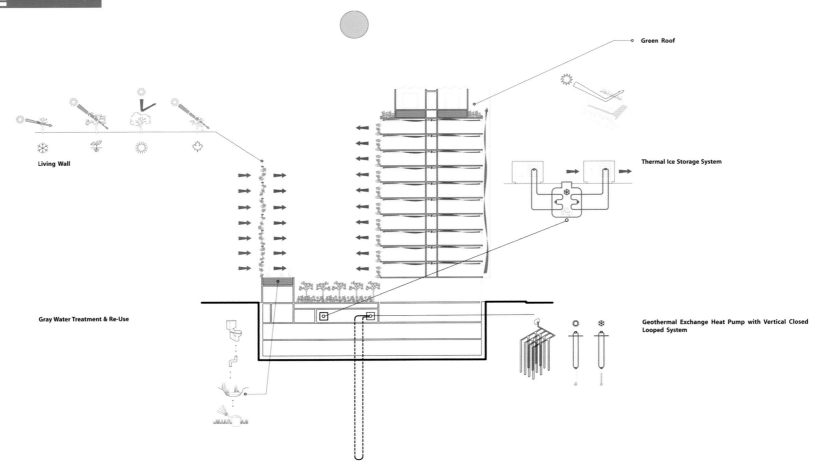

Green Roof

Living Wall

Thermal Ice Storage System

Gray Water Treatment & Re-Use

Geothermal Exchange Heat Pump with Vertical Closed Looped System

项目信息
地点：美国 华盛顿
面积：17 466平方米
项目类型：酒店/住宅综合体

"1" Hotel

1号酒店

| Oppenheim Architecture + Design |

该项目在建筑设计中充分考虑了可持续发展的理念，企图建立一个全新的酒店，从而推进生态建筑在城市豪华酒店中的发展。3栋11层的建筑坐落在华盛顿中心商务区的一个角落，效能、灯光以及开放度达到最佳效果。3栋建筑之间由玻璃幕墙连接，中间有垂直花园。在最开放的空间中，建筑通过结构与材料划分出不同程度的隐秘区域。灯光与花园作为建筑的元素，突显建筑的特色、体现建筑与城市的联系，最大程度地给人愉悦的感觉。由建筑和工程团队共同打造的这栋大楼实现了结构和机械系

统的超高效率，从而实现了时间、建筑材料和能源的节约。从维多利亚时代的植物园获得灵感，该建筑采用了精致的并富有花边的双层玻璃门窗系统，使人们无论在什么样的气候条件下都感到身心舒适。屋顶的绿色花园与内在的垂直花园连接，作为一个天然净化器，净化空气和水，从而达到节约自然资源的效果。从地球和天空获得能量，该项目树立了绿色建筑领域的新典范。

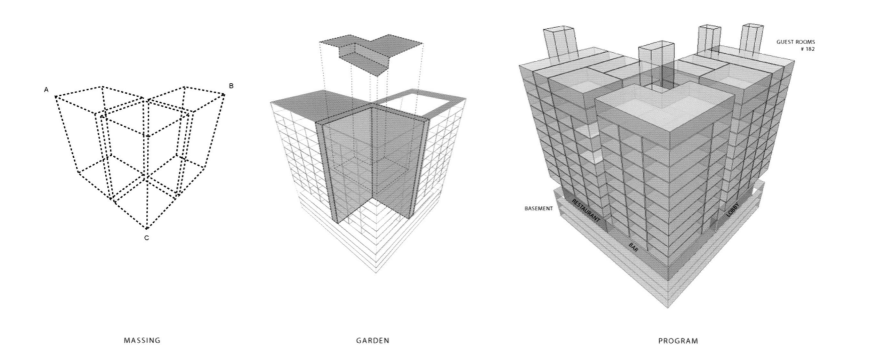

MASSING   GARDEN   PROGRAM

1. Pool water use for fire sprinklers
2. Green roof
3. Solar hot water panel
4. Rain water harvesting & re-use
5. Green lung
6. Geothermal exchange heat pump with vertical closed looped system
7. Thermal ice storage system
8. Gray water treatment & re-use
9. Daylighting and automated lighting system
10. Living wall

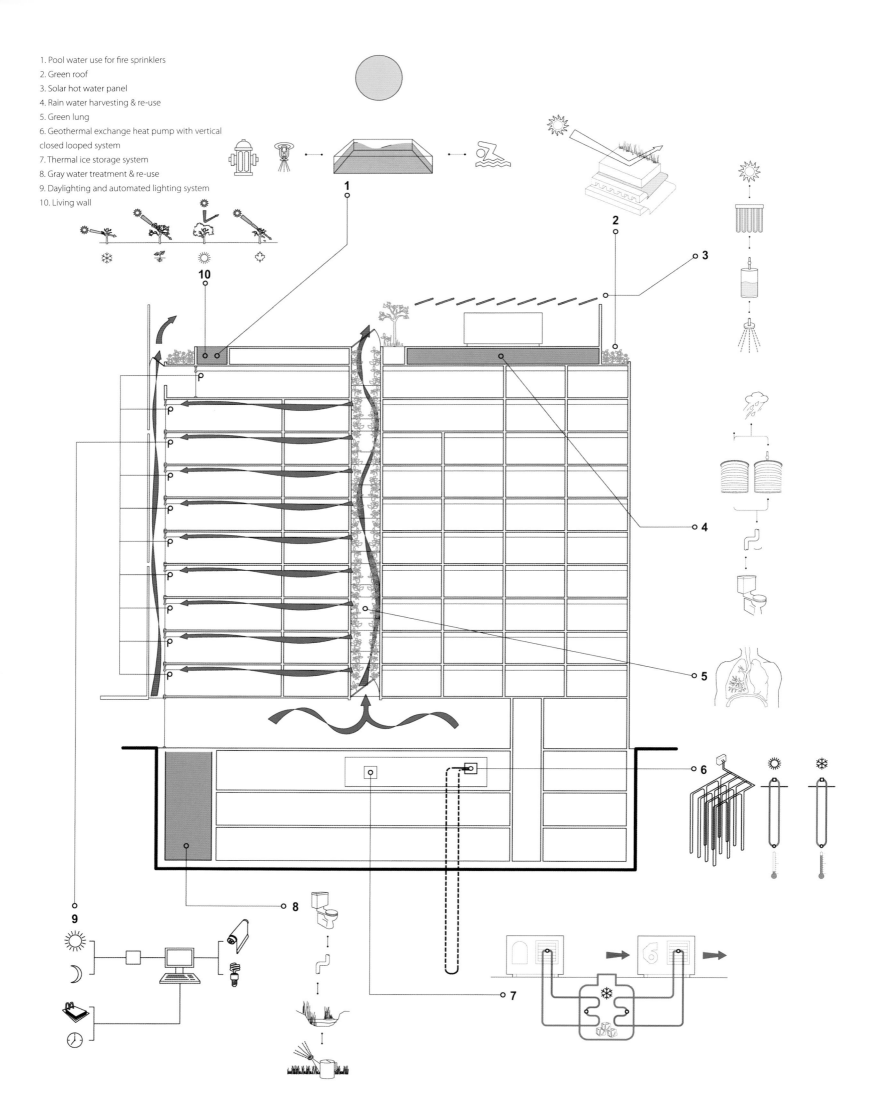

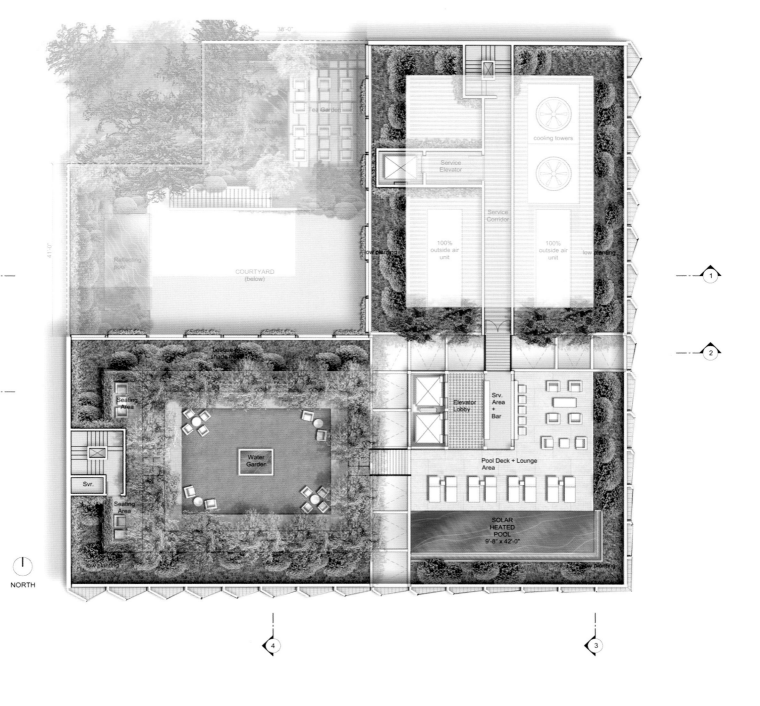

38'-0"

41'-0"

Tea Garden

Reflecting pool

Service Elevator

cooling towers

Service Corridor

100% outside air unit

100% outside air unit

low planting

COURTYARD (below)

Reflecting Pool

① 1

② 2

bosque of shade trees

Seating Area

Svr.

Water Garden

Seating Area

low planting

Srv. Area + Bar

Elevator Lobby

Pool Deck + Lounge Area

SOLAR HEATED POOL 9'-8" x 42'-0"

low planting

① 1

② 2

④ 4

③ 3

NORTH

REDUCE

RE-USE

RECYCLE

PAPERLESS TRANSACTIONS: ALL HOTEL TRANSACTION WILL OCCUR WITH MINIMAL OR NO USE OF PAPER TO REDUCE USE OF WOOD PULP AND MINIMIZE PAPER WASTE. TRANSACTIONS WILL BE PREFERABLY THROUGH ELECTRONIC MEANS.

RECYCLING: ALL HOTEL PREMISES, OPERATIONS, AND ACTIVITES WILL RECYCLE. THIS PROCESS WILL START FROM THE DAY THE BUILDING ON SITE IS DEMOLISHED, THROUGH CONSTRUCTION, AND CARRY INTO DAILY OPERATIONS.

RECYCLED MATERIALS: WHEN POSSIBLE, ALL MATERIALS USED WITHIN THE HOTEL SHALL BE EITHER RECYCLED, RE-USED OR RECLAIMED. THIS GOAL HAS A DOUBLE BENEFIT FOR THE ENVIRONMENT: LESS MATERIAL IS DEPLETED FROM THE PLANET'S FINITE RESOURCES AND LESS WASTE IS DISPOSED WITHIN IT.

CO2

THE ONE CARD: ONE COMPREHENSIVE, ALL ENCOMPASING CARD IS PROPOSED FOR THE BRAND CONCEPT IN WHICH ONE'S LIFESTYLE IS MEASURED IN TERMS OF IT'S SUSTAINBILITY. THE CARD WILL KEEP TRACK OF TRAVEL, ACCOMMODATION, AND PURCHASES; WHILE CALCULATING EACH INDIVIDUAL'S OR FIRM'S CARBON FOOTPRINT. BASED ON THIS ANALYSIS, CARBON OFFSETS WILL BE AVAILABLE IN THE FORM OF REMEDIAL TREE PLANTING, FREE TRANSIT PASSES, AND GREEN ENERGY AMONG OTHERS.

CARBON OFFSET: CARBON OFFSET IS THE PROCESS OF REDUCING THE NET CARBON EMISSIONS OF AN INDIVIDUAL OR ORGANIZATION, EIETHER BY THEIR OWN ACTIONS, OR THROUGH ARRANGEMENTS WITH A CARBON OFFSET PROVIDER. A CARBON OFFSET SERVICE IS ONE ARRANGED WITH A PROVIDER, THAT ACHIEVES THIS NET REDUCTION THROUGH PROXIES WHO REDUCE THEIR EMISSIONS AND/OR INCREASE THEIR ABSORPTION OF GREENHOUSE GASES.

TREE PLANTING: TREE PLANTING INCLUDES NOT ONLY RE-CREATING NATURAL FOREST (REFORESTATION) AND AVOIDING DEFORESTATION, BUT ALSO MONOCULTURE TREE FARMING ON PLANTATIONS FOR LOGGING OR BIODIESEL PRODUCTION. THERE IS ALSO "AFFORESTATION", WHICH CAN PRODUCE HIGHER CARBON SEQUESTRATION RATES BECAUSE IT ESTABLISHES FOREST ON LAND NOT PREVIOUSLY FORESTED WHERE BASELINE CARBON LEVELS ARE COMPARATIVELY LOW.

GREEN ENERGY: GREEN ENERGY IS A TERM DESCRIBING ENVIRONMENTALLY FRIENDLY SOURCES OF POWER AND ENERGY. TYPICALLY, THIS REFERS TO RENEWABLE AND NON-POLLUTING ENERGY SOURCES. GREEN ENERGY INCLUDES NATURAL ENERGETIC PROCESSES WHICH CAN BE HARNESSED WITH LITTLE POLLUTION. ANAEROBIC DIGESTION, GEOTHERMAL POWER, WIND POWER, SMALL-SCALE HYDROPOWER, SOLAR POWER, BIOMASS POWER, TIDAL POWER AND WAVE POWER. SOME VERSIONS ALSO INCLUDE POWER DERIVED FROM THE INCINERATION OF WASTE.

M metro

PUBLIC TRANSIT PASS: PUBLIC TRANSITE COMPRISES ALL SHARED TRANSPORT SYSTEMS IN WHICH THE PASSENGERS DO NOT TRAVEL IN THEIR OWN VEHICLES. IT IS BENEFICIAL TO LOCAL ECONOMIES AND THE ENVIRONMENT BECAUSE IT REDUCES CARBON EMISSIONS FROM TRAFFIC, CREATING A MORE CONNECTED, CLEANER CITY. EACH ONE CARD HOTEL WILL BE ENTITLED TO A FREE PUBLIC TRANSIT PASS UPON ARRIVAL IN ORDER TO PROMOTE AND FACILITATE THE USE OF SUCH AN ENVIRONMENTALLY FRIENDLY SYSTEM.

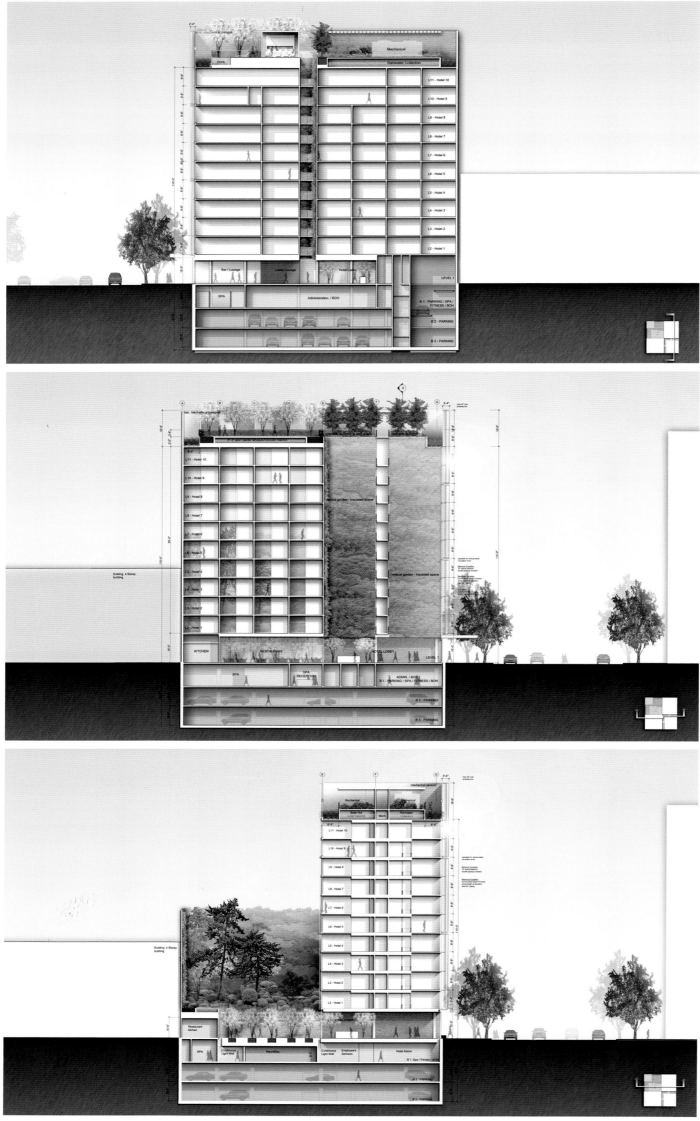

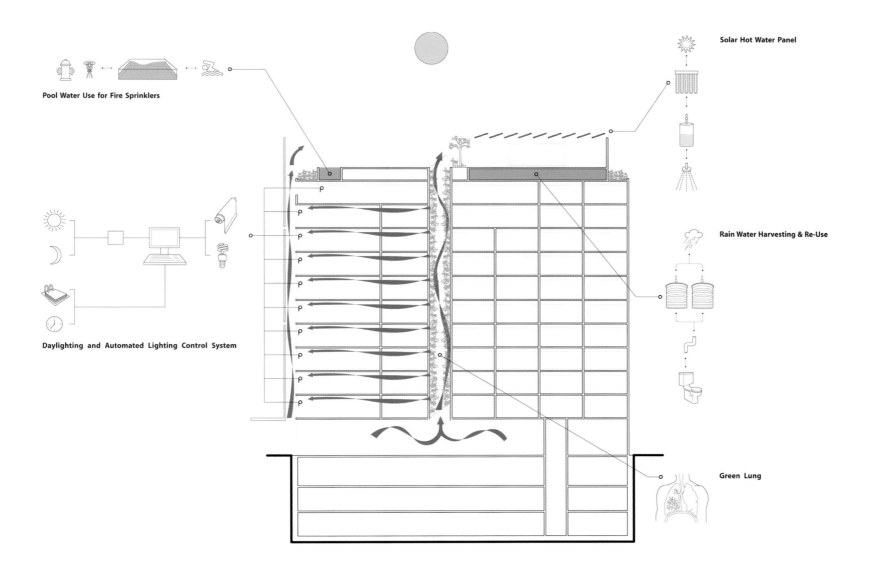

Pool Water Use for Fire Sprinklers

Daylighting and Automated Lighting Control System

Solar Hot Water Panel

Rain Water Harvesting & Re-Use

Green Lung

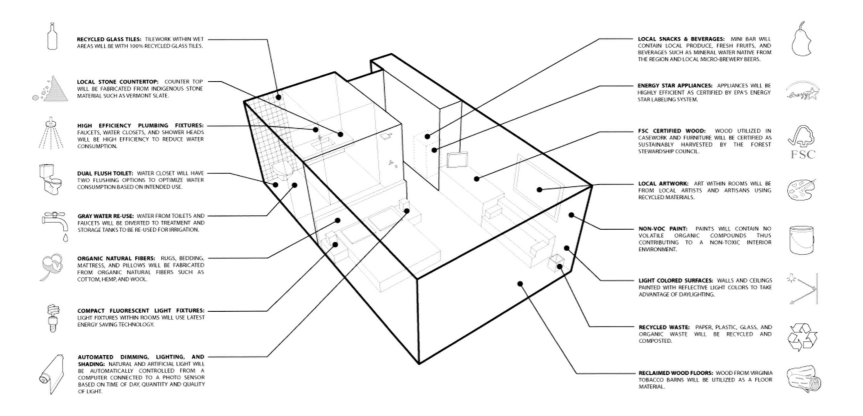

RECYCLED GLASS TILES: TILEWORK WITHIN WET AREAS WILL BE WITH 100% RECYCLED GLASS TILES.

LOCAL STONE COUNTERTOP: COUNTER TOP WILL BE FABRICATED FROM INDIGENOUS STONE MATERIAL SUCH AS VERMONT SLATE.

HIGH EFFICIENCY PLUMBING FIXTURES: FAUCETS, WATER CLOSETS, AND SHOWER HEADS WILL BE HIGH EFFICIENCY TO REDUCE WATER CONSUMPTION.

DUAL FLUSH TOILET: WATER CLOSET WILL HAVE TWO FLUSHING OPTIONS TO OPTIMIZE WATER CONSUMPTION BASED ON INTENDED USE.

GRAY WATER RE-USE: WATER FROM TOILETS AND FAUCETS WILL BE DIVERTED TO TREATMENT AND STORAGE TANKS TO BE RE-USED FOR IRRIGATION.

ORGANIC NATURAL FIBERS: RUGS, BEDDING, MATTRESS, AND PILLOWS WILL BE FABRICATED FROM ORGANIC NATURAL FIBERS SUCH AS COTTON, HEMP, AND WOOL.

COMPACT FLUORESCENT LIGHT FIXTURES: LIGHT FIXTURES WITHIN ROOMS WILL USE LATEST ENERGY SAVING TECHNOLOGY.

AUTOMATED DIMMING, LIGHTING, AND SHADING: NATURAL AND ARTIFICIAL LIGHT WILL BE AUTOMATICALLY CONTROLLED FROM A COMPUTER CONNECTED TO A PHOTO SENSOR BASED ON TIME OF DAY, QUANTITY AND QUALITY OF LIGHT.

LOCAL SNACKS & BEVERAGES: MINI BAR WILL CONTAIN LOCAL PRODUCE, FRESH FRUITS, AND BEVERAGES SUCH AS MINERAL WATER NATIVE FROM THE REGION AND LOCAL MICRO-BREWERY BEERS.

ENERGY STAR APPLIANCES: APPLIANCES WILL BE HIGHLY EFFICIENT AS CERTIFIED BY EPA'S ENERGY STAR LABELING SYSTEM.

FSC CERTIFIED WOOD: WOOD UTILIZED IN CASEWORK AND FURNITURE WILL BE CERTIFIED AS SUSTAINABLY HARVESTED BY THE FOREST STEWARDSHIP COUNCIL.

LOCAL ARTWORK: ART WITHIN ROOMS WILL BE FROM LOCAL ARTISTS AND ARTISANS USING RECYCLED MATERIALS.

NON-VOC PAINT: PAINTS WILL CONTAIN NO VOLATILE ORGANIC COMPOUNDS THUS CONTRIBUTING TO A NON-TOXIC INTERIOR ENVIRONMENT.

LIGHT COLORED SURFACES: WALLS AND CEILINGS PAINTED WITH REFLECTIVE LIGHT COLORS TO TAKE ADVANTAGE OF DAYLIGHTING.

RECYCLED WASTE: PAPER, PLASTIC, GLASS, AND ORGANIC WASTE WILL BE RECYCLED AND COMPOSTED.

RECLAIMED WOOD FLOORS: WOOD FROM VIRGINIA TOBACCO BARNS WILL BE UTILIZED AS A FLOOR MATERIAL.

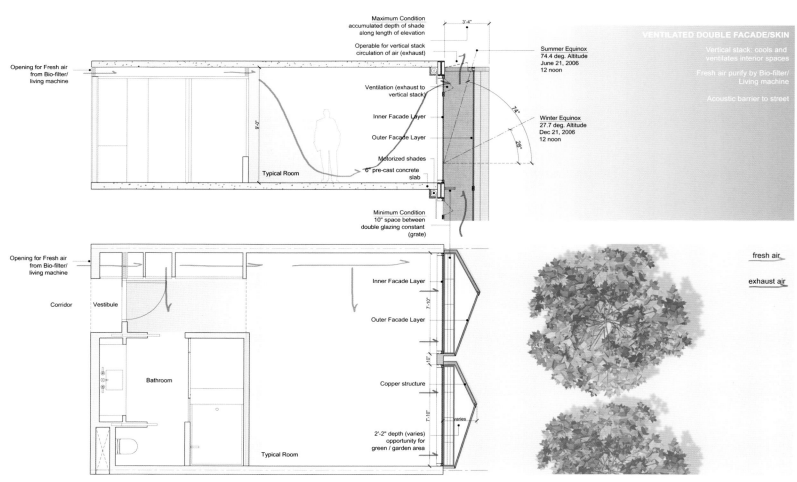

Maximum Condition
accumulated depth of shade
along length of elevation

Operable for vertical stack
circulation of air (exhaust)

3'-4"

VENTILATED DOUBLE FACADE/SKIN

Vertical stack: cools and
ventilates interior spaces

Opening for Fresh air
from Bio-filter/
living machine

Summer Equinox
74.4 deg. Altitude
June 21, 2006
12 noon

Fresh air purify by Bio-filter/
Living machine

Ventilation (exhaust to
vertical stack)

74°

Acoustic barrier to street

Inner Facade Layer

Outer Facade Layer

Winter Equinox
27.7 deg. Altitude
Dec 21, 2006
12 noon

28°

Motorized shades

6" pre-cast concrete
slab

Typical Room

Minimum Condition
10" space between
double glazing constant
(grate)

Opening for Fresh air
from Bio-filter/
living machine

fresh air

exhaust air

Inner Facade Layer

7'-10"

Corridor   Vestibule

Outer Facade Layer

Bathroom

Copper structure

7'-10"

2'-2" depth (varies)
opportunity for
green / garden area

Typical Room

W / C — Spa Bathroom — Vestibule — Soak Tub 48" x 56" — Shower 48" x 48"

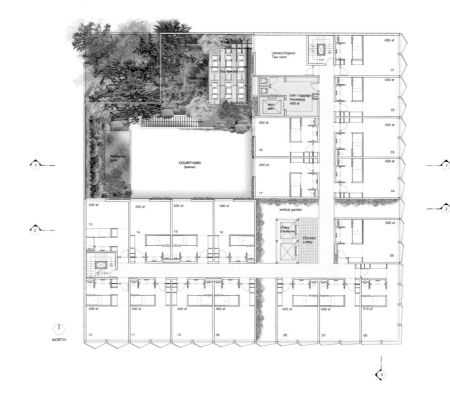

Library/Organic Tea room — boh / luggage housekeep 400 sf — COURTYARD (below) — Reflecting pool — vertical garden — Glass Elevators — Elevator Lobby

450 sf — 01 — 02 — 03 — 04 — 05 — 500 sf — 510 sf

NORTH

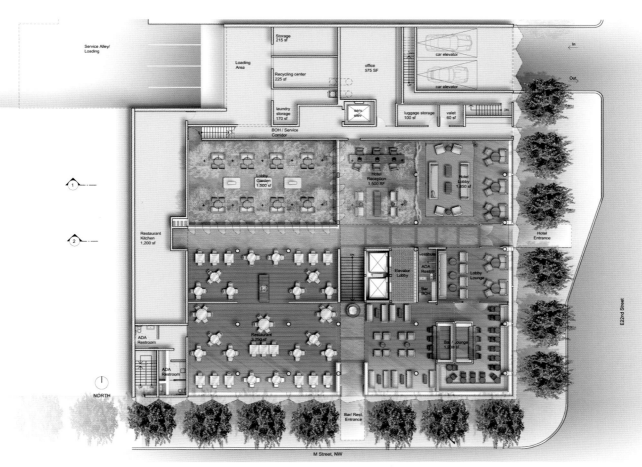

Service Alley/Loading — Storage 215 sf — Loading Area — Recycling center 225 sf — office 575 SF — car elevator — car elevator — In — Out — laundry storage 170 sf — luggage storage 100 sf — valet 60 sf — BOH / Service Corridor — Lobby Garden 1,500 sf — Hotel Reception 1,500 SF — Hotel Lobby 1,850 sf — Hotel Entrance — Restaurant Kitchen 1,200 sf — Elevator Lobby — ADA Restroom — Vestibule — Lobby Lounge — Bar BOH — ADA Restroom — Restaurant 2,250 sf — Bar Lounge 1,200 sf — E 22nd Street — Bar/ Rest. Entrance — M Street, NW

NORTH

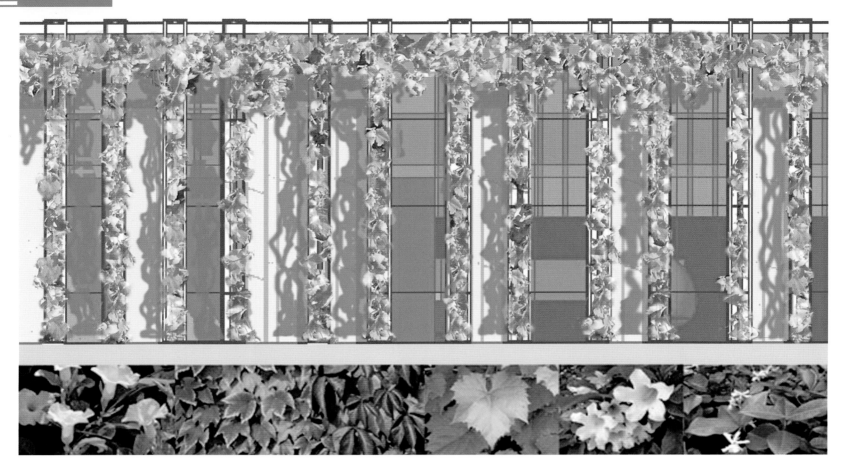

项目信息
地点：以色列 阿什杜德
设计时间：2009年
楼面面积：1 650平方米

Green Walls for Shade and Climate Control

遮蔽阳光与调节气候的 "绿墙"

| Golany Architects |

遮蔽阳光与调节气候的 "绿墙" 将大楼四面围合起来，大楼由戈兰尼建筑工作室规划，位于以色列南部的阿什杜德。

大楼位于中心城区右侧，致力于成为年轻人汇聚的场所，在这里他们可以获取高等教育资讯和职业规划导向信息。在体现自身可持续环保设计理念的同时，大楼也展现了青春活力的一面。

大楼设计的现代感体现在柱子林立的廊宇，如此设计既能遮阳，又能调节气候。而柱廊则被看做支撑葡萄藤蔓生长的架子，依靠葡萄藤架来遮蔽酷暑，这也是地中海沿岸的传统。

用 "绿墙" 将大楼包裹起来，既能保护环境，又能与城市的格调相统一，融入到城市环境之中。建筑师意欲将大楼和周边的城市建筑区别开来，所以将大楼塑造成一座 "垂直" 花园，以此作为城市建筑氛围的背景。这样的大楼矗立于市中心有其社会含义，即唤醒公众的环保意识。

大楼四周支撑葡萄架的支柱便是建筑的第二要素。建筑外立面被植被覆盖，其重要性在于调节大楼室温和即时环境。植物外墙相较于建筑规划的外墙显得更具有遮荫效果，因为植被通常储存而非释放热量，植被的叶片

通过蒸发和蒸馏来降低室温。设计师营造的植被可以使空调的能耗降低10%到50%，降耗量取决于建筑密封度。

而柱廊的存在则增加了周围的空气流动，从而强化了微气候效应。在这个炎热且相对潮湿的环境中，通风能够强化植被的降温效用。

绿墙的另一个好处在于：通过吸收二氧化碳、释放氧气来改善空气质量，这对中心城区而言至关重要。植被叶片能够吸附杂质，从而有助于减少空气污染和尘埃。

我们从思想和心灵上都无法否认植被的积极作用。它们在心理学和美学价值上对人类福祉做出了巨大贡献。它们能使任何建筑保持幽静，当它被用做咨询和社交的建筑时，其重要性更加显露无遗。

建筑和立柱无论被何种植被覆盖，都会惹人注目。建筑规划由一位农学家牵头，正是他引入了葡萄藤架，并选择了最佳的生长地进行放置，从而确保 "绿墙" 理念在维护成本最小化的前提下得以发挥作用。另外，将灌溉的水资源消耗降至最低，这也是在 "绿墙" 规划时要确保的另一个重要方面。

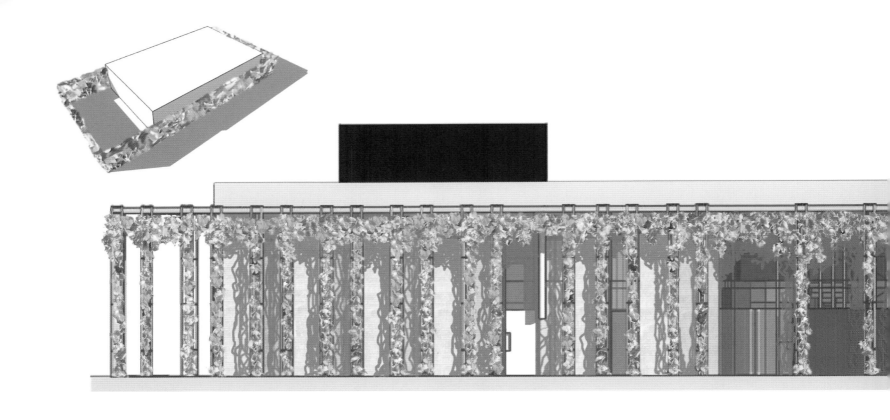

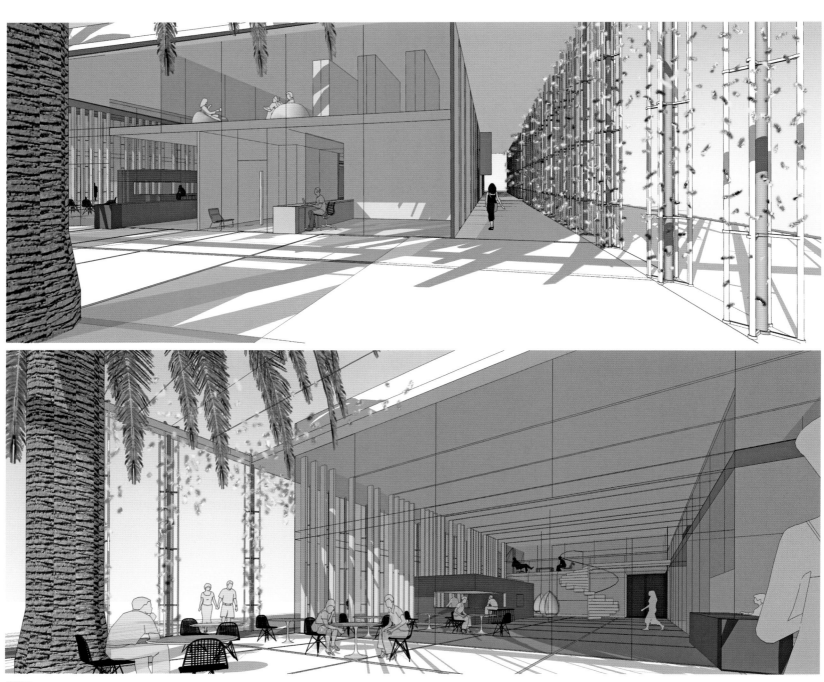

ספריה
וחדר יעוץ

מרכז כיוונים :
קבלה ורישום
וחללי יעוץ

קולונדה
היקפית

מרכז
להתנדבות

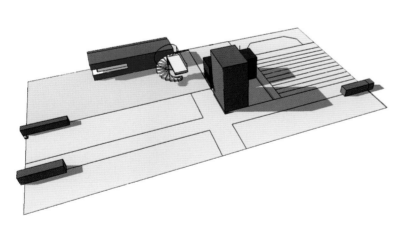

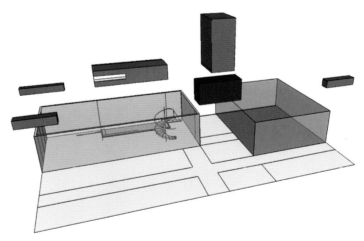

阳光普照的休息室周围坐落着各种房间，整座大楼光照自然、通风顺畅。
大楼空间呈环状，而宽敞的道路旁可设座椅区，可作为小型聚会或正式会
议的举办场所。从大部分的空间可以俯瞰二楼之下的休息室。而多余的光
照透过玻璃外墙进入房内，可增强视觉效果，并使人在此拥有归属感。

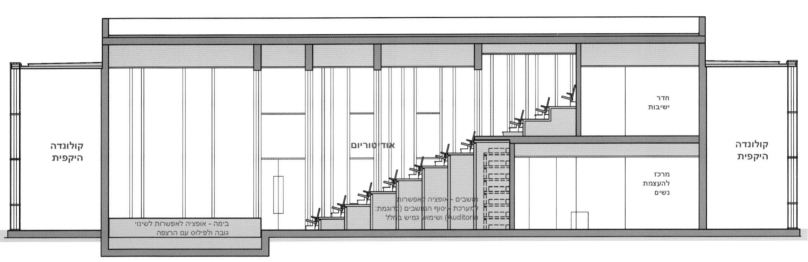

קולונדה
היקפית

אודיטוריום

חדר
ישיבות

קולונדה
היקפית

מרכז
להעצמת
נשים

בימה - אופציה לאפשרות לשינוי
גובה ולפילוס עם הרצפה

מחשבים - אופציה לאפשרות
למערכת ייסוף המחשבים (כדוגמת:
Auditoria) ושימוש גמיש בחלל

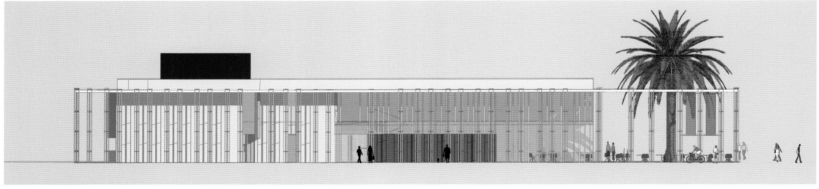

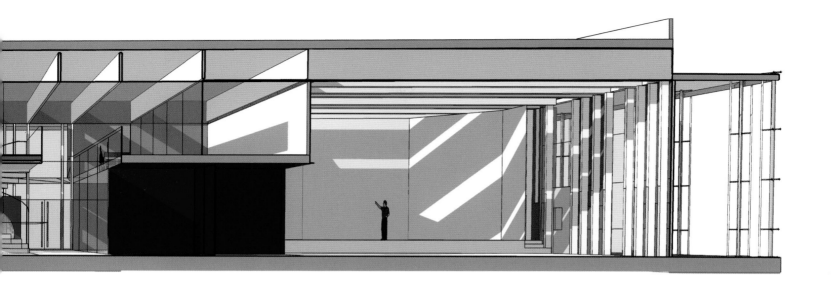

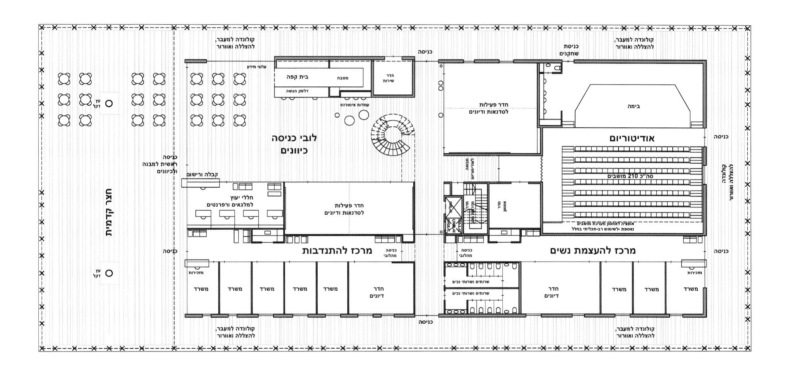

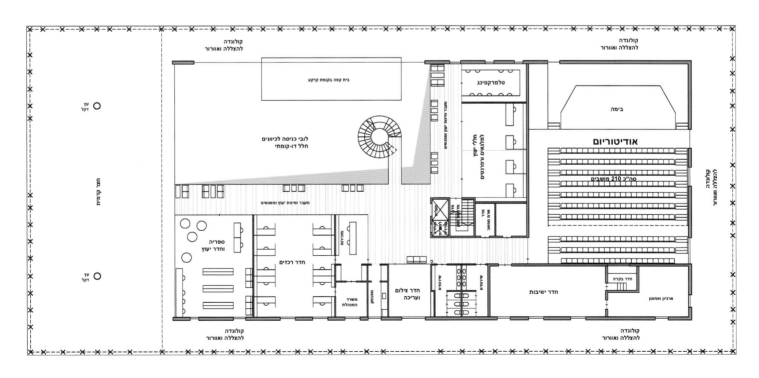

Juxtaposed Lieu

零排放环保建筑

| driendl*architects

这栋大楼本身是一个自给自足的个体，既不干扰外界，又毫不保留地融入拜罗伊特城的文化生活。建筑位于一个人烟稀少、空气新鲜的环境之中，是与拜罗伊特居民灵犀相通的不朽建筑。

植被、人工的绿化屏障

(1) 为了营造生机盎然的氛围，设计方安装了一块精致平滑的钢结构外立面，与一旁中和性的绿色植物相映成趣。

(2) 由于光照方向不同，每间房屋的外观也各不相同。东侧外观开放，反之，建筑西侧则被植被盖得严严实实，植物的选择可以根据光照时间和强度来决定。

(3) 对园艺师而言，一套简易的灌溉和排水沟系统即可使建筑维护变得容易。如果收集的雨水在特定的时间内不够，可以尝试从附近的山上引入富余的水源。

顺应自然

与一般的通风装置只注重空气流通不同，设计师在规划艺术文化宫时，使这里的通风管道相互配合，构成一个完整的系统来调节馆内气候。

(1) 气流回路：空气在地下空气管道内进行冷却，并进入建筑下层。而预冷的气体则升至上层，通过天窗流入外界。为了使新鲜空气进入室内，以便在必要区域实现通风，院落采取了双墙式设计，并采用百叶窗式的开口以避免造成声效问题。屋顶安装着太阳能电板，为其余的通风设备提供动力。预冷的空气和释放的气体都经过屋顶的通风装置，甚至在无风状态下都能保证空气流通。而运转良好的空气流通装置对于大楼高层而言尤为重要。

(2) 水管回路：大楼周边树木成荫，阻挡了阳光直射，但即便如此，水流在流入水区过程中依旧会被加热和蒸发。为了避免这种情况，并使屋顶收集的雨水流入集水区，专门设置了水管回路。水流通过第二管道系统（简易水泵控制的封闭水管系统）被引入地下阴凉处，经过冷却再次流入集水区。因而它会使水槽温度更低，也使大楼能够对空气湿度进行自我调节。进入的水流温度越高，回路内水流动的速度也越快。为避免热带气候的影响，可以对水管回路内的温度进行调节。

(3) 玻璃窗：大楼两侧的玻璃窗造型各异，有的位于绿荫带下方，而有的则在上方的屋顶上。天气寒冷时玻璃窗可关闭（玻璃窗只起到保温作用，并不能为室内供暖）；而热天时，窗门四面开启。

光照

(1) 白天时，大楼内无需人工照明。24小时容量的蓄电池（来自太阳能电板）被用于夜间光照，多余的能源则流入电网。

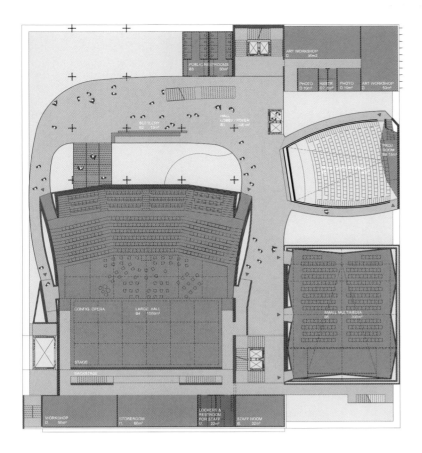

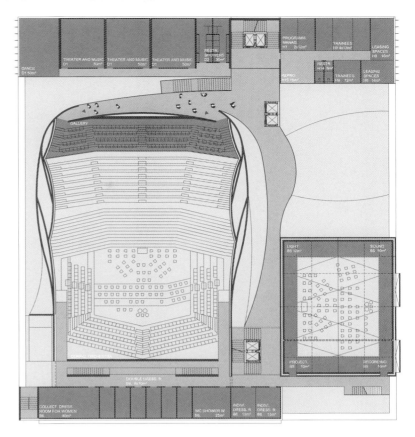

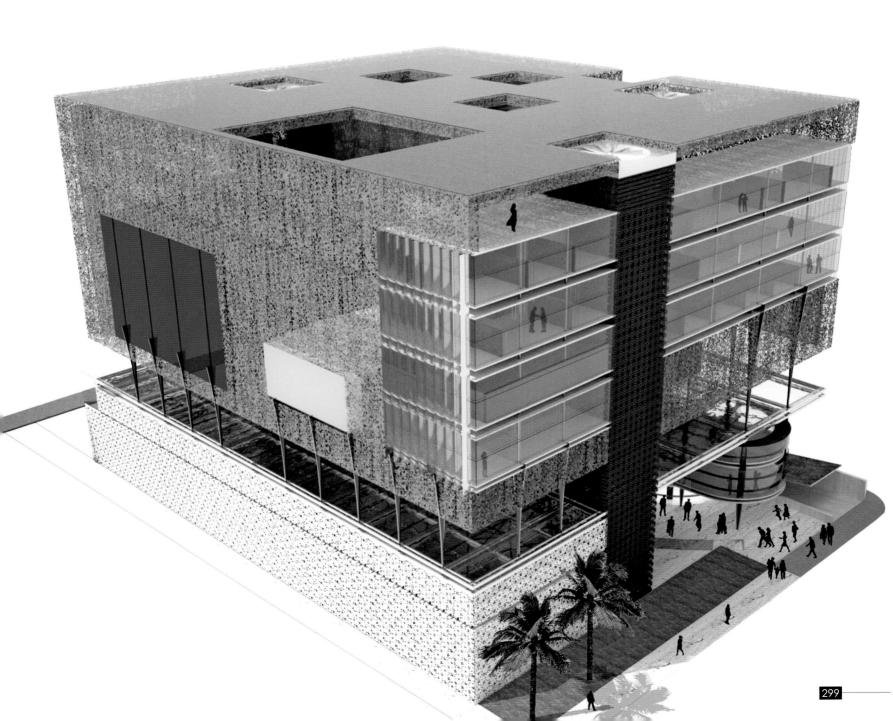

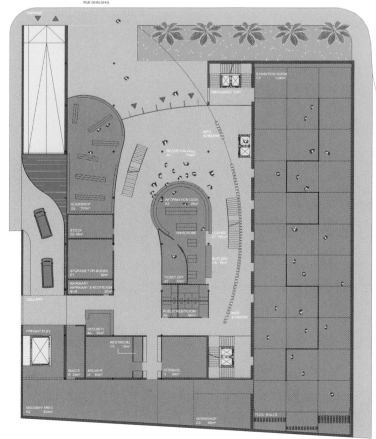

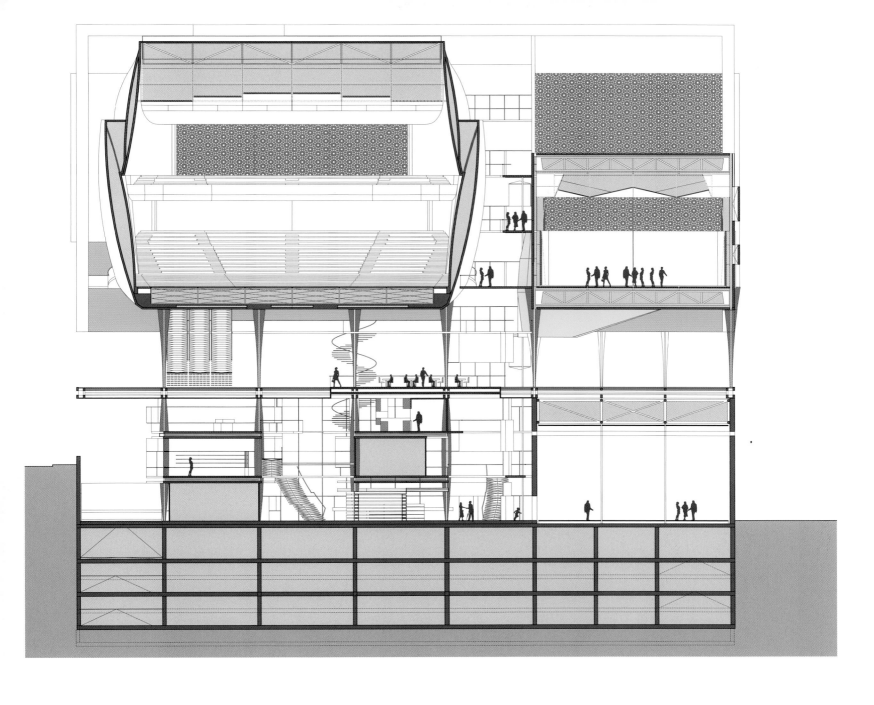

(2) 建筑上方有一片阴凉区，是为了躲避酷暑而设计的。而在楼下，棱镜会将阳光反射入楼内各个区域。

(3) 顶部的展览厅：自然光照的光源主要是来源于集水区的迷离而柔和的光线。在夜间，通过人造灯光可以达到同样的光照效果。

光伏设备

光伏设备为人造灯光以及夜间通风提供电源。多余的能源则流入电网。

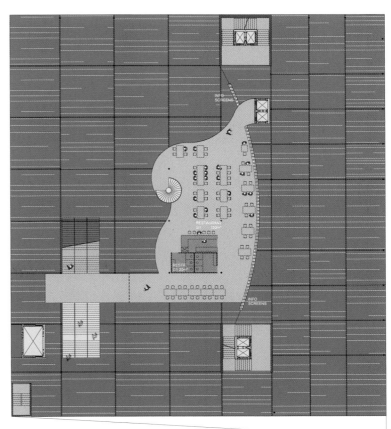

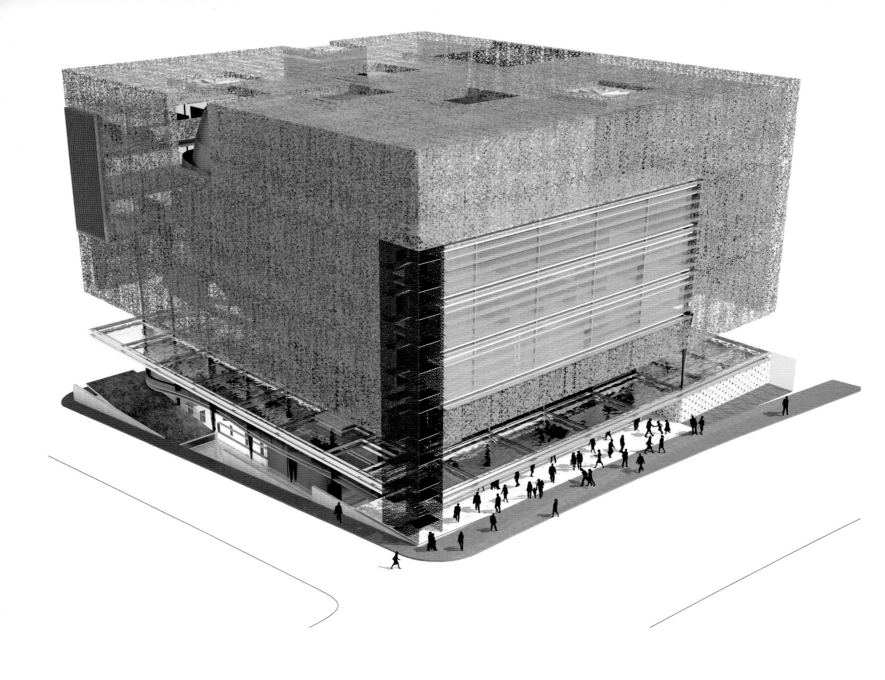

项目信息
地点：中国 香港
完工时间：2010年
面积：32 400平方米
建筑设计：Aedas Limited

18 Kowloon East

九龙湾东汇18号全新商厦

| Aedas Limited |

香港九龙湾东汇18号全新商厦由Aedas建筑事务所设计，是一个28层的综合体，包含办公、商业与停车场。曾依赖制造业的九龙湾目前正处于转型时期，将焕发出新的活力。随着密集产业的转型和复兴，越来越多的设计不再单单是一栋简单的办公大楼。不同于普通的冷冰冰的玻璃办公大楼，此次设计要在这个工业区建造环保可持续性大楼。设计目的不仅将绿化带进工业区，同时也将提高大楼使用者与街道行人的生活质量。新大楼以"绿色"为设计主题，位于底层的停车场栽种了大面积的植物，让建筑物从街道方向看起来呈现一片绿油油的景象。植物同时有助于净化停车场内的空气，减少空气中的灰尘粒子，为停车场使用者带来更加舒适的感觉。

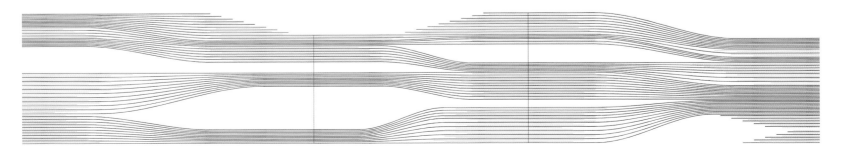

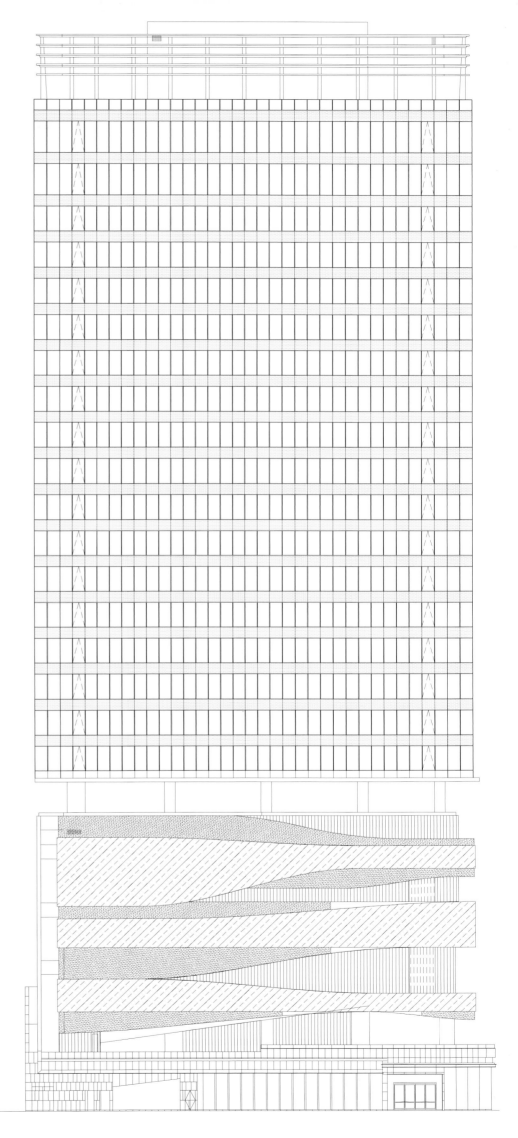

NLF Building

尼鲁弗尔大厦

| GAD |

本项目是一个高层的豪华住宅的设计，大厦位于布尔萨的尼鲁弗尔，这是土耳其最大与最发达的城市之一。项目坐落在东西方向，连接布尔萨和尼鲁弗尔的主要道路轴上。

该项目是尼鲁弗尔与布尔萨设计上的一个里程碑。由于是在小面积的场地建造大项目，建筑要比周围的任何建筑物都要高。

建设项目包括住宅区、办公室、购物中心、餐饮及社交活动区。这些功能融合在一栋高137.50米的建筑中。购物区在地下3层，办公区在购物区之上的地上5层，建筑的其他部分是居住区，而且在楼顶停机坪下有一个餐馆，可以为客人提供一个完美的360°观赏视角。

住宅区有很大的阳台，这是该建筑的主要特色。建筑物为椭圆形的螺旋体。这个有趣的设计使得建筑物的视觉效果非常有吸引力——它的外观会根据人接近它的方向不同而发生相应的变化。

建筑底层有商铺、精品店、干洗店、理发店、居民物业服务区等。该项目场所通过内部功能差异而被分成两部分使用，底层区被用作主要的入口区和公共场所，而上层被用于私人园艺和倒映水池。这些地面和地下区由充满生机的庭院和楼梯连接，建筑物的门廊都朝向楼梯，而且庭院之上有一个玻璃钢组成的遮盖。

建筑占地面积为2 250平方米，总建筑面积约为40 000平方米。

为了在场所和细节加工上提供统一性，该建筑使用很少的材料，主要包括四种：复合材料、混凝土、玻璃和钢。复合材料用于阳台，以使阳台在拥有木材视觉效果的同时变得更温暖。

生态质量体现在以下几方面：

(1) 采用纳米技术自我洁净的玻璃和漆产品，以减少清洁用品的消耗和垃圾。

(2) 环绕建筑物四周的绿色植物。

(3) 建设物大约占地2 250平方米，但在每层楼的花园上都有约5 000平方米的绿地。

(4) 为景观供水系统进行雨水的收集和存储。

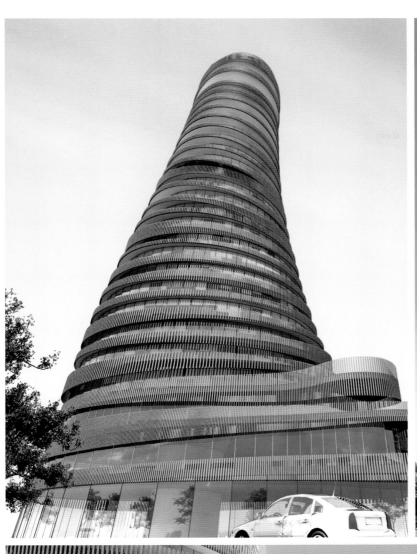

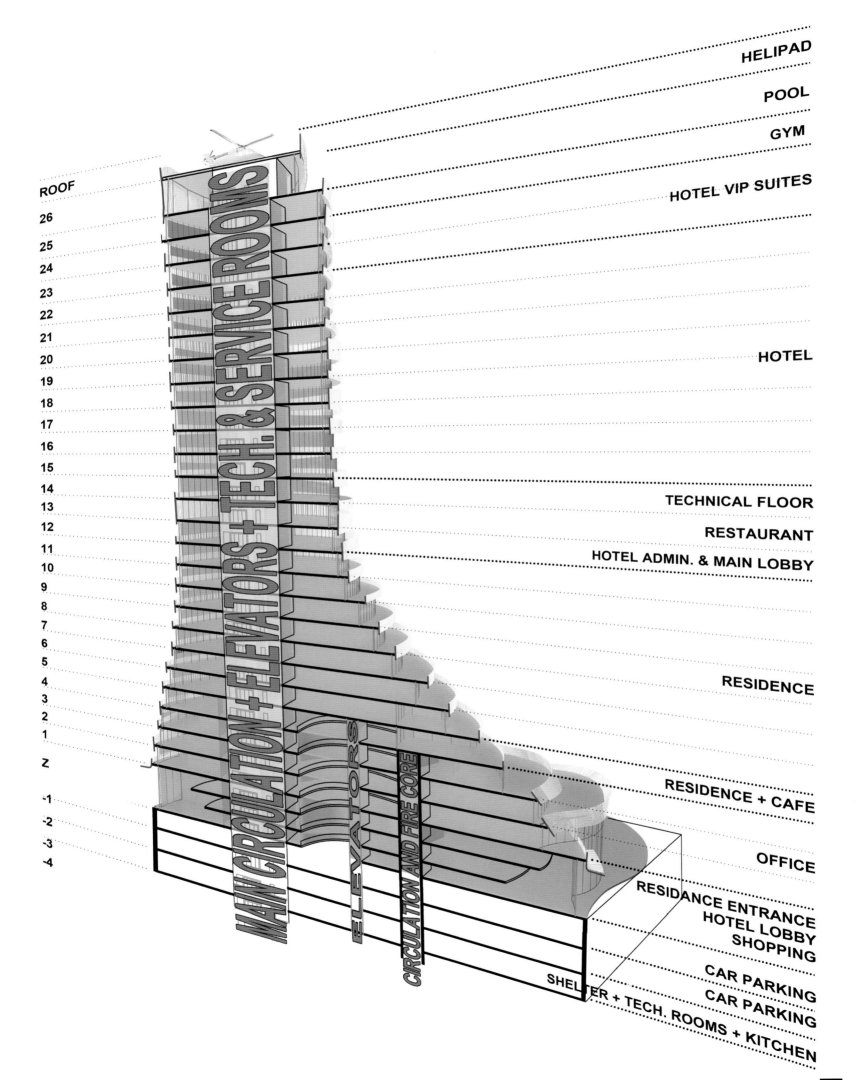

ROOF
26
25
24
23
22
21
20
19
18
17
16
15
14
13
12
11
10
9
8
7
6
5
4
3
2
1
Z
-1
-2
-3
-4

MAIN CIRCULATION + ELEVATORS + ELEVATORS + TECH. & SERVICE ROOMS

ELEVATORS

CIRCULATION AND FIRE CORE

HELIPAD

POOL

GYM

HOTEL VIP SUITES

HOTEL

TECHNICAL FLOOR

RESTAURANT

HOTEL ADMIN. & MAIN LOBBY

RESIDENCE

RESIDENCE + CAFE

OFFICE

RESIDANCE ENTRANCE
HOTEL LOBBY
SHOPPING

CAR PARKING

CAR PARKING

SHELTER + TECH. ROOMS + KITCHEN

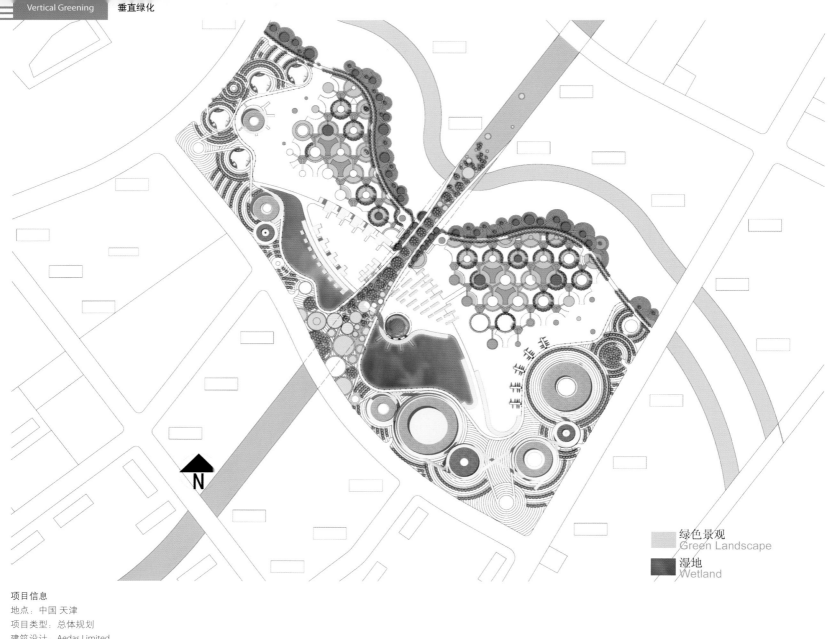

绿色景观
Green Landscape

湿地
Wetland

N

项目信息
地点：中国 天津
项目类型：总体规划
建筑设计：Aedas Limited
获奖：2011年世界建筑节提名奖

Tianjin Eco-city Plots 8 & 17

天津生态城开发区8号与17号地块规划方案 | Aedas Limited |

中 新天津生态城是中国与新加坡战略性的合作项目。该项目的设计追求完善而平衡的可持续发展理念，设计基于人与人、人与经济及人与环境之间的平衡发展。

8号与17号地块的整体规划，灵感来自蝴蝶图腾中的细部雕刻，构建舒展的建筑群落及景观体系，并使其按照一定的秩序蔓延、聚集或弱化。建筑边界遵循舒缓的曲线分布，景观以蝴蝶翅膀的形式形成一个个完整的绿化带在建筑群落中穿插。

生态、自然和人的流动皆是整个设计过程中最基本、最重要的因素。设计将圆形作为基本的建筑形态，这种形态不仅突显了项目的入口，同时也隐

喻了生命的循环这一哲学理念。

整体规划蓝图由生态带贯穿，成为设计中主要的可持续发展元素。生态带由修复了的湿地、人工湖、水景、绿化景观和天台花园组成，连通了商业区和住宅区，务求开发出具有更高的空间品质和超低碳排放，并且更加舒适的建筑群组。

设计中，所有的商业楼宇皆被赋予共同的建筑语言，呈现出一致的外观和逻辑分布，为用户提供高端的购物环境和舒适体验。高层住宅楼沿河边分布，不仅最大限度地保证了住户的私密性，还可以欣赏到水域及周边美景。

水景观
Water

湿地
Wetland

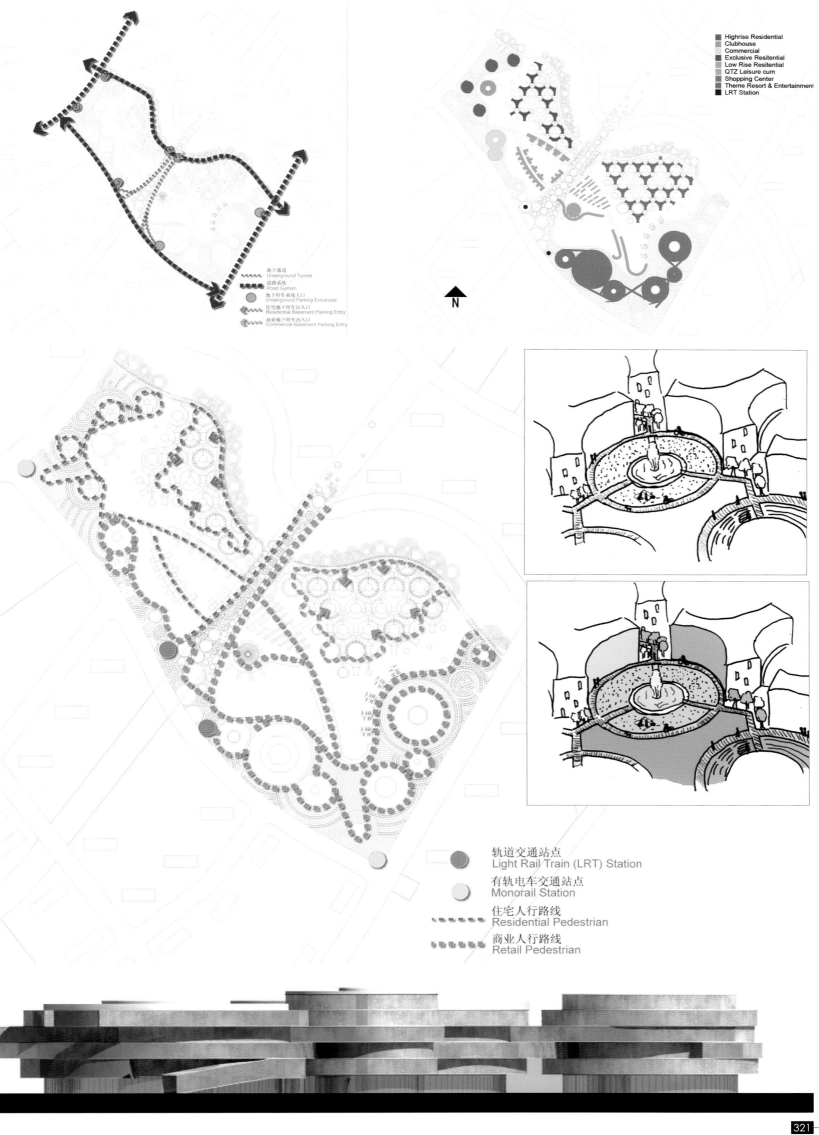

Highrise Residential
Clubhouse
Commercial
Exclusive Resitential
Low Rise Resitential
QTZ Leisure cum
Shopping Center
Theme Resort & Entertainment
LRT Station

地下通道
Underground Tunnel
道路系统
Road System
地下停车系统入口
Underground Parking Entrances
住宅地下停车池入口
Residential Basement Parking Entry
商业地下停车池入口
Commercial Basement Parking Entry

N

轨道交通站点
Light Rail Train (LRT) Station
有轨电车交通站点
Monorail Station
住宅人行路线
Residential Pedestrian
商业人行路线
Retail Pedestrian

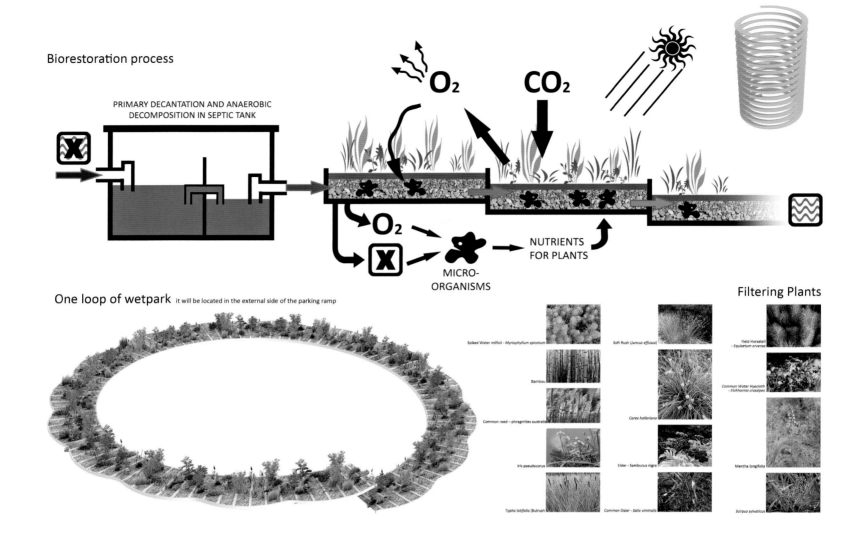

Biorestoration process

PRIMARY DECANTATION AND ANAEROBIC
DECOMPOSITION IN SEPTIC TANK

O_2　CO_2

O_2

MICRO-
ORGANISMS

NUTRIENTS
FOR PLANTS

One loop of wetpark it will be located in the external side of the parking ramp

Filtering Plants

Spiked Water milfoil - Myriophyllum spicatum

Soft Rush (Juncus effusus)

Field Horsetail
- Equisetum arvense

Bambou

Common Water Hyacinth
- Eichhornia crassipes

Common reed - phragmites australis

Carex halleriana

Iris pseudacorus

Elder - Sambucus nigra

Mentha longifolia

Typha latifolia (Bulrush)

Common Osier - Salix viminalis

Scirpus sylvaticus

项目信息
地点：美国 伊利诺斯州 芝加哥
建筑设计/城市规划：Mario Caceres
建筑设计/工程：Christian Canonico

Green Loop—Marina City Global Algae Retrofitting

海藻绿环——玛丽娜双子塔改造方案

|Influx__Studio|

如芝加哥一样，世界上的其他大城市都面临着同样矛盾的现实：支持经济快速发展的同时，要减少这种发展所带来的温室气体排放。这就需要一种新型的可持续模型来提供清洁能源，吸收二氧化碳，降低二氧化碳的排放量，最终实现可持续发展。在城市中心引进的海藻绿环技术在实现零排放环境足迹上扮演着举足轻重的角色。

循环利用的关键：海藻绿环

本方案是运用海藻绿环对位于芝加哥卢普区的玛丽娜双子塔进行改造。双子塔建于1964年，作为城中之城，它主要是被用来阻止大量居民向郊外迁移。这项20世纪的杰作不仅是世界上最高的公寓楼，也是美国第一栋包含住宅区的建筑综合体。

为了响应芝加哥的脱碳计划，并展示海藻绿环如何与既有建筑相结合，本

方案不仅仅只提出改造计划（对建筑的围护结构，采暖与制冷、热水以及照明系统进行改造只是起点），更试图降低卢普区的碳足迹。方案的主要目标是展示海藻绿环如何与新兴绿色技术相结合，创造出全新的综合性二氧化碳处理系统。其功能包括清洁受污染空气、就地开发能源、对污水进行处理和循环利用。

通过生物工程方法，绿环将三种不同的脱碳方式结合起来，产生协同效应：碳汇（直接从空气中吸收碳并运用于绿环反应器中），通过植物的光合作用吸收碳（垂直农场和植物修复），实现节能（引进太阳能和风能）。

循环的环境系统：与绿色技术相结合

本方案对两栋楼都进行了改造，包括下面18层的螺旋形停车场，堪称降低碳排放和节约能源的"工具箱"。

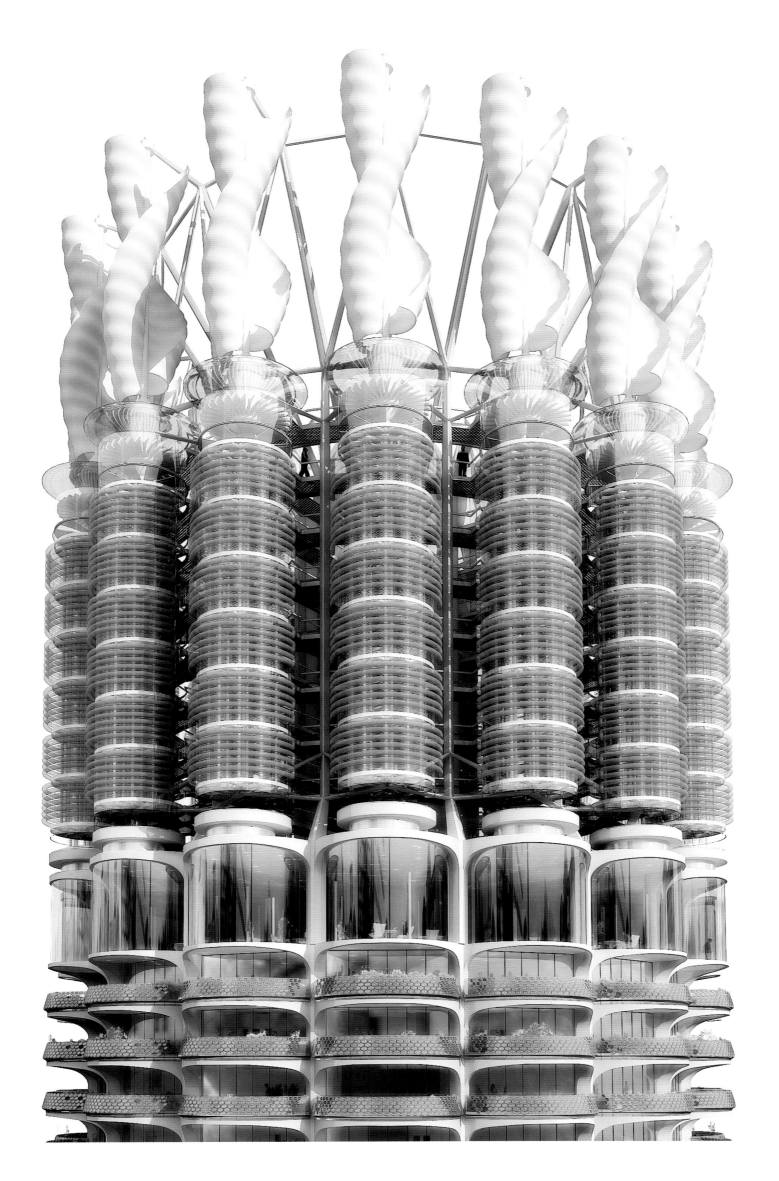

Carbon Scrubbing Devices

Wind turbine, type Helix, catches wind from all directions creating smooth powerful torque to spin the electric generator and the CO2-scrubber fan, which is direcly connected at the bottom of its axis.

Phase 1

The CO2 catcher capsule is open and the air flow through it is helped by a fan direcly activated by the wind turbine.
The CO2 reacts with the resin of the device, where it is trapped.

Phase 2

When resin is saturated, the capsule is ermetically closed. Water vapor is entered into it in order to increase the humidity. With high humidity levels, resin release CO2 which is collected and stored or reused in several way.

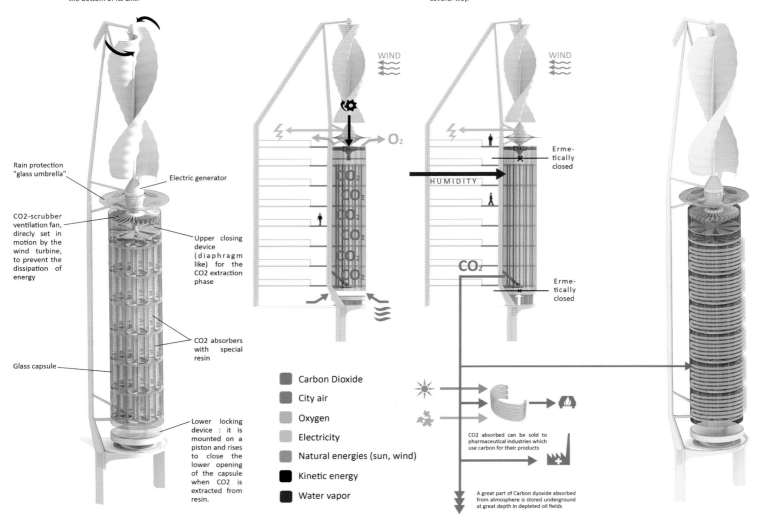

Rain protection "glass umbrella"

Electric generator

CO2-scrubber ventilation fan, direcly set in motion by the wind turbine, to prevent the dissipation of energy

Upper closing device (diaphragm like) for the CO2 extraction phase

Glass capsule

CO2 absorbers with special resin

Lower locking device : it is mounted on a piston and rises to close the lower opening of the capsule when CO2 is extracted from resin.

WIND

O₂

HUMIDITY

Erme- tically closed

CO₂

Erme- tically closed

- Carbon Dioxide
- City air
- Oxygen
- Electricity
- Natural energies (sun, wind)
- Kinetic energy
- Water vapor

CO2 absorbed can be sold to pharmaceutical industries which use carbon for their products

A great part of Carbon dyoxide absorbed from atmosphere is stored underground at great depth in depleted oil fields

Vertical Farming

Characterististics Goldberg balconies will be implemented with special shaped elements who are both a space for growing plants and vegetables, and a support for photovoltaic panels.

The vertical farming is a solution to reduce extensive plantations and cost (money but also pollution) for transport.

This will also enhance the community life, with exchance of products, seeds, advices. We propose the creation of a public level, the SEEDS & VEGETABLES MARKET : this is a bridge between the two towers but also among people.

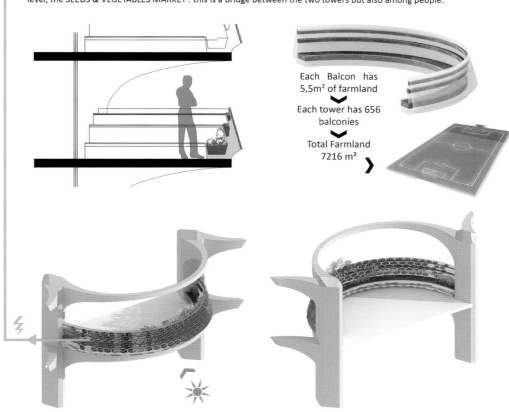

Each Balcon has 5,5m² of farmland

Each tower has 656 balconies

Total Farmland 7216 m²

N, P, K ...

CO_2

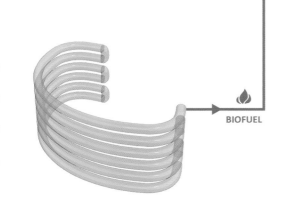

BIOFUEL

Green Marina City - Global operating principles

- ▦ Waste water
- ▦ Clean water
- ▦ Carbon Dioxide
- ▦ City air
- ▦ Oxygen
- ▦ Electricity
- ▦ Natural energies (sun, wind)
- ■ Kinetic energy
- ▦ Biofuel from algae
- ▦ Vegetables and products from vertical farming

Polluted air of the city enter the carbon scrubber device which absorb CO2 releasing an air with a greater oxygen amount.

O₂

CO₂

Waste water coming from Marina City apartments is purified through a wet garden installed on the spiral ramp of the west tower.
After phytoremediation, this water is re-used to supply WCs and vertical farming of Marina City.

CO2 absorbed can be sold to pharmaceutical industries which use carbon for their products

CO₂

A great part of Carbon dioxide absorbed from atmosphere is stored underground at great depth in depleted oil fields

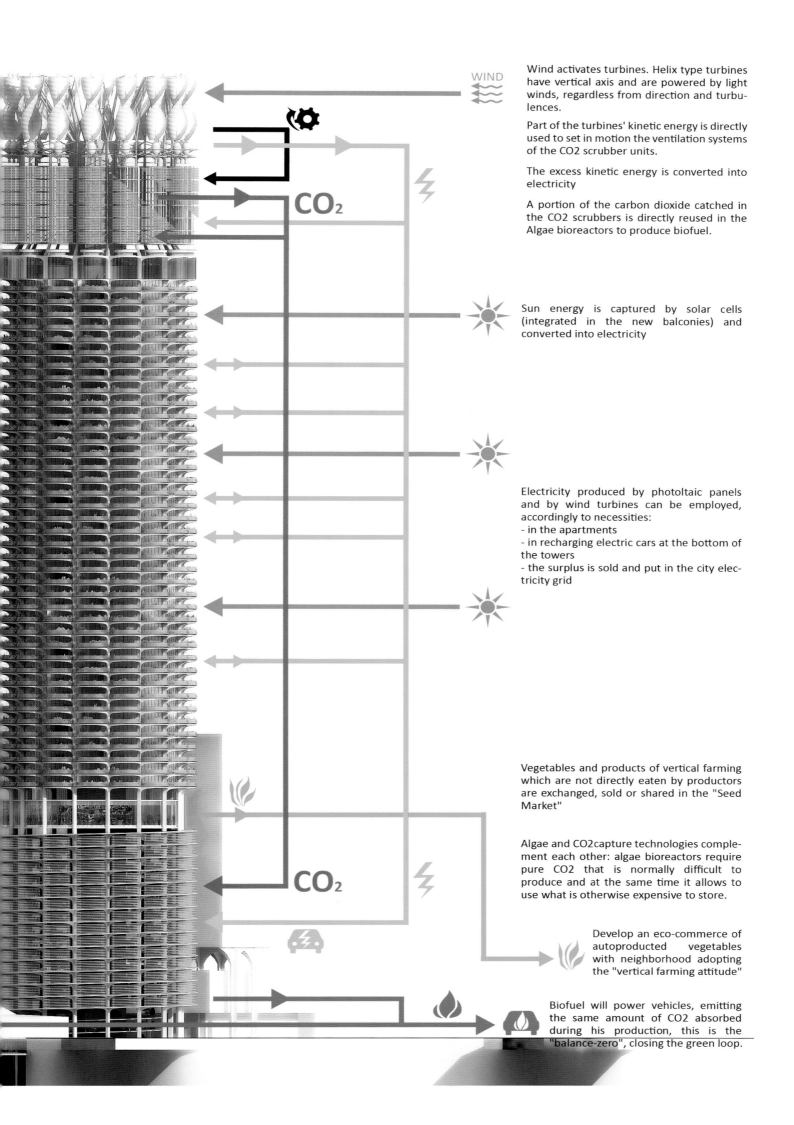

Wind activates turbines. Helix type turbines have vertical axis and are powered by light winds, regardless from direction and turbulences.

Part of the turbines' kinetic energy is directly used to set in motion the ventilation systems of the CO2 scrubber units.

The excess kinetic energy is converted into electricity

A portion of the carbon dioxide catched in the CO2 scrubbers is directly reused in the Algae bioreactors to produce biofuel.

Sun energy is captured by solar cells (integrated in the new balconies) and converted into electricity

Electricity produced by photoltaic panels and by wind turbines can be employed, accordingly to necessities:
- in the apartments
- in recharging electric cars at the bottom of the towers
- the surplus is sold and put in the city electricity grid

Vegetables and products of vertical farming which are not directly eaten by productors are exchanged, sold or shared in the "Seed Market"

Algae and CO2capture technologies complement each other: algae bioreactors require pure CO2 that is normally difficult to produce and at the same time it allows to use what is otherwise expensive to store.

Develop an eco-commerce of autoproducted vegetables with neighborhood adopting the "vertical farming attitude"

Biofuel will power vehicles, emitting the same amount of CO2 absorbed during his production, this is the "balance-zero", closing the green loop.

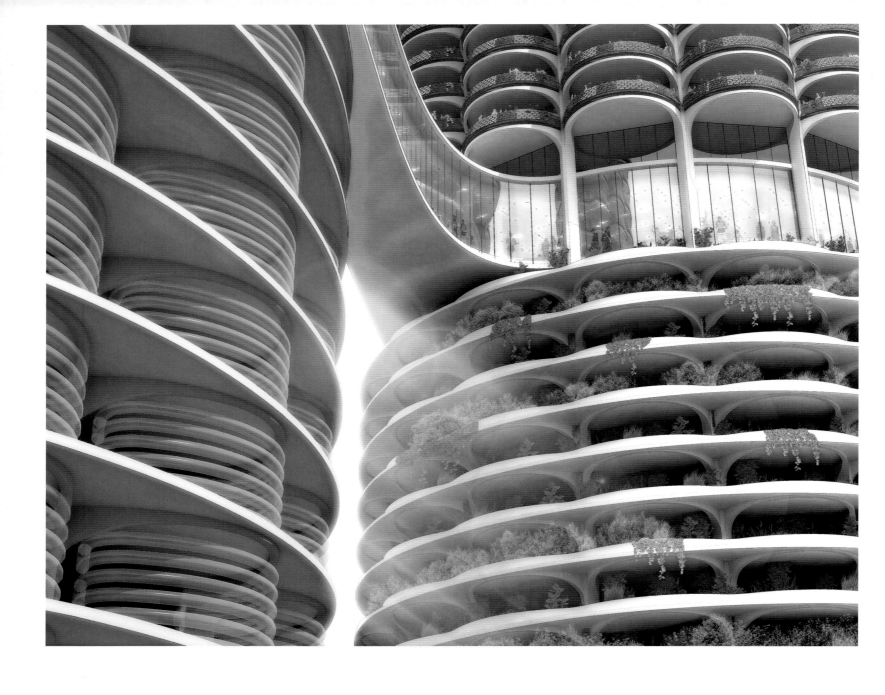

本设计方案的特点如下：

(1) 先进的技术实现了更具可持续性和具有经济性的碳捕捉，如采用哥伦比亚大学伦费斯特可持续能源中心发明的"湿气分离"技术。设置在双子塔顶端的碳洗涤植物可以从空气中捕捉二氧化碳，通过过滤，释放出氧气。在双子塔的顶端安装有风能发电机，可以增强二氧化碳洗涤设施附近的空气流动，并为之提供能量。

(2) 海藻生物反应器会产生足够的能量来满足大厦内的所有能量需求。两座大厦的顶端和其中一个停车场中安装有海藻管道系统，可以吸收太阳辐射，产生生物燃料。之前的停车场的内部表面面积被大大地降低，以适应新型的电力和生化柴油驱动的紧凑型车型。

(3) 另外一个停车场用植物修复系统来清洁用水。植物修复园基于自然重力原理，运用2千米的过滤系统实现水的循环利用。这些水可用于灌溉1公顷的垂直农场，成为大楼与邻近的城市环境之间的重要界面，为卢普区的生物多样性做出贡献。

(4) 半圆形的阳台通过改进可以捕捉更多太阳能，也为打造垂直农场创造了条件。阳台的围护结构上安装光伏电板可提高系统的能源自主性。垂直农场将公众的参与看做是降低二氧化碳的主要驱动力：人们可以种植他们自己的生态食物，在环境与社会中扮演积极的角色。

本方案的全球性设计方法十分富有创意，将现场海藻反应器和新型的碳汇技术运用到既有建筑之中，实现脱碳目标，在同类设计方案中尚属首例。此外，本方案还发明了闭环能量循环系统，提升了公众参与度。所有这些设计将使玛丽娜双子塔成为世界上可持续策略的标杆。

INTEGRATED STRATEGY

综合性节能策略

在现代的建筑设计中有很多的节能措施，如果将其合理地搭配与运用，将会十分有助于建筑的采暖与制冷，有助于实现建筑的高效节能。

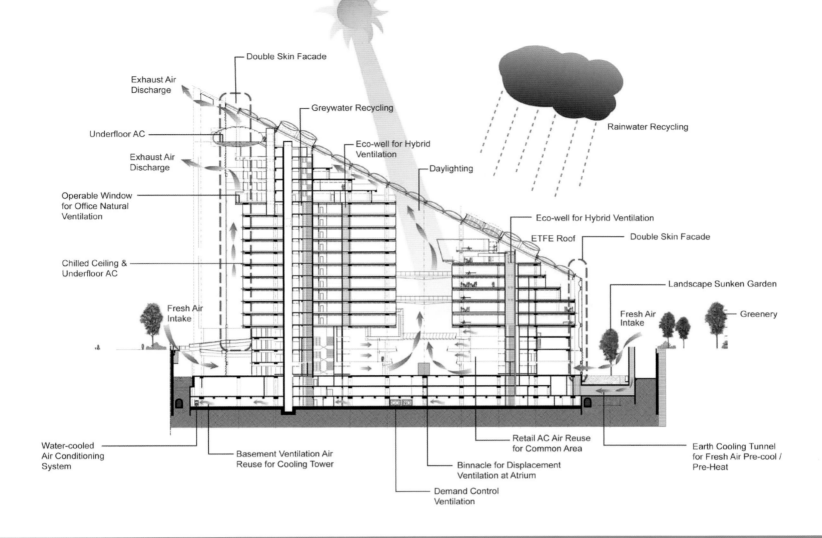

Exhaust Air Discharge

Double Skin Facade

Underfloor AC

Exhaust Air Discharge

Greywater Recycling

Rainwater Recycling

Operable Window for Office Natural Ventilation

Eco-well for Hybrid Ventilation

Daylighting

Eco-well for Hybrid Ventilation

ETFE Roof

Double Skin Facade

Chilled Ceiling & Underfloor AC

Landscape Sunken Garden

Fresh Air Intake

Fresh Air Intake

Greenery

Water-cooled Air Conditioning System

Basement Ventilation Air Reuse for Cooling Tower

Retail AC Air Reuse for Common Area

Earth Cooling Tunnel for Fresh Air Pre-cool / Pre-Heat

Binnacle for Displacement Ventilation at Atrium

Demand Control Ventilation

Water System

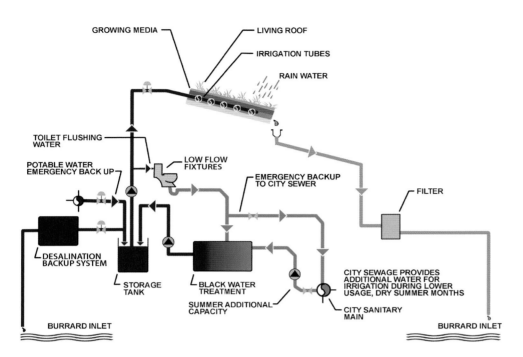

Cooling

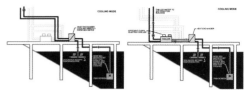

- "Free Cooling" in the Spring and the Fall
- System produces 2,100 tons of Chilling
- System rejects heat to the Sea Water

Heating

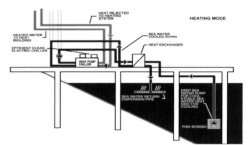

- Extracts heat from the Sea Water
- Chillers also prodcue 50% of heating requirements
- System Produces 1,300 tons of heat = 21 mil BTU/Hr

项目信息

地点：加拿大 温哥华

完工时间：2009年

面积：11.10公顷

建筑规划：20 717平方米展厅/5 574平方米会议室/5 110平方米舞厅/8 826平方米零售空间/37 160平方米人行道、自行车道、公共开放空间及广场

工程领导：BC Pavilion Corporation (PavCo), a Crown Corporation of the Province of British Columbia

获奖信息

世界上第一座LEED铂金认证会议中心

城市土地学会 "2010卓越奖：美国竞赛"

2011AIA环境奖

2011AIA室内设计荣誉奖

Vancouver Convention Center West

温哥华西会议中心

| LMN + DA/MCM |

温哥华西会议中心位于温哥华的滨水地带，将富有活力的地方文化和城市生态系统结合在一起，通过建筑强调了它们之间的关系，打造出北美最值得称赞的自然生态系统之一。

可持续策略

(1) LEED铂金认证。

(2) 加拿大最大的植物屋顶。

(3) 海岸线与沿海生物栖息地的保护。

(4) 低流水装置减少了饮用水消耗，植物灌溉也不再使用饮用水，附近的污水处理设备可以将洗涤水和"黑水"进行处理，作为灌溉水使用。

(5) 海水热泵系统利用恒温的海水，使建筑冬暖夏凉。

(6) 地下水生物区与鱼礁是这个中心的地基，为藤壶、贻贝、海藻、海星、海蟹和各种各样的海洋生物提供了一个新的居所。

(7) 37 160平方米的人行道、自行车通道、公共区域与广场连通整个地区，

这是对温哥华的滨海公园系统的延伸，这样人们就能够方便地到达海边、新公共广场、节庆区和普通聚会场所。

(8) 建筑的周围都是超透明的大块玻璃，密集的日光和广阔的视野使人们能够很快融入到城市和滨海的生活当中，同时也使公共区域的日光利用达到最大化。

(9) 辐射采暖地板遍布绝大多数区域，不用消耗太多的能量就可以使空气更好地流通。前庭中装有空气扩散器。在建筑的西立面安装有可以活动的门窗，这样在合适的条件下就可以自然通风。

设计理念

会议中心包括一栋独立的大楼与一个新兴城市区域，将建筑、室内与城市规划融为一体，在城市与港口之间起着纽带的作用。这项耗资8.83亿美元的工程，把原来市中心滨海区的一块废弃的土地重新开发，大约利用陆地面积56 656平方米，水域面积32 375平方米，包括会议空间92 900平方米，

© Nic Lehoux

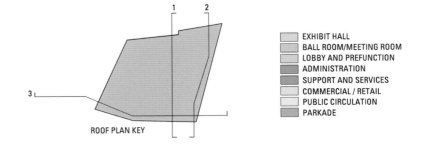

ROOF PLAN KEY

- EXHIBIT HALL
- BALL ROOM/MEETING ROOM
- LOBBY AND PREFUNCTION
- ADMINISTRATION
- SUPPORT AND SERVICES
- COMMERCIAL / RETAIL
- PUBLIC CIRCULATION
- PARKADE

TERRACE (POTENTIAL COMMERCIAL / RETAIL)

CANADA PLACE

WATERFRONT ROAD

EXHIBIT HALL

SECTION 1 @ THURLOW TERRACE / HARBOUR GREEN TRANSITION

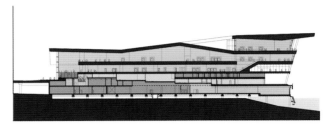

SECTION 2 @ EAST PREFUNCTION

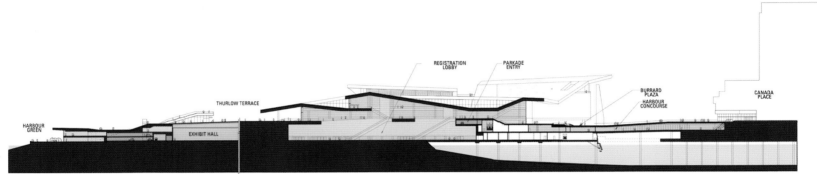

REGISTRATION LOBBY

PARKADE ENTRY

BURRARD PLAZA

HARBOUR CONCOURSE

CANADA PLACE

THURLOW TERRACE

HARBOUR GREEN

EXHIBIT HALL

SECTION 3 @ THURLOW TERRACE / HARBOUR GREEN TRANSITION

SECTION 3 @ SOUTH LOBBY / HARBOUR CONCOURSE

商业空间8 361平方米，450个停车位；另外，人行道、自行车道、公共区域与广场占地37 160平方米。6车道的高架桥在区域后方连通城市网络，进一步规划的基础设施则延伸至水域，为未来商业、码头娱乐产业、水上飞机停泊与水上商业提供了绝佳的机会。

这个项目最生态的表现无疑是其出色的屋顶——总面积达24 000平方米，上面种植了40多万棵本土植物，同时还有24万只蜜蜂。绿色的屋顶可以改善外部的气温，同时也可以将雨水加以利用，并同海滨生态风景很好地结合在一起。蜜蜂采的蜜可供会议中心的厨房使用。屋顶倾斜的造型使其在外观上与旁边的史丹利公园的设计如出一辙，同时也与巴拉德湾对面的温哥华岛美景融为一体。在生物学上，屋顶形成滨水公园的生物链，在会议中心与史丹利公园之间形成持续型的栖息地。沿水域边缘有一个混凝土人工鱼礁。这个鱼礁的设计融入了海洋生物学家的意见，形成天然海岸线生物群落栖息地的一部分，这里生活着大麻哈鱼、螃蟹、海星、海草与一系列其他类型的海洋生物。

此外，在节水与水的重复再利用方面，利用灰水减少60%到70%饮用水，并在该地设置黑水处理与脱盐设备。在强调人文环境的同时，温哥华西会议中心打造的不仅是一栋建筑，同时还是一个公园、一个生态系统，是城市的一部分。会议中心空间设计灵活，无论是重大会议，还是私人聚会，这里都是不错的选择。建筑周边活动区域沿着市中心街道延伸至水边，而滨水城市街道则将公共区域渗透至整个区域。建筑外立面全部采用超透明玻璃，将室内外空间紧紧联系在一起。在视觉上，建筑与滨水环境乃至城

© Nic Lehoux

市文脉融为一体。温哥华隶属不列颠哥伦比亚省，以其自然的山水背景、公园与活跃的城市生活而闻名。这些丰富的元素——滨水区域的自然生态、活跃的城市文化与城市建筑环境——在温哥华西会议中心这栋建筑的设计中得到完美的阐释！

© Nic Lehoux

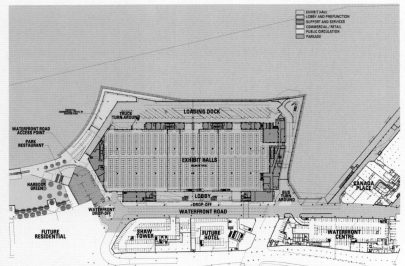

PLAN - EXHIBITION LEVEL

VANCOUVER CONVENTION CENTRE WEST
LMN Architects + MCM/DA

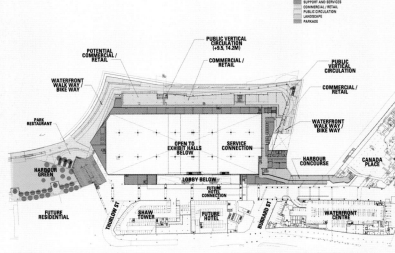

PLAN - HARBOUR CONCOURSE/SUPPORT

VANCOUVER CONVENTION CENTRE WEST
LMN Architects + MCM/DA

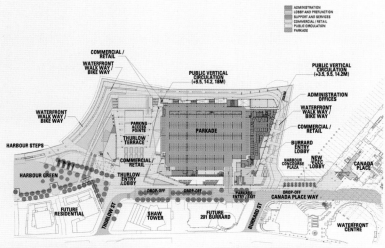

PLAN - PARKING/ADMINISTRATION

VANCOUVER CONVENTION CENTRE WEST
LMN Architects + MCM/DA

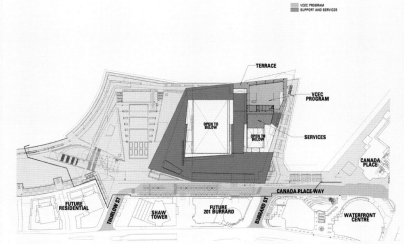

PLAN - LEVEL 3

VANCOUVER CONVENTION CENTRE WEST
LMN Architects + MCM/DA

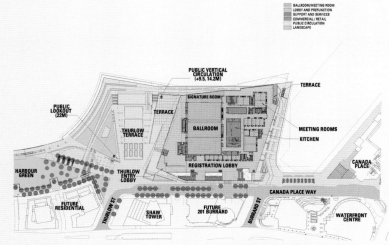

PLAN - LEVEL 1

VANCOUVER CONVENTION CENTRE WEST
LMN Architects + MCM/DA

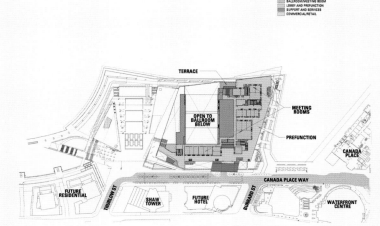

PLAN - LEVEL 2

VANCOUVER CONVENTION CENTRE WEST
LMN Architects + MCM/DA

© Nic Lehoux

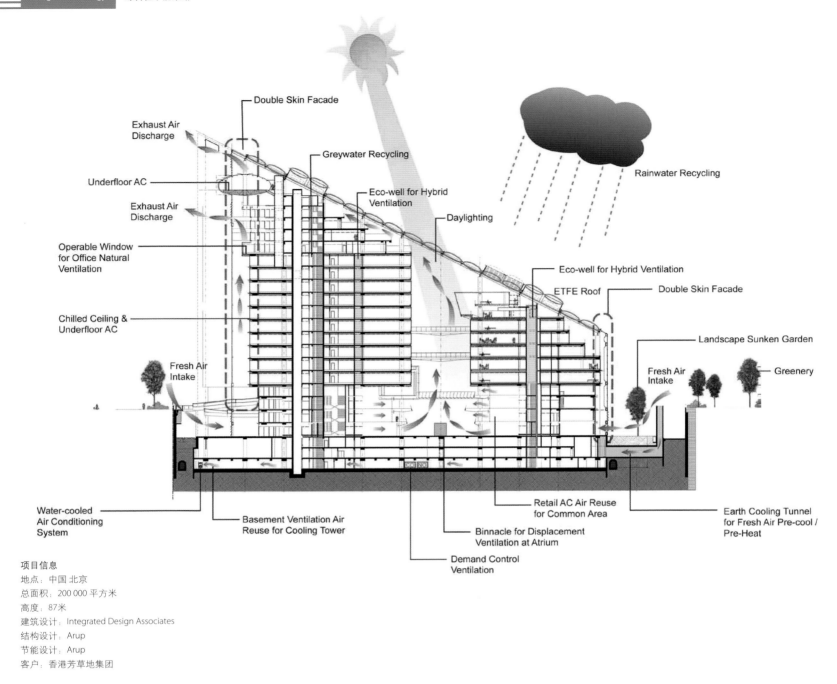

项目信息

地点：中国 北京

总面积：200 000 平方米

高度：87米

建筑设计：Integrated Design Associates

结构设计：Arup

节能设计：Arup

客户：香港芳草地集团

Parkview Green FangCaoDi, Beijing

北京侨福芳草地 | Integrated Design Associates Architects & Designers |

侨福芳草地不仅是北京第一栋可持续性环保综合体，也是第一个运用"微气候"理念以低能耗为核心的项目。此项目已获得众多国际可持续建筑设计奖。

建筑包括2栋9层与2栋18层的大楼，内部设有A级办公楼、1家精品酒店、1个多层购物商场。这4栋楼外部采用透明的聚氟乙烯金字塔外壳。这种材料具有高透光性，95%的外部自然光线可直接射入建筑内部。而双层的玻璃帷幕可以为大厦建立一个微型气候环境，储存热力能源，降低能源损耗。

建筑外壳由于其绝佳的隔热性，可以作为建筑的缓冲地带，保护建筑综合体，防御北京四季多变的天气。为了在外壳这个区域达到最为理想的温度，暖气可以上升并从外壳顶端百叶窗排出。随着暖气的排出，冷气便从外壳底部涌上来。这样便形成一种向上的空气流动与自然通风。因此，大大减少了室内空调与暖气的使用，夏天可节约16%的能源，而冬天则可节约80%。

鉴于北京气候比较干燥，办公楼顶部采用冷吊顶系统。这种系统利用较少的气流便可维持空间内部的舒适性。

侨福芳草地已成功阐释了微气候的设计理念，并于2009年获得LEED铂金认证。这栋建筑以其创新的设计，给正在迅猛发展的中国的可持续性建筑设计带来深远影响。

Microclimatic Envelope Design

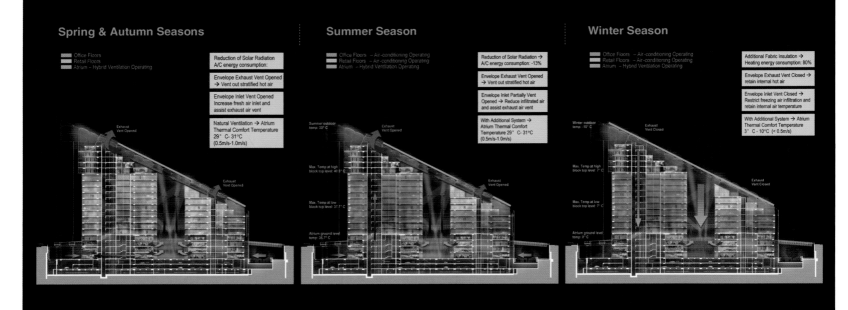

Spring & Autumn Seasons

- Office Floors
- Retail Floors
- Atrium – Hybrid Ventilation Operating

Reduction of Solar Radiation A/C energy consumption:

Envelope Exhaust Vent Opened → Vent out stratified hot air

Envelope Inlet Vent Opened Increase fresh air inlet and assist exhaust air vent

Natural Ventilation → Atrium Thermal Comfort Temperature 29°C-31°C (0.5m/s-1.0m/s)

Summer Season

- Office Floors – Air-conditioning Operating
- Retail Floors – Air-conditioning Operating
- Atrium – Hybrid Ventilation Operating

Reduction of Solar Radiation → A/C energy consumption: -13%

Envelope Exhaust Vent Opened → Vent out stratified hot air

Envelope Inlet Partially Vent Opened → Reduce infiltrated air and assist exhaust air vent

With Additional System → Atrium Thermal Comfort Temperature 29°C-31°C (0.5m/s-1.0m/s)

Winter Season

- Office Floors – Air-conditioning Operating
- Retail Floors – Air-conditioning Operating
- Atrium – Hybrid Ventilation Operating

Additional Fabric Insulation → Heating energy consumption: 80%

Envelope Exhaust Vent Closed → retain internal hot air

Envelope Inlet Vent Closed → Restrict freezing air infiltration and retain internal air temperature

With Additional System → Atrium Thermal Comfort Temperature 3°C-10°C (< 0.5m/s)

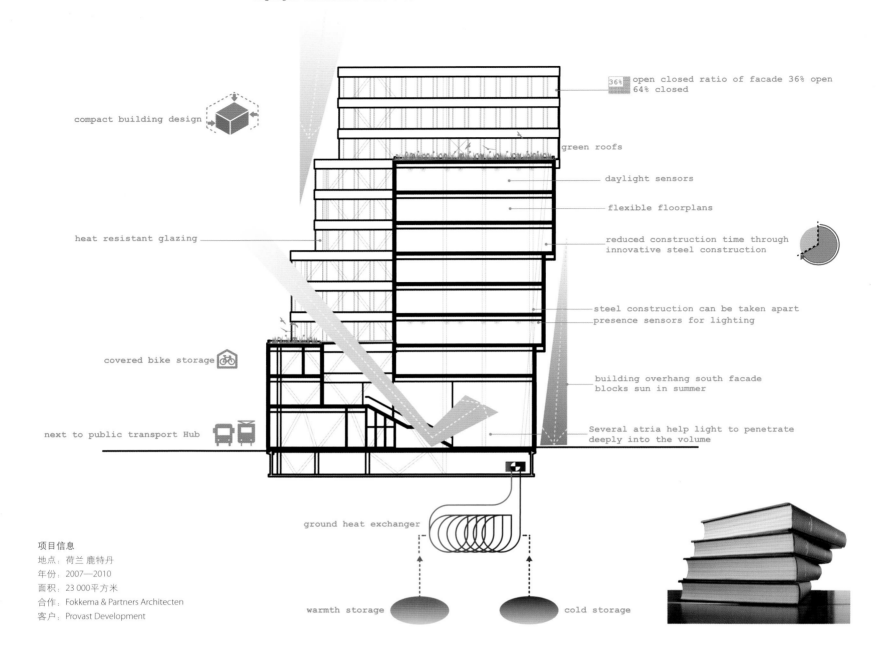

oblique facade improves
daylight conditions northside

compact building design

heat resistant glazing

covered bike storage

next to public transport Hub

36% open closed ratio of facade 36% open
64% closed

green roofs

daylight sensors

flexible floorplans

reduced construction time through
innovative steel construction

steel construction can be taken apart
presence sensors for lighting

building overhang south facade
blocks sun in summer

Several atria help light to penetrate
deeply into the volume

ground heat exchanger

warmth storage

cold storage

项目信息
地点：荷兰 鹿特丹
年份：2007—2010
面积：23 000平方米
合作：Fokkema & Partners Architecten
客户：Provast Development

Blaak 31 Rotterdam

鹿特丹布莱克31号办公大楼

| KCAP Architects & Planners |

位于鹿特丹劳伦斯区的许多项目成就了鹿特丹这座历史古城的现代复兴。在保留20世纪50年代的改造建筑的基础上，这里增加了很多办公建筑，使市中心重新焕发出活力与吸引力。这些项目包括办公空间为23 000平方米的布莱克31号办公楼，与MVRDV设计的未来市场大厅相邻。建筑醒目地坐落于历史上有重要地位但缺乏城市亲和力的布莱克和宾嫩罗特大街交叉口。因此，布莱克31号办公楼的设计为这处充满活力的街区注入更多公共功能。同时，建筑还扩展了宾嫩罗特大街的空间范围。配合周边

的其他建设，整个地段被改造成鹿特丹中心城区极富魅力的街区。
地处如此重要的区位，这栋12层建筑展现出令人瞩目、独树一帜且充满魅力的形象。建筑体采用逐渐旋转的形式，每三层错位2.7米。该建筑形式部分由与市场大厅的距离所决定，设计旨在最大程度地争取日照并且保护两座建筑彼此的私密性。建筑外立面通过玻璃及天然石材水平线条点缀，突出了建筑的形状，使室内日照充足，以开阔的视野尽览室外街景。

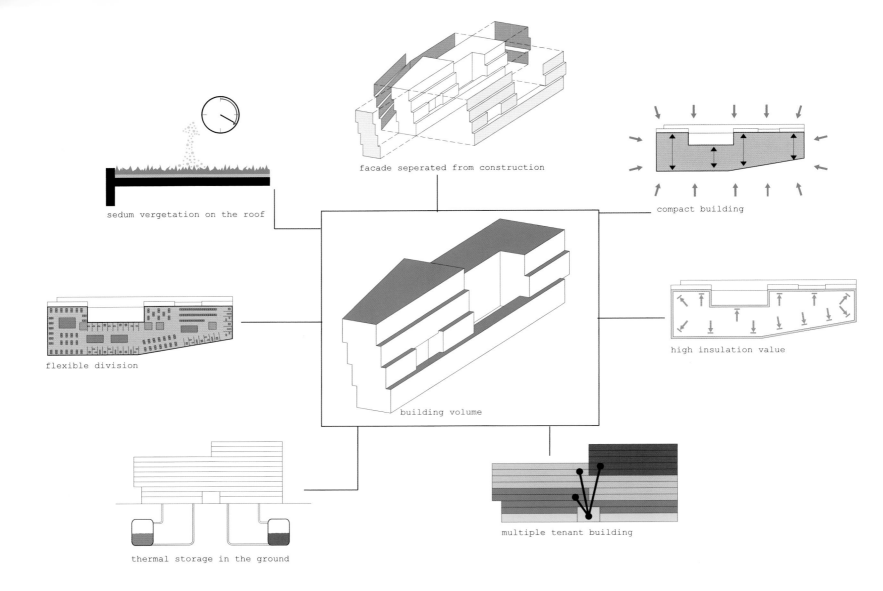

sedum vergetation on the roof

facade seperated from construction

compact building

flexible division

building volume

high insulation value

thermal storage in the ground

multiple tenant building

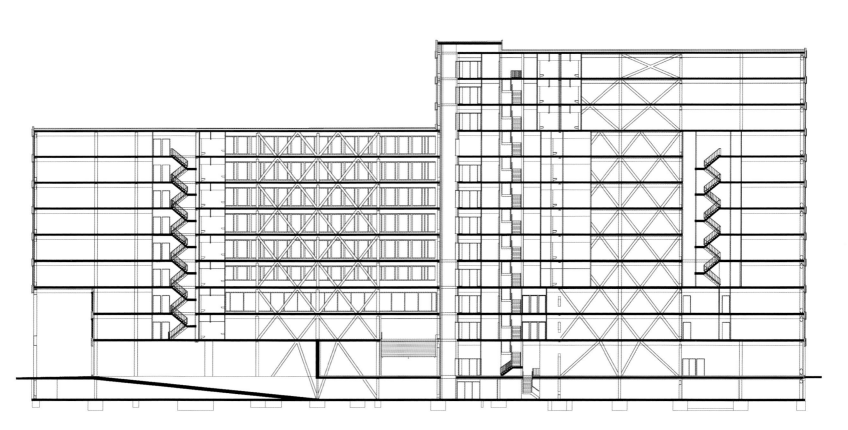

Section

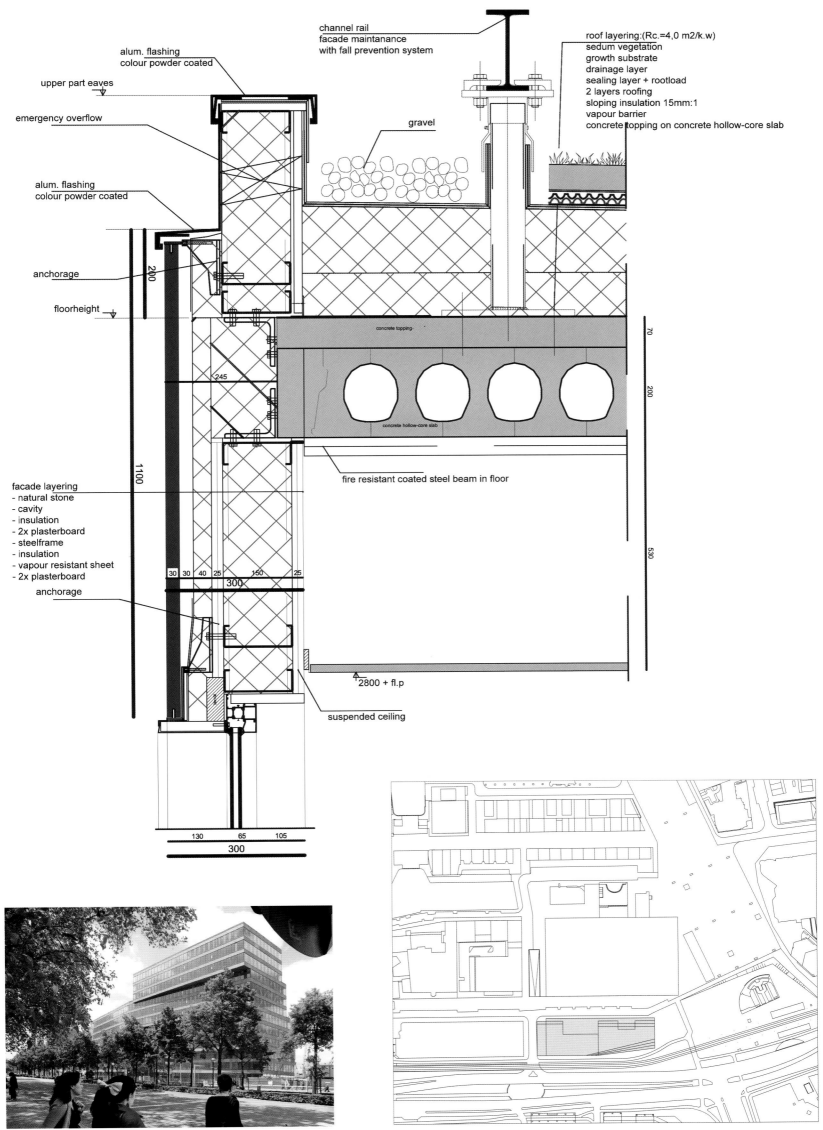

channel rail
facade maintanance
with fall prevention system

roof layering:(Rc.=4,0 m2/k.w)
sedum vegetation
growth substrate
drainage layer
sealing layer + rootload
2 layers roofing
sloping insulation 15mm:1
vapour barrier
concrete topping on concrete hollow-core slab

alum. flashing
colour powder coated

upper part eaves

emergency overflow

gravel

alum. flashing
colour powder coated

anchorage

floorheight

concrete topping

concrete hollow-core slab

fire resistant coated steel beam in floor

facade layering
- natural stone
- cavity
- insulation
- 2x plasterboard
- steelframe
- insulation
- vapour resistant sheet
- 2x plasterboard

anchorage

2800 + fl.p

suspended ceiling

200

1100

30 30 40 25 150 25
300

130 65 105
300

70
200
530

245

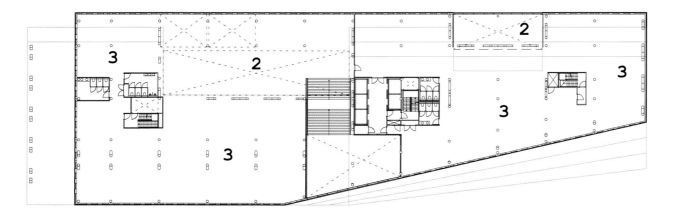

1 Entreehal
   entrance / foyer
   Eingang / Foyer

2 Atrium

3 Kantoor
   office
   Büro

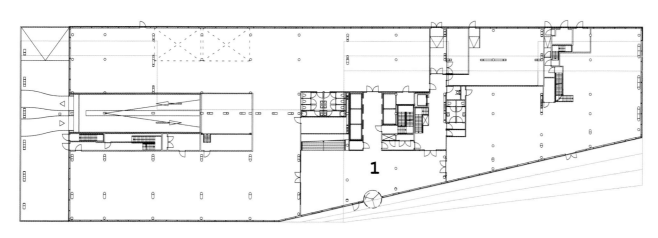

1 Entreehal
   entrance / foyer
   Eingang / Foyer

2 Atrium

3 Kantoor
   office
   Büro

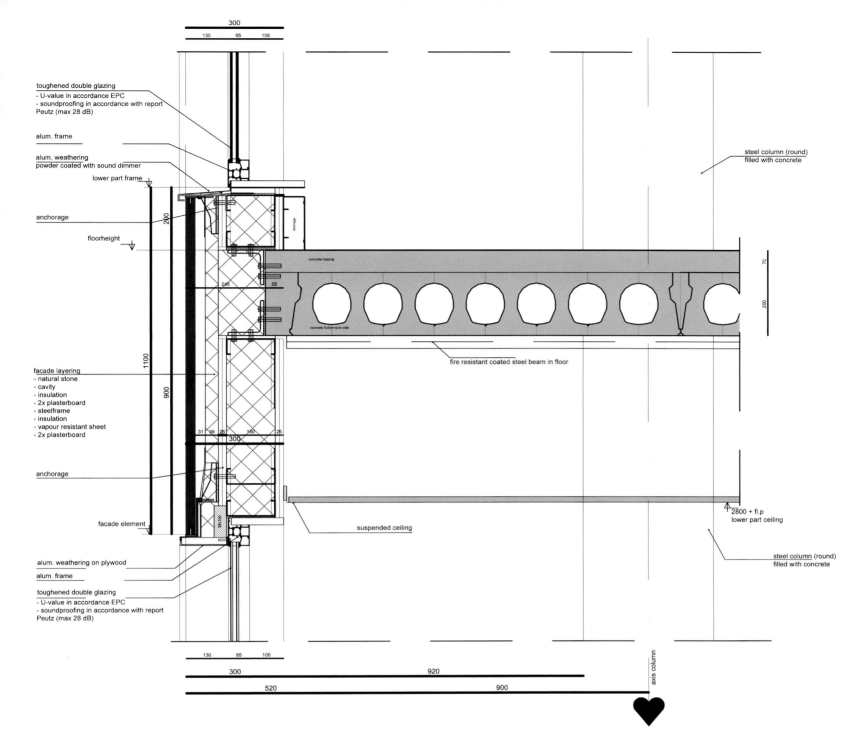

toughened double glazing
- U-value in accordance EPC
- soundproofing in accordance with report Peutz (max 28 dB)

alum. frame

alum. weathering powder coated with sound dimmer

lower part frame

anchorage

floorheight

steel column (round) filled with concrete

concrete topping

concrete hollow-core slab

fire resistant coated steel beam in floor

facade layering
- natural stone
- cavity
- insulation
- 2x plasterboard
- steelframe
- insulation
- vapour resistant sheet
- 2x plasterboard

anchorage

facade element

suspended ceiling

2800 + fl.p lower part ceiling

steel column (round) filled with concrete

alum. weathering on plywood

alum. frame

toughened double glazing
- U-value in accordance EPC
- soundproofing in accordance with report Peutz (max 28 dB)

300
130 65 105
210
245   55
1100
900
31 99 25   160   25
300
130 65 105
300
520
920
900
70
200

axis column

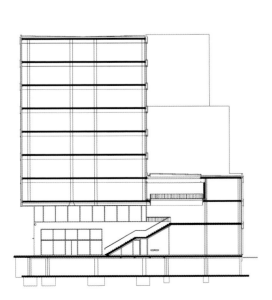

Section

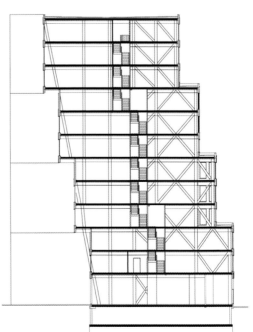

Section

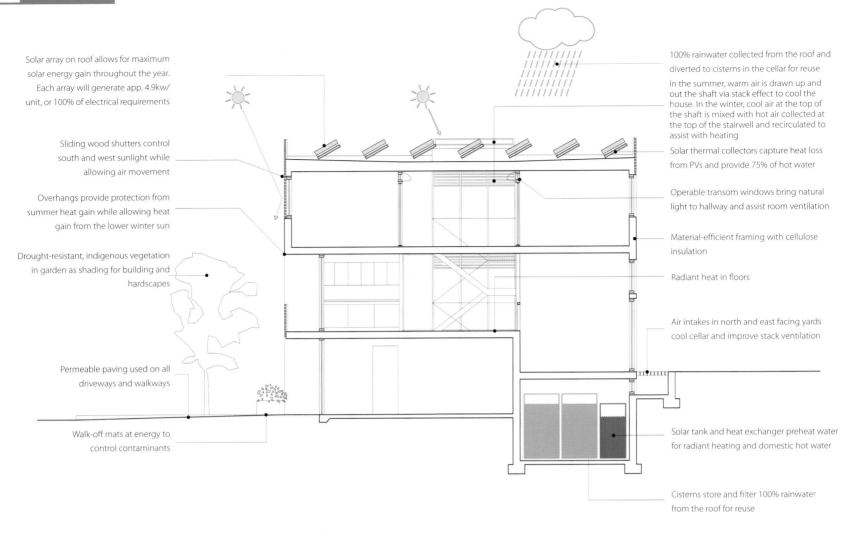

Solar array on roof allows for maximum solar energy gain throughout the year. Each array will generate app. 4.9kw/unit, or 100% of electrical requirements

Sliding wood shutters control south and west sunlight while allowing air movement

Overhangs provide protection from summer heat gain while allowing heat gain from the lower winter sun

Drought-resistant, indigenous vegetation in garden as shading for building and hardscapes

Permeable paving used on all driveways and walkways

Walk-off mats at energy to control contaminants

100% rainwater collected from the roof and diverted to cisterns in the cellar for reuse

In the summer, warm air is drawn up and out the shaft via stack effect to cool the house. In the winter, cool air at the top of the shaft is mixed with hot air collected at the top of the stairwell and recirculated to assist with heating

Solar thermal collectors capture heat loss from PVs and provide 75% of hot water

Operable transom windows bring natural light to hallway and assist room ventilation

Material-efficient framing with cellulose insulation

Radiant heat in floors

Air intakes in north and east facing yards cool cellar and improve stack ventilation

Solar tank and heat exchanger preheat water for radiant heating and domestic hot water

Cisterns store and filter 100% rainwater from the roof for reuse

项目信息

建筑设计：AB Architekten

设计师：Alexander Blakely, Matthias Altwicker

设计团队：Vadit Suwatcharapinun, Valery Lux, Robert Hendrickson, Joseph Mckenna, Catherine Meng

景观设计：Hepler Associates

LEED顾问：Steven Winter Associates

开发团队：Bedford Construction Group, Inc, Long Island Housing Partnership, Nassau County Planning Federation

Next Generation Housing

"下一代" 绿色联排别墅

| AB Architekten |

本项目是纽约长岛创建经济型可持续"绿色"家园计划的一部分。项目地处亨普斯特德村东格雷厄姆大道与南富兰克林街的拐角处，占地约170平方米，两栋（包含6个单元）面积为140平方米的别墅，一个面朝南富兰克林街，另一个朝向东格雷厄姆大道。联排别墅的建造将严格按照美国绿色建筑委员会住宅项目的LEED标准，达到可能是目前最高级别的LEED铂金级认证。这套标准主要评估以下几个方面：住宅发展是否注重环保、站点的规划、建筑施工、集成环境系统和项目开发。开发商、承建商和建筑师通过相互协调共同努力，确保联排别墅在设计与施工过程中的各

项指标均达到LEED标准，有利于为居住者营造一个节能环保并且更加健康的居住环境。

建筑特点

该建筑的外形和朝向旨在充分利用太阳能、自然光线和交叉通风。所有这些设计将减少建筑物的整体能源使用，营造一个更健康的室内环境。太阳能电池板可提供整栋建筑所需的约75%的能源，而屋顶独到的外形设计可以将雨水聚集过滤后重复再利用。南面和西面的太阳阴影能让业主更精准地控制建筑光和热的摄取。二楼是开放式的楼面设计，结合开放的楼梯和

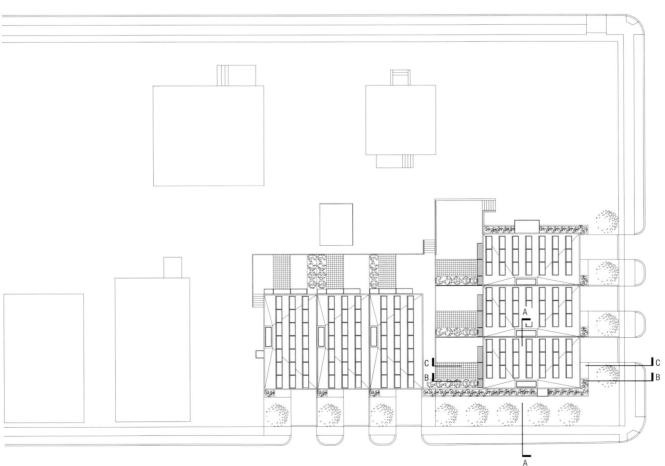

East Graham Avenue

South Franklin Street

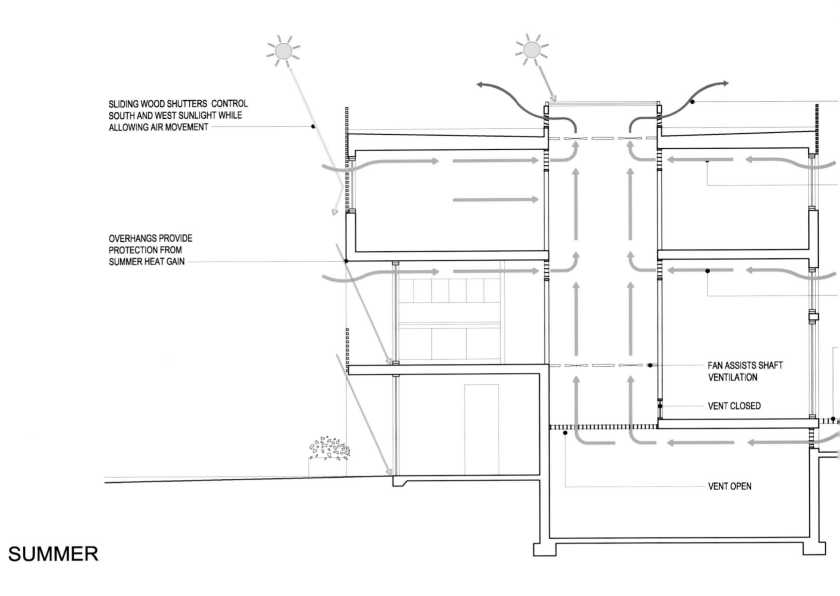

SLIDING WOOD SHUTTERS CONTROL
SOUTH AND WEST SUNLIGHT WHILE
ALLOWING AIR MOVEMENT

OVERHANGS PROVIDE
PROTECTION FROM
SUMMER HEAT GAIN

FAN ASSISTS SHAFT
VENTILATION

VENT CLOSED

VENT OPEN

SUMMER

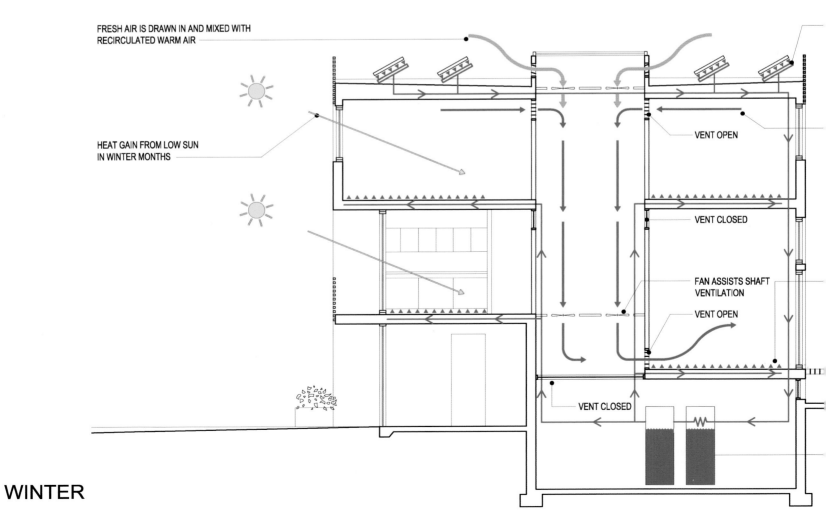

FRESH AIR IS DRAWN IN AND MIXED WITH
RECIRCULATED WARM AIR

HEAT GAIN FROM LOW SUN
IN WINTER MONTHS

VENT OPEN

VENT CLOSED

FAN ASSISTS SHAFT
VENTILATION

VENT OPEN

VENT CLOSED

WINTER

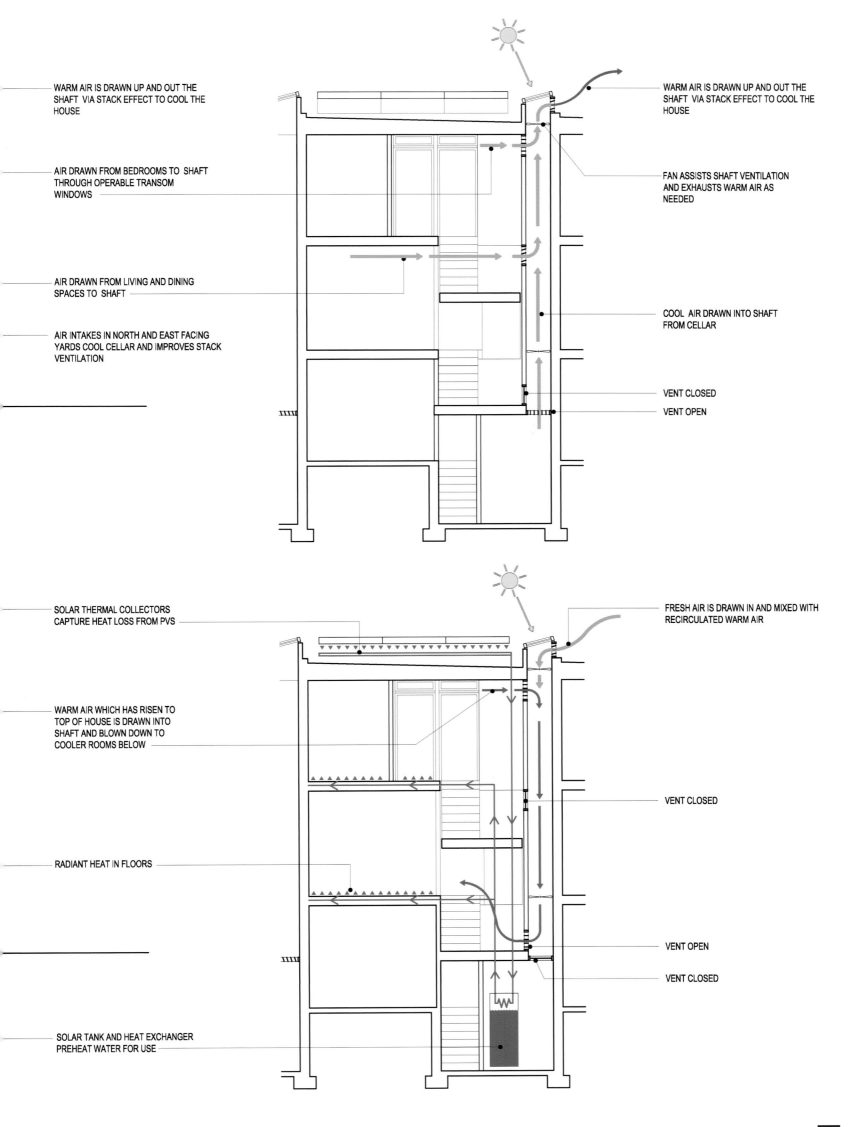

WARM AIR IS DRAWN UP AND OUT THE SHAFT VIA STACK EFFECT TO COOL THE HOUSE

AIR DRAWN FROM BEDROOMS TO SHAFT THROUGH OPERABLE TRANSOM WINDOWS

AIR DRAWN FROM LIVING AND DINING SPACES TO SHAFT

AIR INTAKES IN NORTH AND EAST FACING YARDS COOL CELLAR AND IMPROVES STACK VENTILATION

WARM AIR IS DRAWN UP AND OUT THE SHAFT VIA STACK EFFECT TO COOL THE HOUSE

FAN ASSISTS SHAFT VENTILATION AND EXHAUSTS WARM AIR AS NEEDED

COOL AIR DRAWN INTO SHAFT FROM CELLAR

VENT CLOSED

VENT OPEN

SOLAR THERMAL COLLECTORS CAPTURE HEAT LOSS FROM PVS

WARM AIR WHICH HAS RISEN TO TOP OF HOUSE IS DRAWN INTO SHAFT AND BLOWN DOWN TO COOLER ROOMS BELOW

RADIANT HEAT IN FLOORS

SOLAR TANK AND HEAT EXCHANGER PREHEAT WATER FOR USE

FRESH AIR IS DRAWN IN AND MIXED WITH RECIRCULATED WARM AIR

VENT CLOSED

VENT OPEN

VENT CLOSED

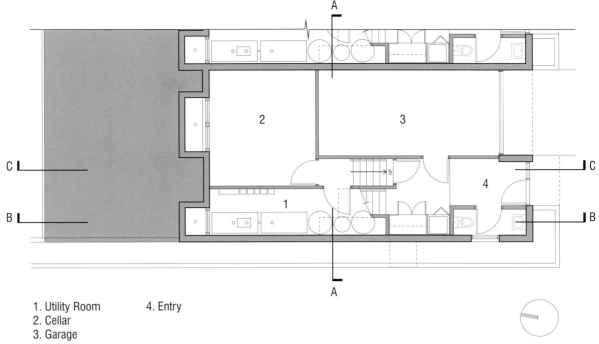

1. Utility Room   4. Entry
2. Cellar
3. Garage

Split level 1

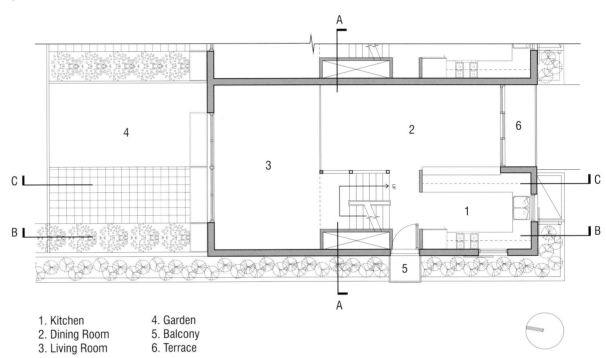

1. Kitchen   4. Garden
2. Dining Room   5. Balcony
3. Living Room   6. Terrace

Split level 2

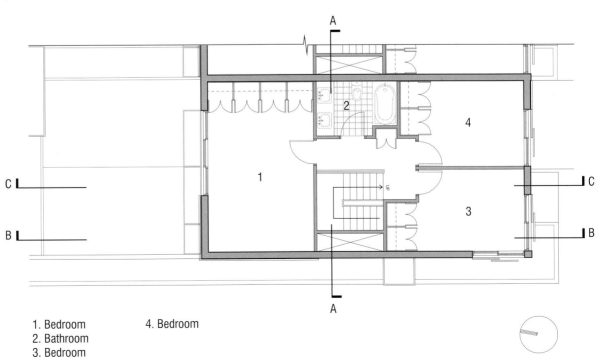

1. Bedroom   4. Bedroom
2. Bathroom
3. Bedroom

Level 3

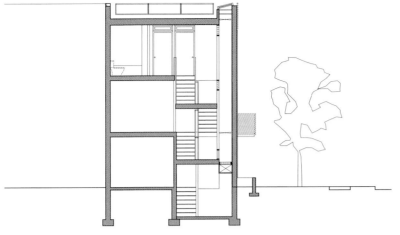

Section A

South Franklin Street

East Graham Avenue

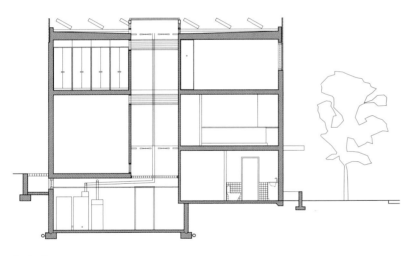

Section B

每扇门上的横梁可加强建筑中的交叉通风，减少空调和不健康的中央空气系统的使用。一台高效的热水加热器能有效节约能源和水。

建筑施工

在该项目的施工过程中，建筑师采用桁架结构搭建法，这比使用传统结构搭建要节省30％的木材。隔热部分使用无毒、更有效的"绿色纤维隔热层"。外墙饰面采用木材和纤维水泥的复合板，维护成本极低。而窗户使用低辐射膜玻璃的双窗格。所有浴室和厨房的供水设备都是"节流型"的，电气设备则符合星级节能标准。从当地的经销商购买的建筑材料均可回收利用（厨房、浴室和露台的瓷砖以及地毯），或为可再生资源（竹地板）。

绿色环保

(1) 太阳能光伏板可保障100％的建筑所需电力供应。

(2) 太阳能热收集器将光伏发电损失的热量收集起来，生成所需的75％的热水。

(3) 水箱可100％收集雨水，过滤后可再利用。

(4) 南面和西面外墙的木百叶窗可以起到很好的遮阳效果。

(5) 交叉通风使得房屋冬暖夏凉。

(6) 施工过程中采用桁架结构搭建法，这比使用传统结构搭建节省了30％的木材。

(7) 隔热部分使用无毒、更有效的"绿色纤维隔热层"。

(8) 使用比常规加热系统更有效率、更舒适的辐射采暖。

(9) "节流型"浴室和厨房供水设备能减少水的使用。

(10) 家电和照明设备均符合星级节能标准。

(11) 建材均来自本地分销商。

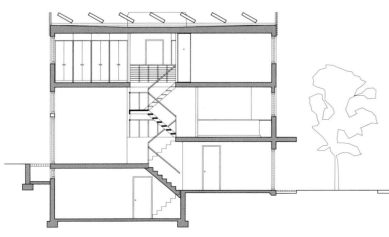

Section C

⑿ 内、外均采用可再生资源或回收材料。

⒀ 当地植物不仅不需要经常浇水打理，还起到了自然遮阳以及营造了高度私密空间的作用。

⒁ 渗透性地面铺装材料可形成水循环并减少热岛效应。

⒂ 6个单元仅占用了一个传统型独栋别墅的占地面积，实现了高密集度设计。

⒃ 公共交通、公园和学校等社会资源都在步行范围之内。

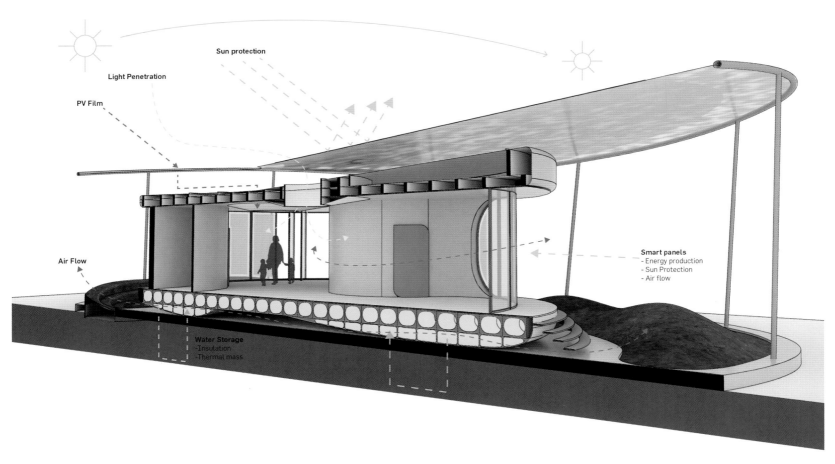

项目信息
地点：澳大利亚
年份：2011年
面积：60-180平方米
建筑设计：Chris Bosse, Tobias Wallisser, Alexander Rieck
客户：Future Proofing School

Classroom of the Future

未来教室

| LAVA - Laboratory for Visionary Architecture |

未来教室项目是由LAVA建筑事务所设计的学习空间。这一现代化的学习空间实现了可持续性，并与景观和学校环境建立起密切联系，同时也能够通过预制构件组装而成，实现大规模定制。

本项目的可持续性设计内容包括预制构件、生态材料、对称性可重复几何构造以及轻便的可移动模块。模块化的立面系统可以手动控制，灵活控制光线，闭合或开放空间，促进内外环境的融合。大规模的定制能够实现低成本、低碳，也可以根据不同的气候和地形来进行调整。

教室的"三轴"构造让各单元能够以不同的组合方式相连接，从而创造出不同面积的学习空间以及不同的学习方式。这样的学习空间加强了人、自然和技术之间的联系。

随着信息化在全球的快速发展，在区域与全球环境之间建立联系的机会也越来越多。未来教室项目通过使用先进的技术，让学习空间成为知识与社会之间的一个纽带。设计师通过将教室细分成可以不断变化的灵活集群，来呈现对未来的展望。在这里，教师的授课行为不再被当做"黑匣子剧场"来看，而是成为这些集群的中心，教师可以在其中自由活动。整个系统不再是固定的一个体系，而是可以自由调整。

一体化的可持续体系

本项目的可持续设计不仅体现在能效解决方案上，还包括预制组装、材料的选择、对称的可重复结构、轻便的模块化元素以及结构的可移动性。模块化的立面系统可以人工控制，在光与影的控制上具有很大的灵活性，可以随时闭合或开放，实现内外环境的融合。

探寻未来——学习的空间

模块化的自然几何构造为现代和未来教室提供了一个框架。轻盈的结构将中央的空间分割开来，让教室模块形成一个大型空间或者三个小型空间。所有空间都与周围的景观和环境和谐相融。"三轴"构造让各单元能够以不同的组合方式相连接，从而创造出不同面积的教室。由此，建筑师也在探寻如何让建筑本身的设计适应未来的学习方式和运营方式。同时，建筑设计也让学生对可持续性、社会互动、自然以及技术有更多的认识。

大规模定制——低成本低碳

采用预制构件组装，建筑的各个组成部分可以在其他地方提前制成；地板和屋顶如同夹芯板一样，可以很容易地移动和连接；各个组成部分也可以很容易地在工地上组装起来；可以最大程度地降低材料浪费，节约施工材料和时间，也可以随时代替遭自然灾害毁坏的学校设施。

ROOF

- Structure: Prefabriacted modular timber elements

- Insulation: Depending on the climate at the specific location, insulation will be provided between timber joists

THREE SERVICE MODULES

- Walls : Timber structure with lining on either side

SMART PANELS

- Operable windows

- Framework provided for various „smart" infill panels

PLINTH

WATER TANKS

- Rain water will be collected and used for irrigation and various other gray water applications

MODULATED LANDSCAPE

- Outdoor classrooms visually connect to the interior

- The design of external areas could be part of individual school projects

Arid Climate

Facade Solar Access:

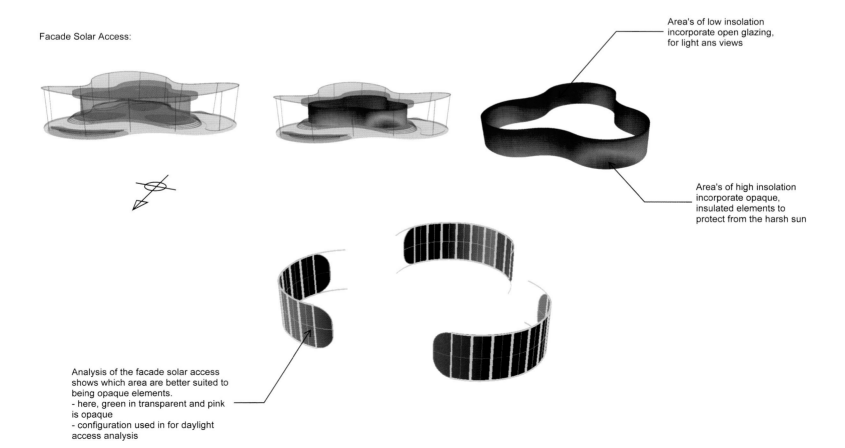

Area's of low insolation incorporate open glazing, for light ans views

Area's of high insolation incorporate opaque, insulated elements to protect from the harsh sun

Analysis of the facade solar access shows which area are better suited to being opaque elements.
- here, green in transparent and pink is opaque
- configuration used in for daylight access analysis

Temperate Climate

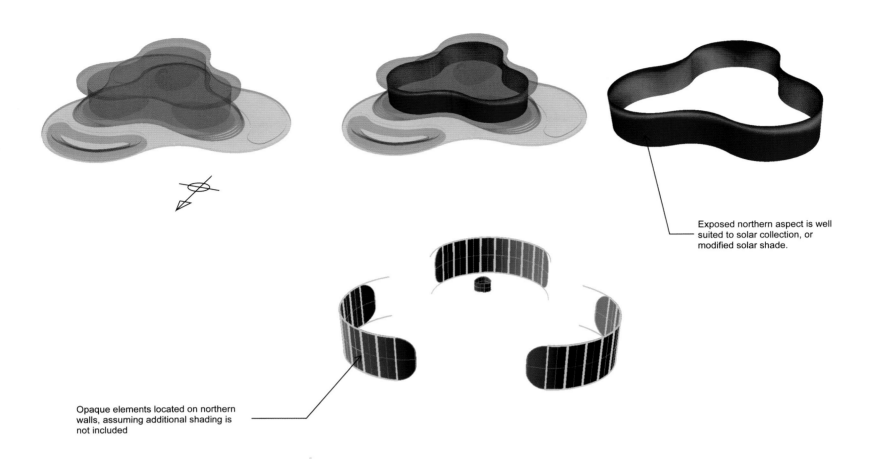

Exposed northern aspect is well suited to solar collection, or modified solar shade.

Opaque elements located on northern walls, assuming additional shading is not included

Arid Climate

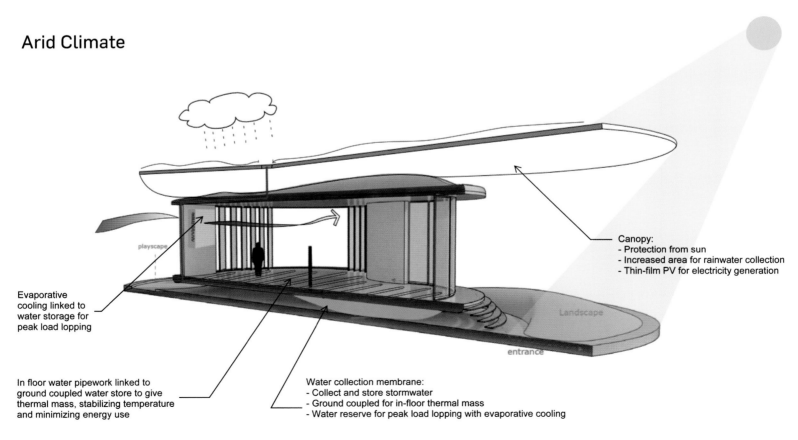

Canopy:
- Protection from sun
- Increased area for rainwater collection
- Thin-film PV for electricity generation

Evaporative cooling linked to water storage for peak load lopping

In floor water pipework linked to ground coupled water store to give thermal mass, stabilizing temperature and minimizing energy use

Water collection membrane:
- Collect and store stormwater
- Ground coupled for in-floor thermal mass
- Water reserve for peak load lopping with evaporative cooling

Facade Solar Access:

Tropical Climate

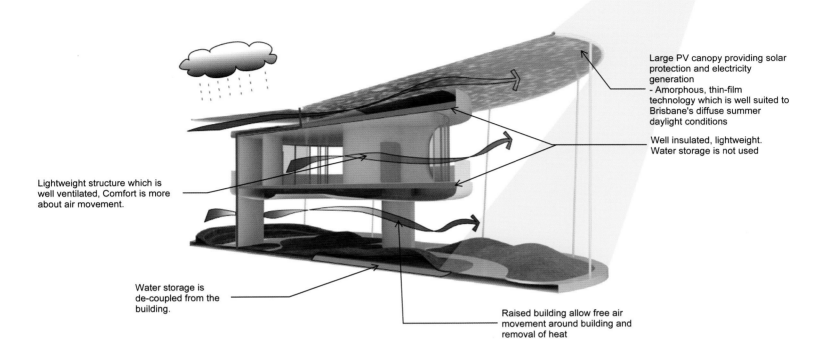

Large PV canopy providing solar protection and electricity generation
- Amorphous, thin-film technology which is well suited to Brisbane's diffuse summer daylight conditions

Well insulated, lightweight. Water storage is not used

Lightweight structure which is well ventilated, Comfort is more about air movement.

Water storage is de-coupled from the building.

Raised building allow free air movement around building and removal of heat

Temperate Climate

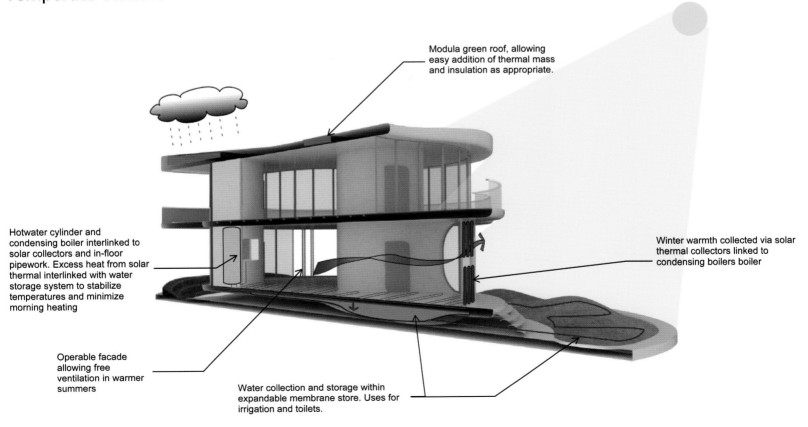

Modula green roof, allowing easy addition of thermal mass and insulation as appropriate.

Hotwater cylinder and condensing boiler interlinked to solar collectors and in-floor pipework. Excess heat from solar thermal interlinked with water storage system to stabilize temperatures and minimize morning heating

Winter warmth collected via solar thermal collectors linked to condensing boilers boiler

Operable facade allowing free ventilation in warmer summers

Water collection and storage within expandable membrane store. Uses for irrigation and toilets.

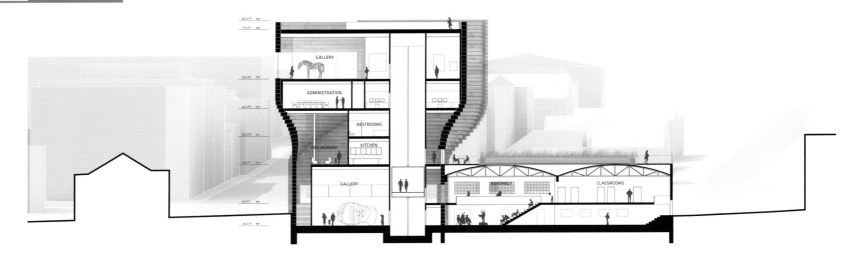

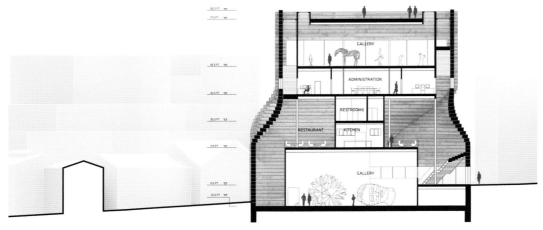

项目信息
地点：美国 犹他州 帕克
面积：2 800平方米
设计总监：Bjarke Ingels, Thomas Christoffersen
项目主管：Leon Rost
团队：Terrence Chew, Suemin Jeon, Chris Falla, Andreia Teixeira,
　　　Ho Kyung Lee
合作：Architectural Nexus, Dunn Associates, Van Boerum & Frank
　　　Associates, Envision Engineering, Big D Construction
客户：Kimball Art Center

Kimball Art Center

新金博尔艺术中心

| Bjarke Ingels Group |

着手设计新的金博尔艺术中心时，BIG的灵感主要是来源于艺术中心所在地，也就是帕克城的城市发展以及采矿历史。新艺术中心呈堆叠式结构，就如同是帕克城丰富的故事积累叠加起来的。

新金博尔艺术中心

当你问艺术家们，什么才是最好的展览空间？他们通常会说是大型的工业空间，因为这样的空间可以自由地扩展延伸，而且其周围环境都是原生态的。同样，文化与社区中心也需要这样的灵活性，需要成为公众生活中的一个自然的"恒温箱"。新的金博尔设计中心的设计正是遵循着这一规律。作为展览空间，它需要一种中性特质，而在帕克城的独特环境中，它又需要彰显其特色，在本土工业环境中，又要体现着现代化，该设计方案是在三者中寻求着一种平衡。

新的艺术中心高约24米，与之前的联合大楼高度一致。建筑底座和底层的陈列室与主街道以及城市网络紧密相连，建筑上部逐渐向赫伯大街倾斜，似乎是在欢迎着进入城市的游客。这座耸立在城市大门处的地标性建筑同时又和谐地融入到城市文脉中。

艺术中心的立面是由巨大的木制构件叠加而成的，内部是公共的半自动调节空间，这样的立面构造使人联想到帕克城的采矿建筑。扭曲的立面内嵌入螺旋状的楼梯，游客通过楼梯可由底层达到24米高处的屋顶。两间陈列室中间是餐厅，餐厅通向原有大楼的屋顶。

老金博尔艺术中心

老的艺术中心大楼现在被改装成一个教育中心，与新的艺术中心形成功能上的互补。建筑中心拥有双层观众席，可以用来放映影片或者作为第三展览室使用。面向赫伯大街的立面在夏天的时候，向街道敞开，将内部的活动展现在外面。

老楼的屋顶上安装有太阳能板，为建筑的大部分区域供热。本地生产的机器将太阳能板掩盖了起来。户外的雕塑花园环绕在屋顶边缘。

可持续性

新的金博尔艺术中心充分利用公园城市的气候特征以及建筑材料的天然特性，通过收集天然热量，利用自然光线，加大通风性，循环利用水资源，基本上满足了LEED铂金认证的要求。

大面积的天窗和统长窗让建筑充分接收到自然光线的照射，大大降低了照明所需的能量消耗。可控天窗促进了室内的自然通风。行政区的两侧均设有窗子，形成对流，极利于通风。

建筑所用木材的R值为每2.54厘米1.2，厚度为50.8厘米的木板，其R值总共

SUSTAINABILITY

The new Kimball Arts Center takes advantage of Park City's climate and employs the natural properties of construction materials. By harnessing sources of natural heat, utilizing natural daylight, maximizing ventilation, and recycling rainwater, the building can meet a LEED platinum rating.

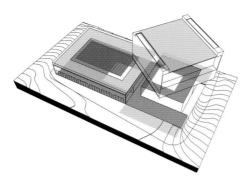

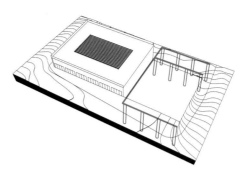

SOLAR THERMAL

A solar hot water installation on the existing roof - together with ground source - provides close to all of the heating requirements for the building, at the same time heating outdoor sidewalks and terraces to melt snow. Only exhibition and administration spaces are heated with an air system to more accurately control humidity and pressure.

GROUND COUPLED HEAT EXCHANGER

The GLHE consists of bore holes drilled deep into the ground in non-built areas. Water is circulated through the GLHE piping and then through the building by circulation pumps. The heat pumps either extract heat from the circulating water (heating mode) in the winter or reject heat (cooling mode) to cool the building in the summer.

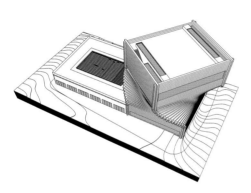

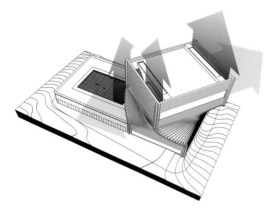

NATURAL DAYLIGHT

Generous skylights and large ribbon windows flood the building with diffused natural light, greatly reducing energy costs for lighting.

NATURAL VENTILATION

Operable skylights over the buffer space trigger natural stack ventilation. The administration space, with windows on both sides, have opportunity for cross ventilation.

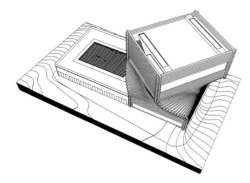

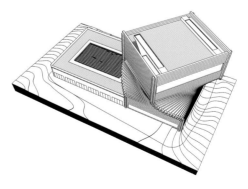

TIMBER INSULATION

With an R-value of R-1.2/inch, the 20" deep timber naturally contains an insulative value of R-24, to create a confortable atmosphere within. Wood has the added value of increasing perceived warmth. The boxes within the timber shell - housing exhibition and administration - are further insulated and moisture barriered.

RAIN WATER HARVEST

Large terraces are an excellent opportunity for rain water harvesting for use as grey water in the building. Further purification could potentially provide potable water.

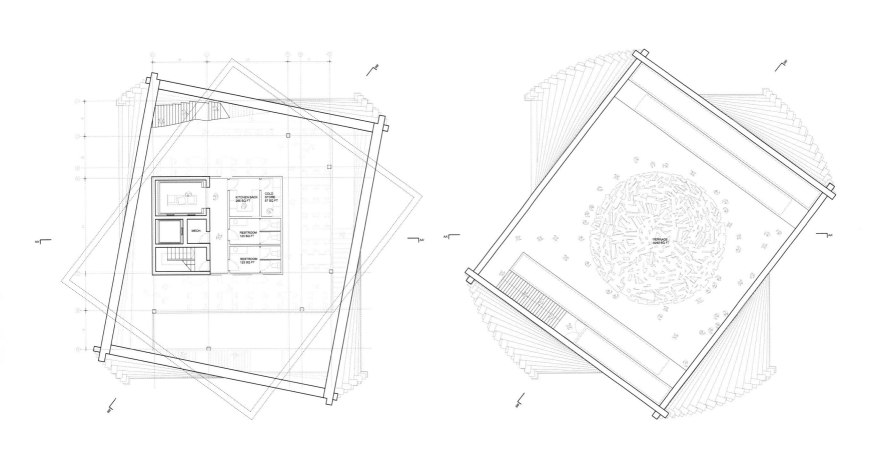

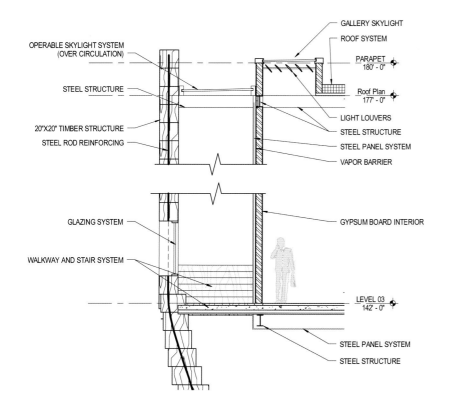

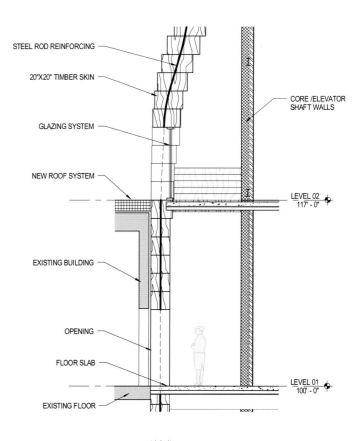

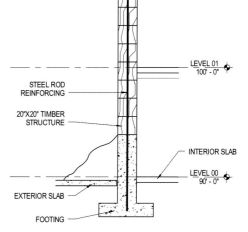

达到24，构建了十分舒适的环境。木质外壳内的围护结构，包围着展览区
与行政区，不仅保温，还可以防止湿气进入室内。

老楼屋顶上的太阳能热水系统以及地热资源基本上满足了整栋建筑所有的
热量需求，同时还可以为户外的人行道和台阶提供热量来融化积雪。

接地式热交换器深埋入地下无建筑区，冬天的时候，可以从循环流动的水
中汲取热量，而在夏天的时候，循环水吸收室内的热量实现制冷。

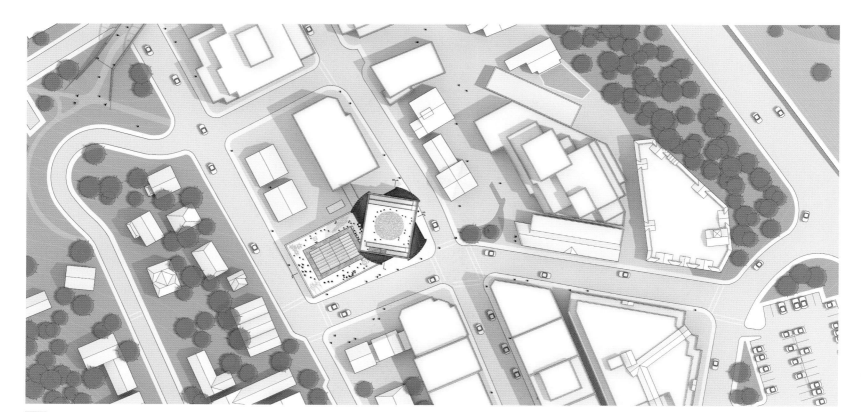

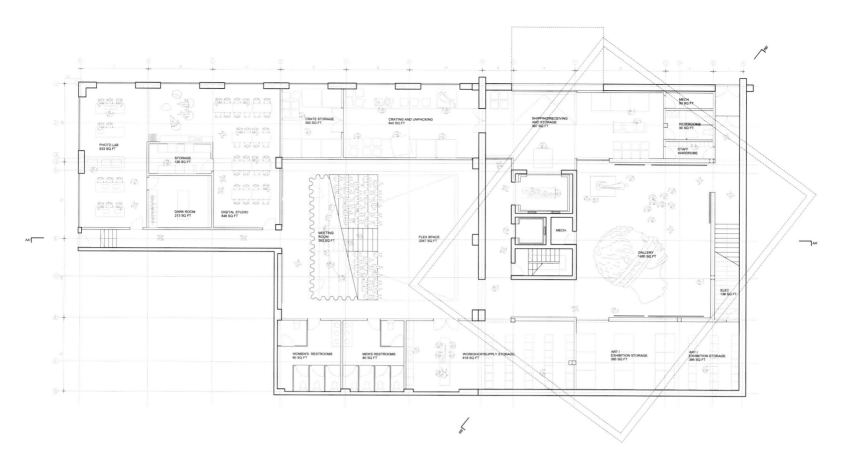

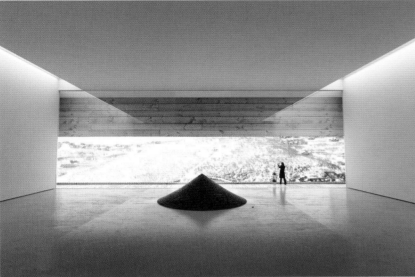

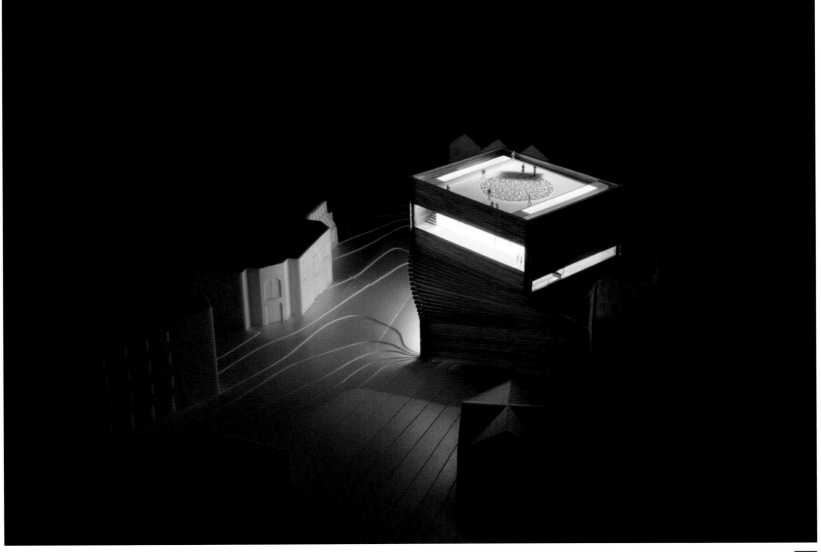

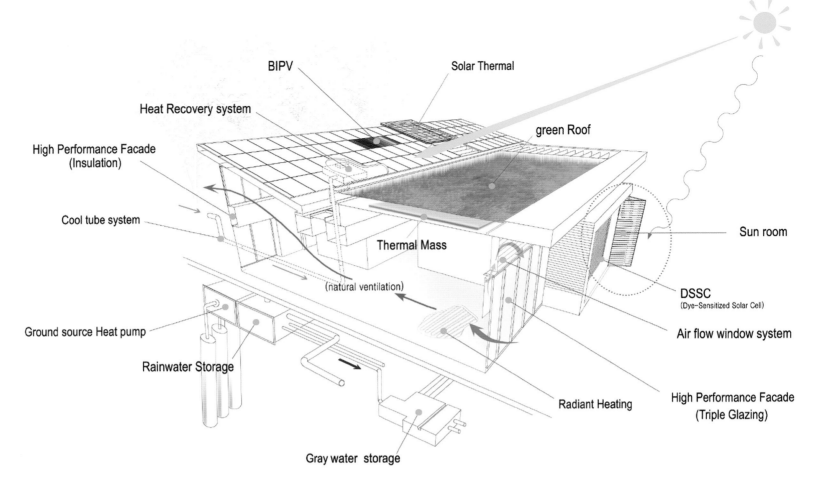

BIPV
Solar Thermal
Heat Recovery system
green Roof
High Performance Facade (Insulation)
Cool tube system
Thermal Mass
Sun room
(natural ventilation)
DSSC (Dye-Sensitized Solar Cell)
Ground source Heat pump
Air flow window system
Rainwater Storage
High Performance Facade (Triple Glazing)
Radiant Heating
Gray water storage

项目信息
地点：韩国 京畿道 龙仁市
建筑设计：Samoo Architects & Engineers
LEED顾问：Arup
绿色设计：Arup
图片版权：Samoo Architects & Engineers / Samsung C&T

Samsung Green Tomorrow Zero Energy House

三星 "绿色未来" 零能耗房屋

| Samoo Architects & Engineers |

———星 "绿色未来" 是东亚地区第一个获得LEED铂金认证的项目。这个零能耗的房屋位于龙仁市，占地423平方米，其中公关楼占地298平方米，是韩国的可持续性样品间。Arup与Samoo建筑事务所合作，设计了这栋可持续性建筑。

这个零能耗房屋是一个令人惊叹的节能案例。它采用了68个节能或是能源生产系统，其中包括日光传感器、地热泵、平衡与优化能源及日光的外立面。这些系统共减少能源消耗56%，而剩余44%的能源则来自屋顶的176块太阳能电板。

为了减少水的消耗，水龙头采用低流速型，并安装了控制传感器。70%以上的可饮用水通过膜生物反应器处理后可以再利用。这种反应器将 "灰水" 与 "黑水" 处理后用于灌溉、清洗地板。

为确保健康的室内环境质量，设计师选用有害化合物排放量低的材料。为了达到LEED认证的要求，将与户外的空气通风率提高了30%。

另外，施工过程也坚持贯彻可持续性战略原则。自施工开始后，50%以上的废料被回收利用，20%以上的施工材料也来自回收再利用。

同时，"绿色未来" 也为社区创造了极为便利的公共交通，如自行车、电车等，以减少环境污染及节省能源。

ENERGY AND ENVIRONMENTAL

Passive Design

Active Design + Renewable Energy

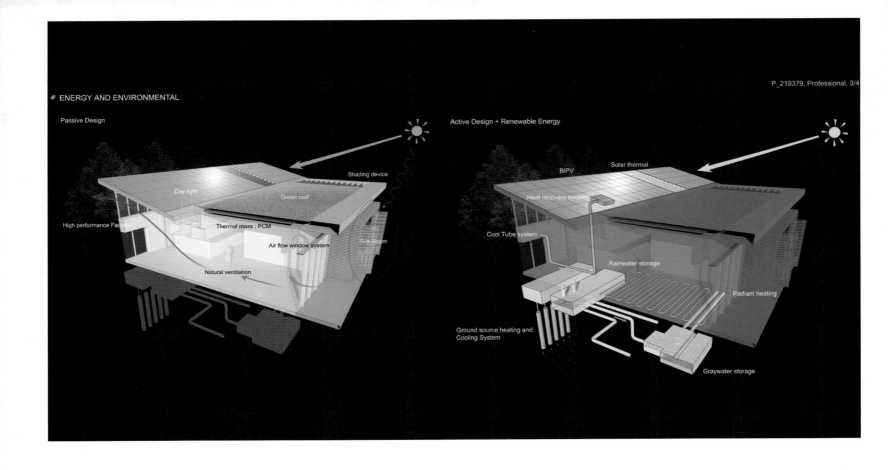

Shading device
Day ligNt
Green roof
High performance Faca
Thermal mass : PCM
Air flow window system
Sun Room
Natural ventilation

BIPV
Solar thermal
Heat recovery system
Cool Tube system
Rainwater storage
Radiant heating
Ground source heating and Cooling System
Graywater storage

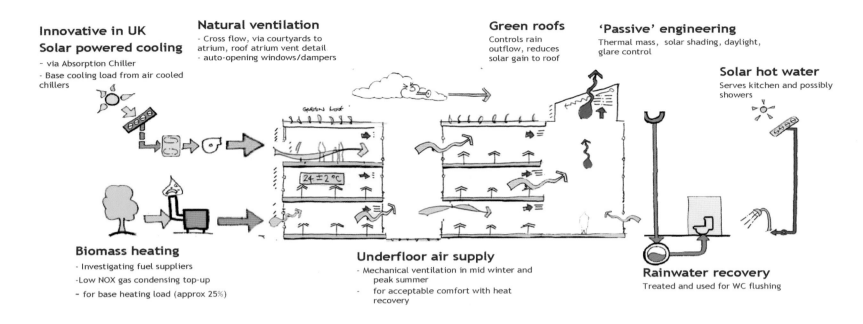

Innovative in UK
Solar powered cooling
– via Absorption Chiller
- Base cooling load from air cooled chillers

Natural ventilation
- Cross flow, via courtyards to atrium, roof atrium vent detail
- auto-opening windows/dampers

Green roofs
Controls rain outflow, reduces solar gain to roof

'Passive' engineering
Thermal mass, solar shading, daylight, glare control

Solar hot water
Serves kitchen and possibly showers

Biomass heating
- Investigating fuel suppliers
-Low NOX gas condensing top-up
– for base heating load (approx 25%)

Underfloor air supply
- Mechanical ventilation in mid winter and peak summer
- for acceptable comfort with heat recovery

Rainwater recovery
Treated and used for WC flushing

项目信息
地点：英国 伊斯特利
完工时间：2011年
建筑设计：BDP
业主：B&Q

B&Q Store Support Office

百安居办公楼　　　　　　　　　　　　| BDP |

位于汉普郡伊斯特利的百安居新店的办公楼是由BDP建筑事务所设计的。BDP是一家涉及多个领域的建筑设计公司，在这栋办公楼的设计中遵循他们一向坚持的原则"创造为人所用的场所"。办公大楼将分散于三个不同场所的1 400名员工聚集在一起，为百安居新店的产品销售提供技术支持。

设计纲要提出的主要目标是创造鼓舞人心而又高效愉悦的工作环境，无论是在当地还是在英国，都是经得起比较的：帮助企业吸引和留住优秀员工，成为百安居的典范，体现其品牌、文化和价值，彰显其对环境可持续性的支持与维护。

办公楼坐落在一个综合性的商业零售区的南侧。办公楼的便利设施空间被最大化，而对邻近建筑的影响则被降至最低。办公区被安置在场地最前面，创造了强烈的视觉效果，让公众从栗子大道望去，能够立即辨识出其属性与特征。

办公楼主要由研发实验室和办公区两部分组成。办公区分两期建成，与之前已建成的实验室空间布局相呼应。这也突出强调了办公楼的空间转换理念：从东北和东南侧的公共空间（人行道和入口）到半公共的中庭和办公

空间，再到西北和西南的私密空间。建筑的围护结构也与这种空间布局相呼应——与西北和西南侧立面不同的是，东北和东南侧的立面更为开放。大楼的焦点是橘红色的房间，这是分布于英国的百安居店面的店长与办公楼中的员工进行交流的地方。为了突出其重要性，房间被设置在高处，显得十分引人注目。房间毗邻入口中庭以及会议区，外覆橘红色的熔岩石。外立面上西部红雪松制成的水平肋板主要用来遮阳和减少热量吸收。

办公楼内空间灵活分布在三层楼上，相互联系，围绕中庭而设。中庭是一个大型的过渡空间，将实验室和办公区连接起来。它也是主要的流通空间，内设非正式会议室、休息室和互动交流空间。中庭的规模充分体现其在办公楼中的重要性，它贯穿三个楼层，与办公室的其他区域形成鲜明对比。同时，中庭也为办公室提供了自然光线和良好通风。

主办公区坐落在13.5米高的楼层上，地板是网格结构的楼面板，办公室围绕着三个室内庭院分布。这些办公室的设计都遵循着同样的原则：自然光线和通风性最大化；为百安居提供高效的运营环境。室内庭院实现了办公空间与景观的互动，同时增加了射入办公室的自然光线。

办公楼的办公区域有一面玻璃幕墙，可以实现最佳透明度，控制阳光的照

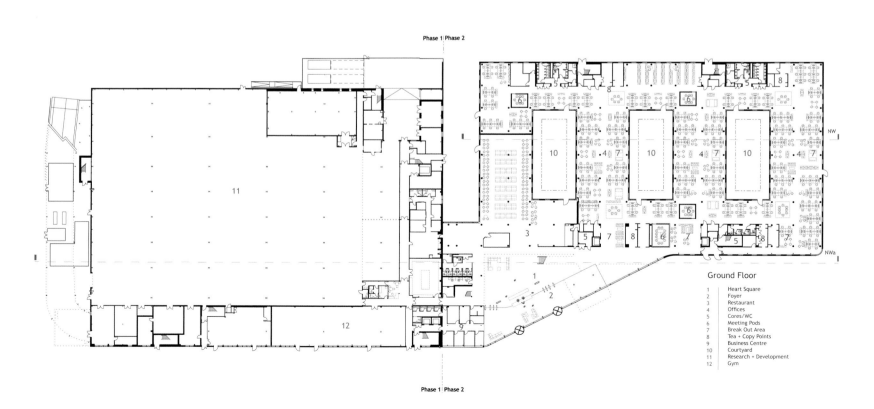

NW

NWa

Ground Floor

1   Heart Square
2   Foyer
3   Restaurant
4   Offices
5   Cores/WC
6   Meeting Pods
7   Break Out Area
8   Tea + Copy Points
9   Business Centre
10   Courtyard
11   Research + Development
12   Gym

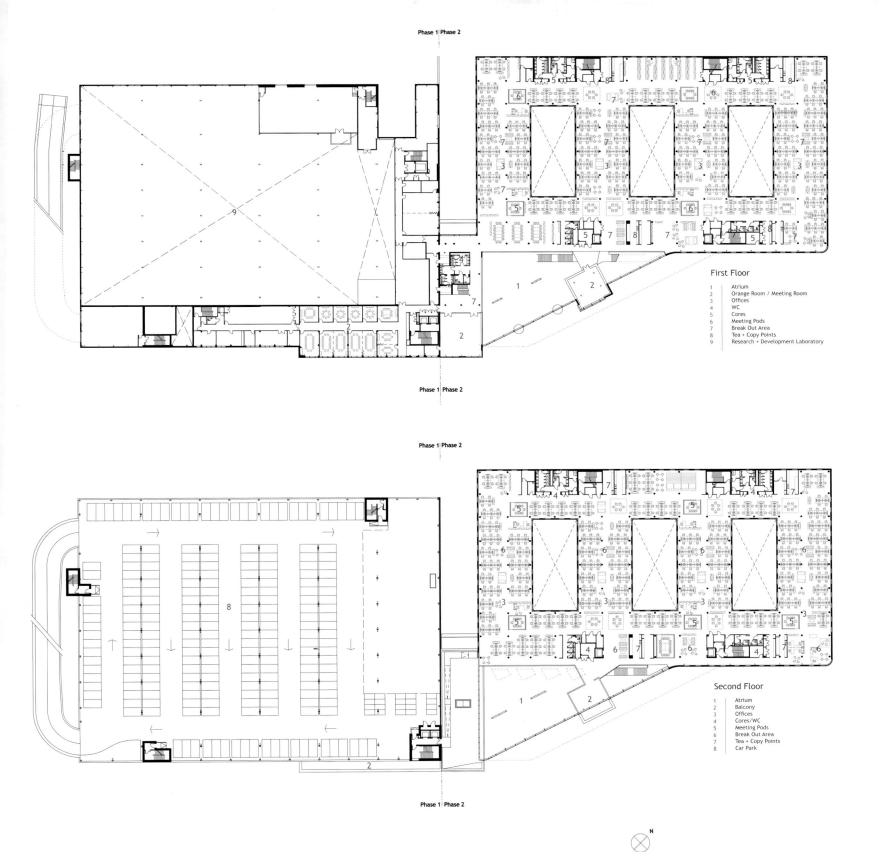

First Floor

1　Atrium
2　Orange Room / Meeting Room
3　Offices
4　WC
5　Cores
6　Meeting Pods
7　Break Out Area
8　Tea + Copy Points
9　Research + Development Laboratory

Second Floor

1　Atrium
2　Balcony
3　Offices
4　Cores/WC
5　Meeting Pods
6　Break Out Area
7　Tea + Copy Points
8　Car Park

N

射。在白天，玻璃立面可以控制透入办公楼的自然光线，而在傍晚，室内的灯光让建筑熠熠生辉。

餐厅、咖啡吧和商店毗邻中庭，并面向其中一个庭院开放。这里也是公共中庭和办公区的一个缓冲区域，并为办公环境提供了一个交流与互动的中心。

通过能源、水和自然资源的高效利用，该项目对周围环境的影响被降低了，而同时，产生的垃圾、污染也减少了。大楼实现自然通风的同时，通过低能耗的机控方式来应对季节性的极端气候。混凝土等高效保温隔热材料以及木材等低能耗材料，在冬天减少热量损耗，而在夏天降低热量的吸收，创造了舒适宜人的室内环境。

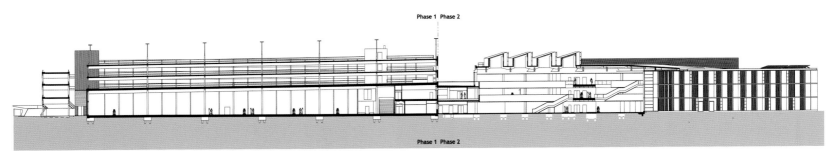

Section NW a

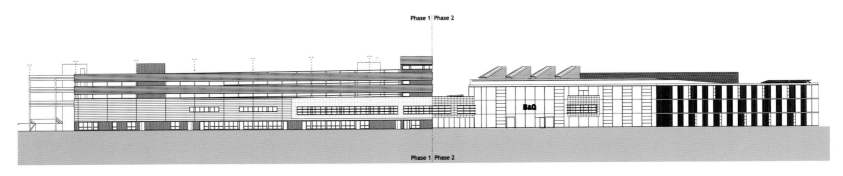

South East Elevation

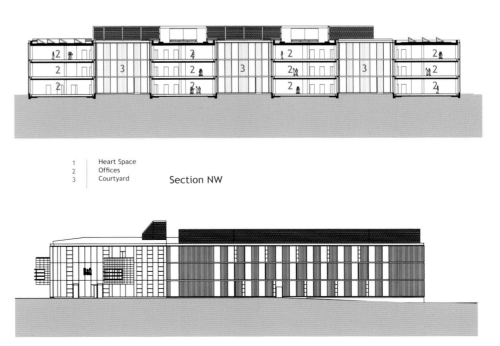

1 | Heart Space
2 | Offices
3 | Courtyard

Section NW

North East Elevation

Phase 1 | Phase 2

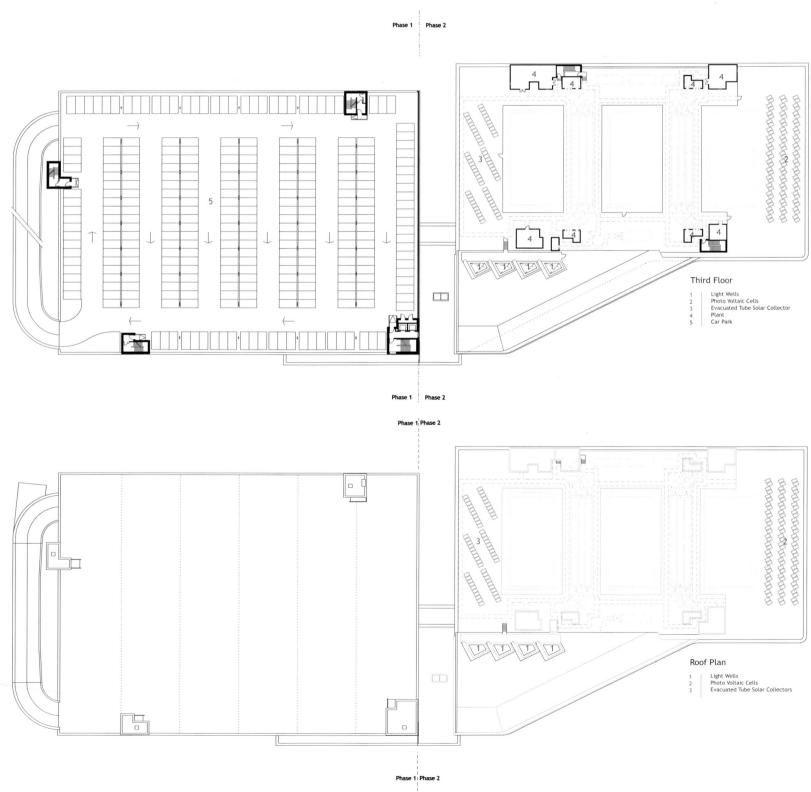

Phase 1 | Phase 2

Third Floor

1	Light Wells
2	Photo Voltaic Cells
3	Evacuated Tube Solar Collector
4	Plant
5	Car Park

Phase 1 | Phase 2

Phase 1 | Phase 2

Roof Plan

1	Light Wells
2	Photo Voltaic Cells
3	Evacuated Tube Solar Collectors

Phase 1 | Phase 2

图书在版编目（ＣＩＰ）数据

绿色建筑设计策略与实践. 2 / 刘存发主编. -- 南
京：江苏凤凰科学技术出版社，2014.9
ISBN 978-7-5537-3281-7

Ⅰ．①绿… Ⅱ．①刘… Ⅲ．①生态建筑－建筑设计
Ⅳ．①TU201.5

中国版本图书馆CIP数据核字(2014)第116525号

绿色建筑设计策略与实践 2

主　　　　编	刘存发	
译　　　者	凤凰空间	
项 目 策 划	凤凰空间	
责 任 编 辑	刘屹立	
出 版 发 行	凤凰出版传媒股份有限公司	
	江苏凤凰科学技术出版社	
出版社地址	南京市湖南路1号A楼，邮编：210009	
出版社网址	http://www.pspress.cn	
总 经 销	天津凤凰空间文化传媒有限公司	
总经销网址	http://www.ifengspace.cn	
经　　　销	全国新华书店	
印　　　刷	北京建宏印刷有限公司	
开　　　本	1 020 mm×1 420 mm　1 / 16	
印　　　张	24	
字　　　数	192 000	
版　　　次	2014年9月第1版	
印　　　次	2014年9月第1次印刷	
标 准 书 号	ISBN 978-7-5537-3281-7	
定　　　价	368.00元	

图书如有印装质量问题，可随时向销售部调换（电话：022-87893668）。